陕西省“十四五”职业教育规划教材
高等职业教育机电类专业新形态教材

切削加工智能制造单元应用

主　编　李会荣　赵小宣（企业）
副主编　常丽园
参　编　薛　帅　周瑜哲　支　龙　王　阳（企业）
主　审　李俊涛　梁　静（企业）

机 械 工 业 出 版 社

本书紧密对接智能制造工程技术人员岗位标准和1+X智能制造生产管理与控制职业技能等级标准，以企业真实零件为载体，围绕智能化加工展开。本书内容包括初识切削加工智能制造单元、工业机器人的基础操作与自动上下料、机器视觉系统的调试、机床的基础操作与自动化改造、切削加工智能制造单元的网络通信与自动运行五个方面。本书在编排上采用项目驱动、工作流程的形式，以实践为主，兼顾理论。

本书可供高职院校机械制造及自动化、机电一体化技术、数控技术、工业机器人技术等专业使用，也可作为职业本科院校机械设计制造及其自动化专业的教材，还可以作为企业从事智能制造相关岗位人员的参考书。

本书配有电子课件，凡使用本书作为授课教材的教师可登录机械工业出版社教育服务网（http://www.cmpedu.com）注册后免费下载。咨询电话：010-88379375。

陕西省“十四五”职业教育规划教材编号：GZZK 2023-1-037。

图书在版编目（CIP）数据

切削加工智能制造单元应用/李会荣，赵小宣主编．—北京：机械工业出版社，2022.10（2025.1重印）

高等职业教育机电类专业新形态教材

ISBN 978-7-111-71641-9

Ⅰ.①切…　Ⅱ.①李…②赵…　Ⅲ.①智能制造系统-应用-金属切削-加工工艺-高等职业教育-教材　Ⅳ.①TG506

中国版本图书馆CIP数据核字（2022）第173147号

机械工业出版社（北京市百万庄大街22号　邮政编码100037）

策划编辑：王英杰　　　　责任编辑：王英杰

责任校对：梁　静　刘雅娜　封面设计：张　静

责任印制：郜　敏

北京富资园科技发展有限公司印刷

2025年1月第1版第3次印刷

184mm×260mm · 13.5印张 · 329千字

标准书号：ISBN 978-7-111-71641-9

定价：43.50元

电话服务　　　　　　　　　　网络服务

客服电话：010-88361066　　机　工　官　网：www.cmpbook.com

　　　　　010-88379833　　机　工　官　博：weibo.com/cmp1952

　　　　　010-68326294　　金　书　网：www.golden-book.com

封底无防伪标均为盗版　　机工教育服务网：www.cmpedu.com

前言

在新一轮科技革命和产业变革中，智能制造已成为抢占发展机遇的制高点和主攻方向，与此同时，支撑服务智能制造相关领域技术发展人才的紧缺也成为制约智能制造推广应用的问题。智能制造产业链很长，对机电类专业学生来说侧重点在制造。当前中小企业智能化改造步伐加快，未来制造企业智能化加工单元、智能化生产线普及率会很高。如何让机电类专业学生毕业后服务智能制造产业，我校做了大胆的尝试，编制了机电类专业智能制造方向人才培养方案，开设了一系列支撑智能制造岗位能力的课程及实训，比如“切削加工智能制造单元应用”。针对此实训，我校和北京发那科机电有限公司共同开发编写了本书，经过三轮使用实践效果较好。本书有以下特点：

课程导学

1. 落实立德树人根本任务。深挖课程内容所蕴含的育人元素，以故事的形式将职业精神、核心价值观、工匠精神、劳动精神等融入课程，实现知识传授与价值引领相统一。

2. 以典型零件在智能制造单元加工的真实工作过程组织内容，基于真实工作流程强化知识、训练技能。

3. 紧密对接智能制造工程技术人员岗位标准和智能制造生产管理与控制1+X职业技能等级标准，支持“机器视觉”“工业设计技术”技能大赛，深化“岗课赛证”育人机制。

本书由陕西国防工业职业技术学院李会荣和北京发那科机电有限公司赵小宣担任主编。全书共由5个项目组成。项目1、任务2.1和任务2.2由陕西国防工业职业技术学院常丽园编写；任务2.3、任务2.4及任务2.5由陕西国防工业职业技术学院薛帅编写；任务3.1由陕西国防工业职业技术学院李会荣和北京发那科机电有限公司赵小宣编写；任务3.2及任务4.3由陕西国防工业职业技术学院周瑜哲编写；任务4.1、任务4.4由陕西国防工业职业技术学院李会荣编写；任务4.2由陕西国防工业职业技术学院李会荣和北京发那科机电有限公司王阳编写；项目5由陕西国防工业职业技术学院支龙编写。全书由常丽园统稿，由陕西国防工业职业技术学院李俊涛、北京发那科机电有限公司梁静审核。陕西国防工业职业技术学院智能制造学院相关老师、北京发那科机电有限公司的工程师对本书提出了宝贵的意见，在此一并表示诚挚的感谢。

本书作为机电类专业智能制造方向技术技能人才培养改革成果，力求做到理念先进、形式新颖，并按工作手册形式编写。由于智能制造技术不断发展和编者水平有限，书中不妥之处在所难免，恳请广大读者批评指正。

编　者

二维码索引

名　称	图形	页码	名　称	图形	页码
油缸套筒工艺流程		8	工业机器人的初始化		78
切削加工智能制造单元基本组成		9	相机与工业机器人及电脑的连接		86
切削加工单元安全操作注意事项		11	相机标定数据的创建和示教		98
机器人示教器面板功能简介		27	视觉标定程序的设定和示教		98
机器人运动模式及切换方法		30	工业机器人 2D 视觉的组成		98
机器人运动速度的设定		31	数控机床的初始化		156
工业机器人结构及控制系统		35	本地模式下派发订单		201
工业机器人 IO 信号作用与分类		57			

目录

前言
二维码索引
项目1　初识切削加工智能制造单元 …… 1
【素养提升拓展讲堂】发展智能制造——赋能智慧生活 …… 12
项目2　工业机器人的基础操作与自动上下料 …… 14
任务2.1　工业机器人数据备份与恢复 …… 14
【素养提升拓展讲堂】做好万全准备——保障智能时代数据安全 …… 24
任务2.2　示教器（TP）认知及手动操作 …… 25
【素养提升拓展讲堂】铸就精益求精的精神——大国工匠徐强 …… 37
任务2.3　工业机器人的程序编辑与运行 …… 37
【素养提升拓展讲堂】以工匠精神打造未来科技——机器人专家蒋刚 …… 66
任务2.4　工件的周转搬运 …… 67
【素养提升拓展讲堂】机器换人势不可挡——企业加速“智变” …… 76
任务2.5　工业机器人的初始化 …… 77
【素养提升拓展讲堂】扎根基层要做飞翔的雄鹰——全国劳模徐鸿 …… 83
项目3　机器视觉系统的调试 …… 84
任务3.1　工业机器人2D视觉系统的调试 …… 84
【素养提升拓展讲堂】为中国兵器制造“眼睛”——大国工匠梁兵 …… 103
任务3.2　工业机器人3D视觉系统的调试 …… 103
【素养提升拓展讲堂】二维平面重现三维艺术——高浮雕传拓工匠李仁清 …… 117
项目4　机床的基础操作与自动化改造 …… 119
任务4.1　数控机床的数据备份与恢复 …… 119
【素养提升拓展讲堂】坚持自主创新精神——国产高端机床有突破 …… 125
任务4.2　PMC信号的跟踪显示 …… 125
【素养提升拓展讲堂】扎根轨道一线三十余载——“信号工”孙树旗 …… 142
任务4.3　气动门的自动化改造 …… 143
【素养提升拓展讲堂】助力中国内燃机迈向高端——自动化设备改造领军者王树军 …… 154
任务4.4　数控机床的初始化 …… 155
【素养提升拓展讲堂】从零开始绝不放弃——跨界研制口罩机的吴科龙 …… 163

项目5　切削加工智能制造单元的网络通信与自动运行 …… 164
任务5.1　切削加工单元设备间的网络通信 …… 164
【素养提升拓展讲堂】雁阵效应——增强团结协作精神 …… 199
任务5.2　切削加工智能制造单元的自动化运行 …… 200
【素养提升拓展讲堂】黑灯工厂——感知制造业的闪亮未来 …… 205
附录　切削加工智能制造单元操作考核评价表 …… 206
参考文献 …… 207

项目1

初识切削加工智能制造单元

1.1 任务引入

接到一批液压缸套筒零件的生产任务，由切削加工智能制造单元进行零件的生产：立式加工中心、数控车床进行加工，机器人进行工件的搬运、定位、装夹。该单元的安装调试已经完成。

要求熟悉智能制造实训中心的布局，了解产品生产流程及设备使用方法，规范操作行为，同时要求熟悉切削加工智能制造单元的组成和配置。

1.2 实训目标

■ 素质目标

1. 培养学生的安全意识。
2. 培养学生精益专注的工作态度。

■ 知识目标

1. 熟悉智能制造实训基地的布局。
2. 了解切削加工智能制造单元的组成和配置，如图 1-1 所示。
3. 熟悉液压缸套筒零件的加工流程。

■ 技能目标

1. 掌握切削加工智能制造单元开关机的方法。
2. 掌握工业机器人选型考虑的因素及方法。

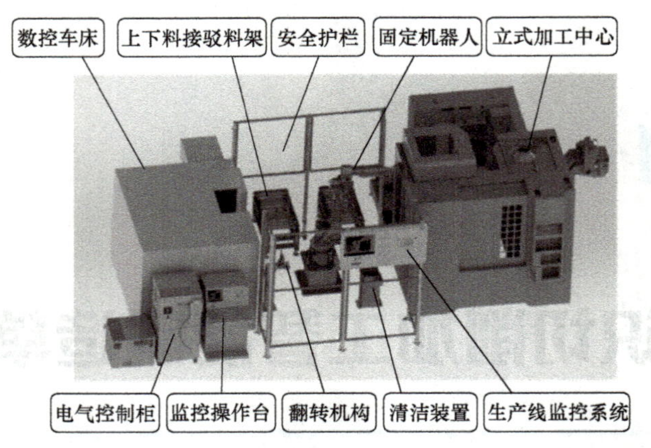

图 1-1 切削加工智能制造单元的组成和配置

1.3 问题引导

1. 什么是智能制造单元？切削加工智能制造基础单元都涉及哪些设备？

2. 什么是工业机器人？工业机器人可以干什么？与人工劳动相比其优缺点是什么？

3. FANUC 工业机器人有哪些类型？分类标准是什么？

4. 为保证人身和设备安全，在实训中应注意哪些方面的问题？

1.4 设备确认

1. 观察智能制造单元，确认机械正常。
2. 智能制造单元上电，工业机器人动作正常，无报警。
3. 领取工作任务单（表 1-1），明确本次任务的内容。

4. 领取并填写设备确认单（表 1-2）。

表 1-1　工作任务单

实训任务	初识切削加工智能制造单元	
序号	工 作 内 容	工 作 目 标
1	标注智能制造实训中心布局	能够了解智能制造实训中心的布局
2	切削加工智能制造单元的组成，液压缸套筒的加工流程	掌握切削加工智能制造单元基本组成，了解液压缸套筒的加工流程
3	开关机步骤，安全操作规程及设备保养	掌握正确开关机步骤，熟悉安全操作注意事项及设备保养方法
4	工业机器人的结构及系统	了解工业机器人的类型、结构及控制系统

表 1-2　设备确认单

序号	设备名称	实现功能	实现方式	设备及其功能要求	设备状态是否正常
1	工业机器人	实现工件搬运	通过机器人程序	M-20iD25	
2	数控车床	工件加工	切削加工	NL201HA	
3	立式加工中心	工件加工	切削加工	VM740S	
任务执行时间		年　月　日	执行人		

1.5　任务实施

1. 写出切削加工智能制造单元的设备组成及零件加工流程。

2. 了解智能制造实训中心布局，在图 1-2 中标注安全通道，并说明各部分的功能及联系。

智能生产线各设备初始化及运行

装配单元的认知

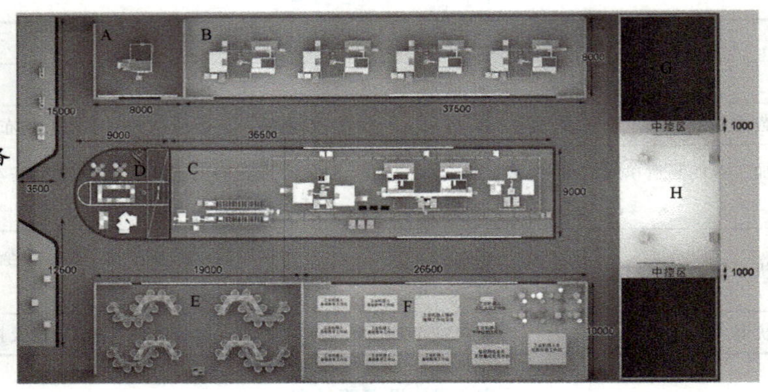

图 1-2 智能制造实训中心布局

A：________________ B：________________

C：________________ D：________________

E：________________ F：________________

G：________________ H：________________

3. 图 1-3 所示为切削加工智能制造单元的工业机器人。熟悉 FANUC 六关节机器人的各个关节名称和功能，填写表 1-3。

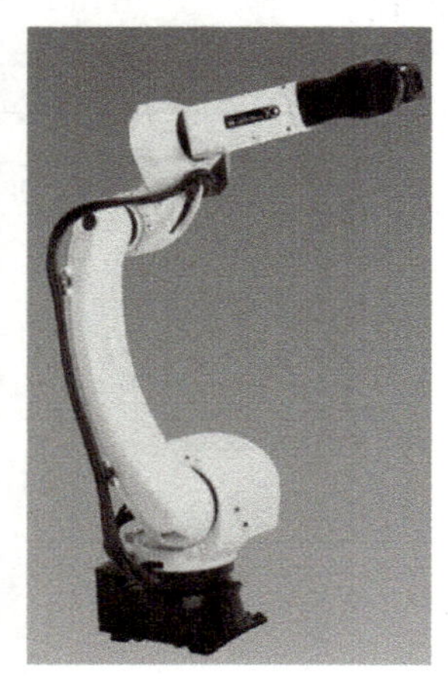

图 1-3 工业机器人

表 1-3 六关节机器人各关节的功能

关节轴	功 能
J1	
J2	
J3	
J4	
J5	
J6	

4. 观察如图 1-4 所示的工业机器人电气控制柜。记录电气控制柜外部操作部件、按键的名称，说明其功能，并填写表 1-4。

5. 打开机器人电气控制柜，查看如图 1-5 所示电气控制柜内部结构。写出电气控制柜内部操作部件的名称，并查看其功能，见表 1-5。

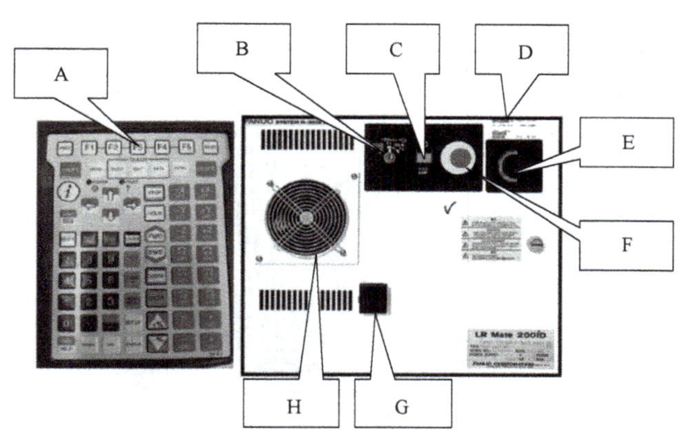

图 1-4　工业机器人电气控制柜

表 1-4　电气控制柜外部操作部件、按键名称及其功能

序号	部件/按键名称	功能
A		
B		
C		
D		
E		
F		
G		
H		

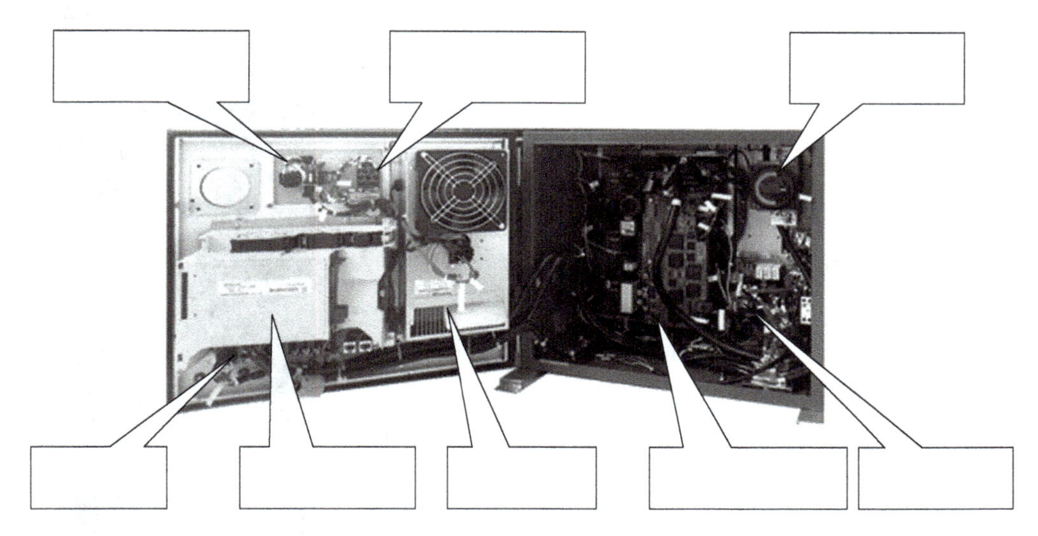

图 1-5　机器人电气控制柜内部结构

表 1-5　电气控制柜内部操作部件名称及其功能

序号	部件名称	功　能	图　示
1	主板	主板上安装着 2 个微处理器和外围电路、存储器，以及操作面板控制电路。主 CPU 控制着伺服机构的定位和伺服放大器的电压	
2	后面板	机器人通信	

（续）

序号	部件名称	功　　能	图　　示
3	热交换器	控制单元内部降温	
4	6 轴伺服放大器	伺服放大器控制着伺服电动机的电源，脉冲编码器，并控制着制动、超行程以及手制动	
5	急停单元	该单元控制着 2 个设备的紧急停止系统，即磁电流接触器和伺服放大器预加压器，达到控制可靠的紧急停止性能标准	

6. 熟悉数控车床和立式加工中心数控系统的构成，填写表 1-6。

表 1-6　数控车床和立式加工中心数控系统的构成

构成数控系统设备名称	作　　用
CNC 控制器	采用________________系统
MID 面板	用于________________等

（续）

构成数控系统设备名称	作　用
伺服（主轴）放大器	1）提供伺服及主轴驱动器24V控制电源 2）提供伺服及主轴驱动器逆变所需要的主回路电源 3）提供电动机制动的能量转换及回馈电网 4）控制并驱动主轴、伺服电动机运行
主轴电动机	FANUC的主轴电动机通常为交流异步电动机，其转子为普通铸铝材料。伺服电动机克服摩擦力带动工作台运行，主轴电动机则是带动刀具或工件旋转，提供切削力
I/O模块	I/O单元模块用于处理强电电路的输入/输出信号，配有手轮接口
机床操作面板	机床操作面板主要由工作方式切换按键、测试运行按键、主轴倍率、手动、自动进给倍率、各种指示灯等组成

7. 写出切削加工智能制造单元设备开关机流程。

1.6　实施记录

1. 根据教师引导，记录操作过程步骤。

2. 操作完成后，将待优化的问题记录到操作问题清单（表1-7）中。

表1-7　操作问题清单　　组别________

问　题	改进方法

1.7　知识链接

1.7.1　切削加工智能制造单元认知

随着我国制造业的不断发展，以及相关政策规划的出台，智能制造越来越受到大家的关注，重要程度也不断提高。切削加工智能制造单元就是在智能制造相关先进技术的基础上进行设计的，运用了现代网络通信技术、传感技术、检测技术、自动化技术、拟人化智能技术等智能制造技术。通过信息技术和智能技术，最终实现了无人自动化单元。

切削加工智能制造单元是用于加工液压缸套筒的智能制造单元，由 1 台数控车床、1 台立式加工中心、1 台固定机器人，以及翻转机构、清洁装置、生产线监控系统和主控系统等组成。

切削加工智能制造单元通过可编程控制器（PLC）主控系统，控制数控机床、工业机器人、2D/3D 视觉单元等实现自动化生产。

1.7.2 液压缸套筒产品及工艺介绍

油缸套筒工艺流程

切削加工智能制造单元用于加工液压缸套筒。

液压缸套筒材质为45 钢，毛坯重量为 2.0kg，毛坯采用半成品，具备零件基本轮廓。加工过程包含以下工艺：粗精车外圆及端面、车内孔、倒角、铣侧面、钻底孔和攻螺纹等。

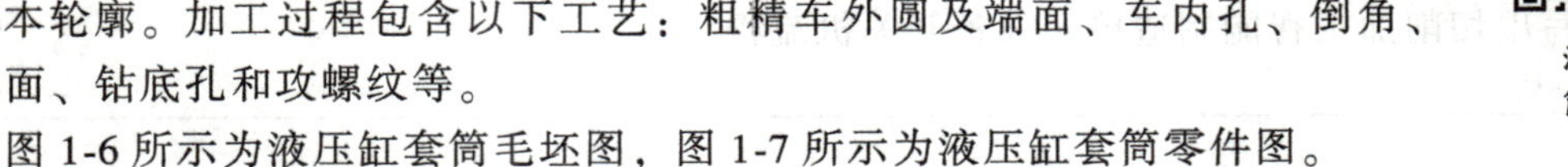

图 1-6 所示为液压缸套筒毛坯图，图 1-7 所示为液压缸套筒零件图。

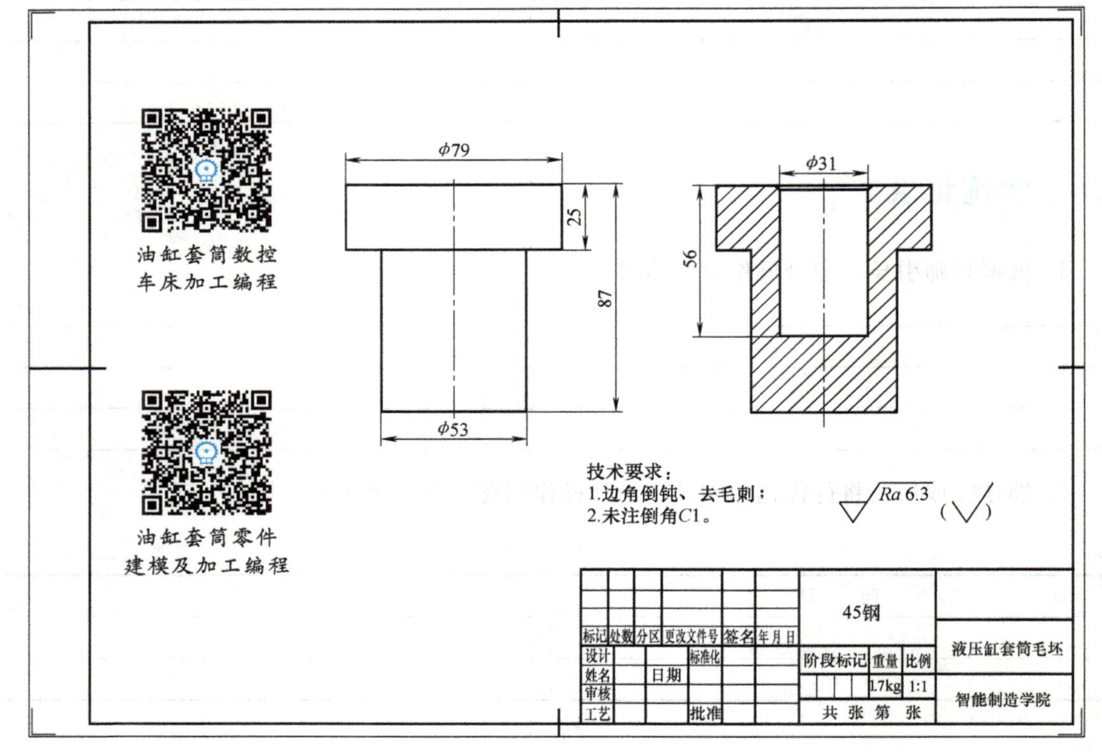

图 1-6　液压缸套筒毛坯图

1.7.3 切削加工智能制造单元生产设备

智能制造的产生及发展

为实现液压缸套筒的加工，切削加工智能制造单元使用 FANUC 工业机器人实现工件的周转和上下料动作，数控车床和立式加工中心保障了液压缸套筒工件的加工生产。切削加工智能制造单元如图 1-8 所示。

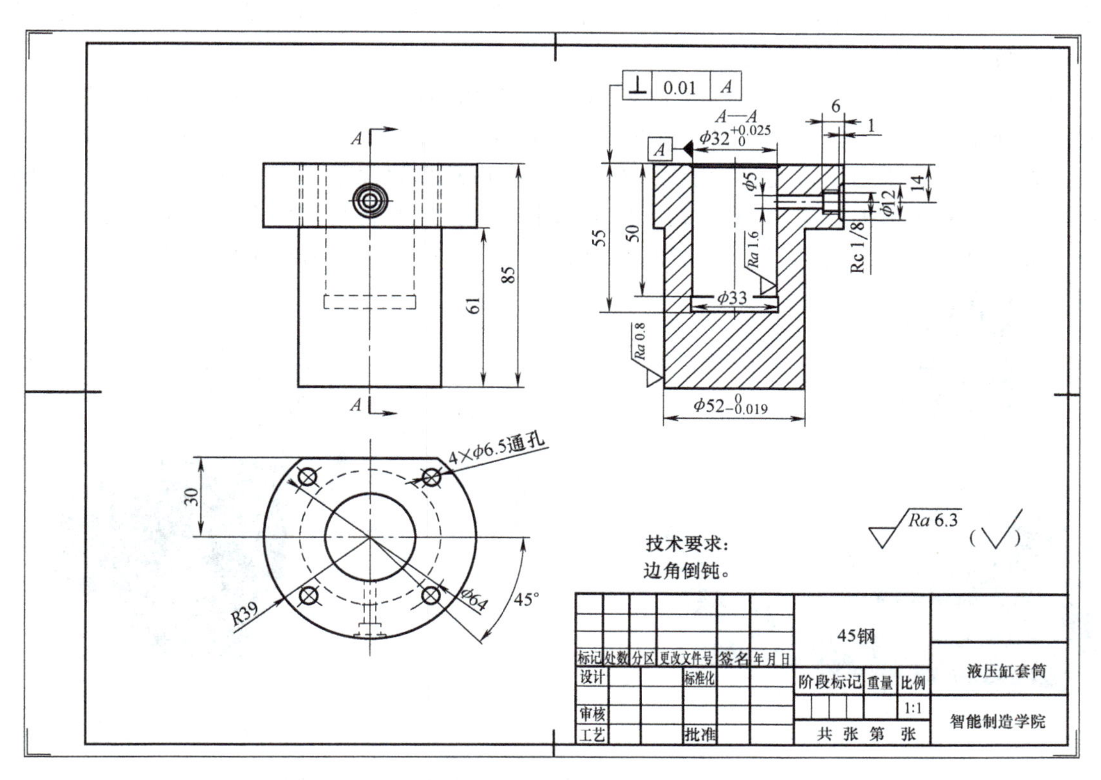

图 1-7 液压缸套筒零件图

切削加工智能制造单元基本组成

切削加工智能制造单元生产设备见表 1-8。

表 1-8 切削加工智能制造单元生产设备

序号	设备名称	型号或规格
1	数控车床	NL201HA
2	立式加工中心	VM740S
3	固定机器人	M-20iD25
4	2D 视觉系统	FANUC 2DV
5	清洁装置	BFM-QJ01
6	主控系统	BFM-ZZ01

图1-8 切削加工智能制造单元

(1) 数控车床 数控车床如图 1-9 所示。这是采用 FANUC 0i-TF PLUS 数控系统的 NL201HA 滚动导轨型数控卧式车床，具有 45°整体的床身，并行贴塑导轨，高刚性、易排屑的特点。该车床配备高精度主轴，跳动小，主轴最高转速 6000r/min；刀架为液压刀架，工作平稳、转位速度快、可靠性高。

(2) 立式加工中心 立式加工中心采用 FANUC 0i-MF PLUS 数控系统。配备高速主轴单元，主轴温升小、热变形小，加工精度高；高精度丝杠，长寿命轴承，重切削、高速切削导轨；刀库具有“卡刀一键复原功能”，有效提高刀库故障解除效率；大功率、大转矩主轴电动机，可选配德国进口的 ZF 减速箱，增加输出转矩；还配备第 4 转台。加工中心可以实现液压缸套筒工件的钻底孔、攻螺纹和铣侧面加工。图 1-10 所示为加工中心的第 4 转台示意图。

数控机床

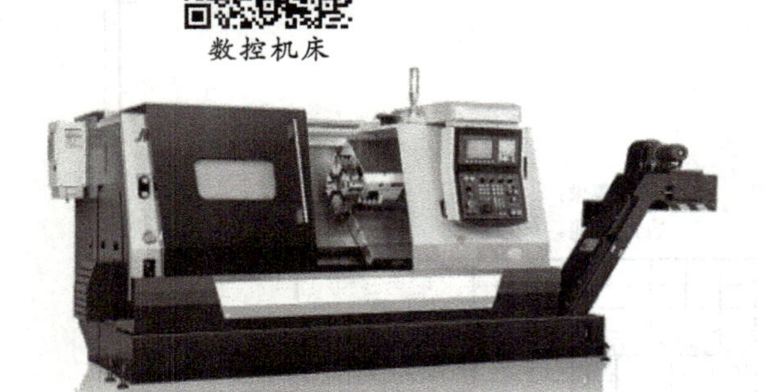

图 1-9　数控车床

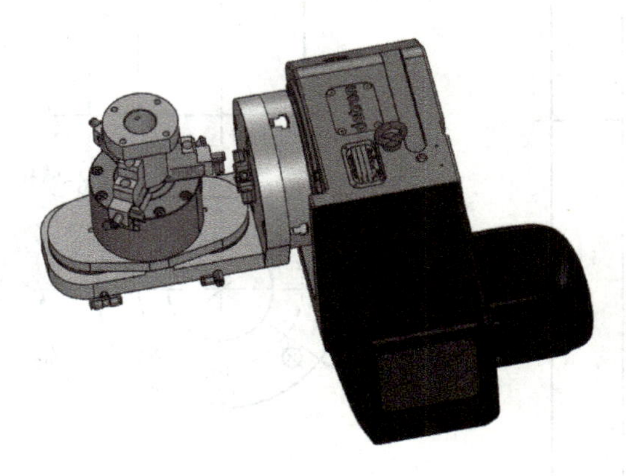

图 1-10　加工中心的第 4 转台示意图

(3) 固定机器人 固定机器人是采用 FANUC 的 M-20iD25 固定关节型机器人，总控轴数为 6 轴。它安装在切削加工单元的固定位置，其双手爪用于工件的拾取及上下料，有较高的定位精度和抓持稳定性。工业机器人如图 1-11 所示。

(4) 2D 视觉系统 该视觉系统由安装于工业机器人手爪上的 2D 摄像头组成，主要完成视觉数据采集。该视觉系统作为待加工工件准确抓取的定位方式，省去通常为满足机器人的准确抓取而必须采用的机械预定位夹具，具有很高的柔性。该视觉系统可通过软件设置，建立视觉画面上的点位与机器人位置的相对应关系，同时对工件进行视觉成像并与已标定的工件进行比较，得出偏差值，即机器人抓放位置的补偿值，通过补偿实现机器人自动抓放，可实现机器人对无夹具定位工件的自动柔性搬运，图 1-12 所示为 2D 视觉系统。

图 1-11　工业机器人

图 1-12　2D 视觉系统

(5) 清洁装置 清洁装置实现对工件的自动吹气清洁，如图 1-13 所示。

(6) 主控系统 主控系统采用西门子 S7-1200 PLC 控制器，运用人机界面对整个系统的运行状态进行监控，实现系统中实时和非实时数据的传输，具有高度的可靠性和可维护性。主控系统装载了 MES（制造执行系统），在从接收订单开始到完成成品的时间范围内，通过与上层业务计划层和底层过程控制层进行信息交互，实现生产过程的优化。图 1-14 所示为主控系统。安全设备采用电磁式安全门开关，作为机器人工作区域的安全防护，完全做到人机隔离，确保系统在自动运行中的人员安全。

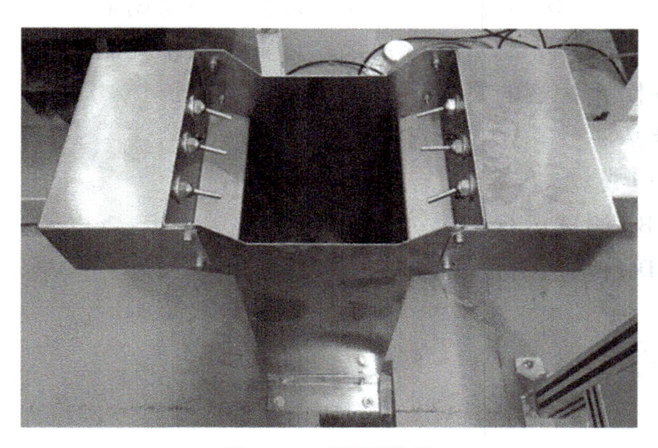

图 1-13 清洁装置

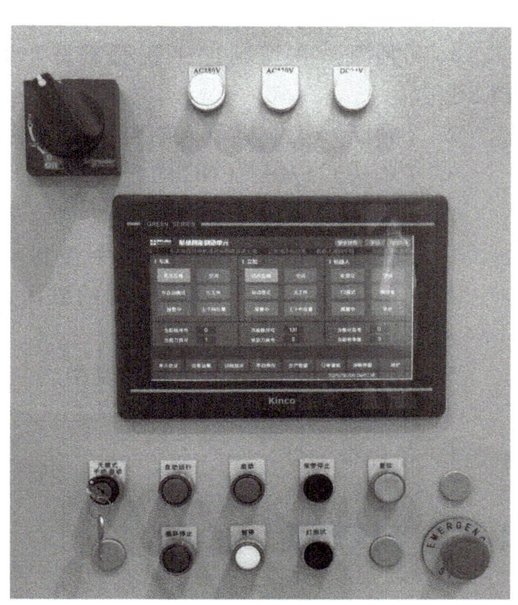

图 1-14 主控系统

1.7.4 8S 管理制度

安全教育及8S管理

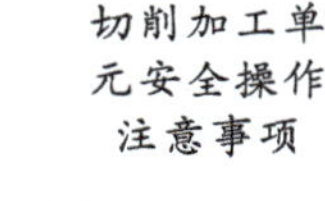

切削加工单元安全操作注意事项

8S 就是整理、整顿、清扫、清洁、素养、安全、节约、学习 8 个项目，因其罗马发音均以“S”开头，简称为 8S。

(1) 整理（SEIRI） 是指将混乱的状态收拾成井然有序的状态。

(2) 整顿（SEITON） 是指通过前一步整理后，对生产现场需要留下的物品进行科学合理的布置和摆放，以便用最快的速度取得所需之物，在最有效的规章、制度和最简捷的流程下完成作业。

(3) 清扫（SEISO） 是指清除工作场所内的脏污，并防止污染的发生，将岗位保持在无垃圾、无灰尘、干净整洁的状态。

(4) 清洁（SEIKETSU） 是指将上面的 3S（整理、整顿、清扫）实施的做法进行到底，形成制度，并贯彻执行及维持结果。

(5) 素养（SHITSUKE） 是指人人依规定行事，从心态上养成能随时进行 8S 管理的好习惯并坚持下去。

(6) 安全（SAFETY） 是指清除安全隐患，保证工作现场员工人身安全及产品质量安全，预防意外事故的发生。

(7) 节约 (SAVE) 是指对时间、空间、资源等方面合理利用，减少浪费，降低成本，以发挥它们的最大效能。

(8) 学习 (STUDY) 是指深入学习各项专业技术知识，从实践和书本中获取知识，同时不断地向同事及上级主管学习。

1.8 任务测评

1. (判断) 在切削加工智能制造单元中，数控车床采用的数控系统是 FANUC 0i-MF PLUS。(   )

2. (判断) 工业机器人的电气控制柜有 A 柜、B 柜和 Mate 柜。(   )

3. (单选) FMS、CNC 的含义分别是 (   )。

A. 计算机集成制造系统，柔性制造系统　　B. 柔性制造单元、计算机辅助制造

C. 柔性制造系统、计算机数字控制　　D. 制造执行系统，计算机数字控制

4. (单选) “清除工作场所内的脏污，并防止污染的发生” 符合 8S 管理中的 (   )。

A. 安全　　B. 素养　　C. 节约　　D. 清扫

5. (多选) 机床操作面板主要由 (   ) 组成。

A. 工作方式切换按键　　B. 测试运行按键

C. 各种指示灯　　D 自动进给倍率键

1.9 考核评价

项目 1 的考核评价表见表 1-9。

表 1-9　项目 1 的考核评价表

环节	项　目	记　录	标准	分值
课前	问题引导		10	
	信息获取		10	
课中	课堂考勤		5	
	课堂参与		10	
	安全意识、精益专注的工作态度		10	
	小组互评		5	
	技能任务考核		40	
课后	任务测评		10	
总评			100	

【素养提升拓展讲堂】发展智能制造——赋能智慧生活

宁波双林汽车部件股份有限公司（简称双林汽车）致力于以自主创新、产品研发、模

具开发为基础，实现汽车零部件的模块化、平台化供应。为响应国家实施《中国制造2025》战略的号召，双林汽车采取了一系列的措施，推动智能制造的转型，主要有以下几个方面：

（1）加大技术开发创新力度和智能工厂建设力度 为尽快推动智能制造的转型，双林汽车于2014年7月成立了自动化生产部，致力于为公司各生产单位提供全面的自动化技术服务。

（2）抓住时机，扩大“走出去”步伐 双林汽车认为，汽车零部件行业的内部整合和并购是未来几年的趋势，在2014年8月并购湖北新火炬科技股份有限公司，扩大其在北美乃至欧洲等市场的占有率和影响力。

双林汽车基于对汽车零部件行业的深刻理解，以及多年来积累的先进制造工艺技术和经验，依托国内领先的模具开发能力和较强的产品研发能力，现已成为一家致力于自主创新的国家级高新技术企业。智能制造是制造企业实现《中国制造2025》战略目标的重要路径之一。从双林汽车的案例分析中可看出，在《中国制造2025》战略的背景下，双林汽车积极发展智能制造，推动转型升级，并且在此过程中取得了一定的成绩。

双林汽车智能制造转型升级给我们这样的启示：企业的转型发展需要不断创新和进步。对于我们来说，需要在工作过程中不断创新、不断学习，这样才能让我们有长足的进步，走得更远。

项目2

工业机器人的基础操作与自动上下料

任务2.1 工业机器人数据备份与恢复

2.1.1 任务引入

接到一批液压缸套筒零件的生产任务，由切削加工智能制造单元进行零件的生产：立式加工中心、数控车床进行加工，机器人进行工件的搬运、定位、装夹。

切削加工智能制造单元已经安装调试完成。现要求熟练掌握工业机器人数据的备份及恢复方法。

2.1.2 实训目标

■ 素质目标

1. 培养学生独立自主的学习习惯。
2. 培养严谨认真的工作态度。

■ 知识目标

1. 熟悉工业机器人备份文件的类型。
2. 熟悉工业机器人数据备份及恢复的流程。

■ 技能目标

1. 能够独立完成工业机器人的数据备份。
2. 能够独立完成工业机器人的数据恢复。

2.1.3　问题引导

1. 什么情况下需要进行工业机器人的数据备份？

____

____

____

2. 什么情况下需要进行工业机器人的数据恢复？

____

____

____

3. 工业机器人数据备份的方法有哪些？

____

____

____

____

2.1.4　设备确认

1. 观察智能制造单元，确认机械正常。
2. 智能制造单元上电，工业机器人示教器（TP）正常，无报警。
3. 领取工作任务单（表2-1-1），明确本次任务的内容。
4. 领取并填写设备确认单（表2-1-2）。

表2-1-1　工作任务单

实训任务	工业机器人数据备份与恢复	
序号	工作内容	工作目标
1	工业机器人的数据备份（一般模式）	掌握工业机器人数据备份（一般模式）的方法
2	工业机器人的数据恢复（一般模式）	掌握工业机器人数据恢复（一般模式）的方法

表2-1-2　设备确认单

序号	设备名称	实现功能	实现方式	设备及其功能要求	设备状态是否正常
1	工业机器人示教器（TP）	机器人数据备份与恢复	通过示教器（TP）对机器人数据进行备份与恢复		
2	U盘	数据备份与恢复	通过U盘备份与恢复数据	存储空间不小于10GB	
任务执行时间		年　月　日	执行人		

2.1.5　任务实施

1. 将机器人电气控制柜的断路器置于“ON”，完成机器人上电。

注意： 在接通电源前，请检查工作区域，包括机器人、控制器等，检查所有的安全设备是否正常。操作机器人时人必须站在安全护栏外。

机器人一般模式的数据备份与恢复

2. 选择示教器（TP）上的USB，记录操作步骤，见表2-1-3。

表2-1-3　选择TP上的USB的操作

序号	操作步骤	图示
1	依次按键操作：【MENU】（菜单）→【文件】→【ENTER】（确认）→【F5】（工具），显示右图所示的画面	处理中 执行 I/O 运转 PRIO-230 EtherNet/IP 适配器错误 (1) PRIO-231 EtherNet/IP 适配器闲置 85% 文件 UT1:*.* 1/31 1 * * (所有文件) 2 * KL (所有KAREL程序) 3 * CF (所有命令文件) 4 * TX (所有文本文件) 5 * LS (所有KAREL列表) 6 * DT (所有KAREL数据文件) 7 * PC (所有KAREL P代码文件) 8 * TP (所有TP程序) 9 * MN (所有MN程序) 10 * VR (所有变量文件) 11 * SV (所有系统文件) 按目录键，查看目录 工具 1 1 切换设备 2 格式化 3 格式化 FAT32 4 创建目录 [类型] [目录] 加载 [备份] [工具] >
2	移动光标选择【切换设备】，按【ENTER】键确认，显示右图所示的画面	处理中 执行 I/O 运转 PRIO-230 EtherNet/IP 适配器错误 (1) PRIO-231 EtherNet/IP 适配器闲置 85% 文件 UT1:*.* 1/31 1 * * (所有文件) KL (所有KAREL程序) CF (所有命令文件) TX (所有文本文件) LS (所有KAREL列表) DT (所有KAREL数据文件) PC (所有KAREL P代码文件) TP (所有TP程序) MN (所有MN程序) VR (所有变量文件) SV (所有系统文件) 1 FROM盘(FR:) 2 备份(FRA:) 3 RAM盘(RD:) 4 存储设备(MD:) 5 控制台(CONS:) 6 USB盘(UD1:) 7 TP上的USB(UT1:) 8 按目录键，查看目录 [类型] [目录] 加载 [备份] [工具] >
3	选择存储设备类型，如“TP上的USB（UT1）”，按【ENTER】键确认，显示右图所示的画面	处理中 执行 I/O 运转 PRIO-230 EtherNet/IP 适配器错误 (1) PRIO-231 EtherNet/IP 适配器闲置 85% 文件 UT1:*.* 1/31 1 * * (所有文件) 2 * KL (所有KAREL程序) 3 * CF (所有命令文件) 4 * TX (所有文本文件) 5 * LS (所有KAREL列表) 6 * DT (所有KAREL数据文件) 7 * PC (所有KAREL P代码文件) 8 * TP (所有TP程序) 9 * MN (所有MN程序) 10 * VR (所有变量文件) 11 * SV (所有系统文件) 按目录键，查看目录 [类型] [目录] 加载 [备份] [工具] >

3. 格式化 U 盘，记录操作步骤，见表 2-1-4。

表 2-1-4　格式化 U 盘的操作

序号	操作步骤	图示
1	TP 上插入 U 盘，选择存储设备类型：“TP 上的 USB(UT1)”，按【ENTER】键确认	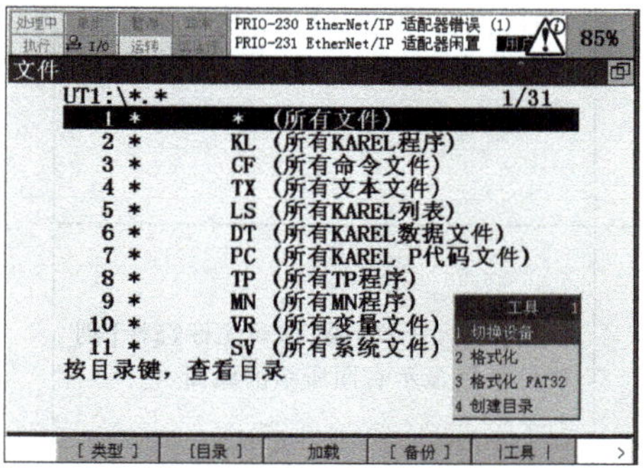 处理中 执行 I/O 运转 PRIO-230 EtherNet/IP 适配器错误 (1) PRIO-231 EtherNet/IP 适配器闲置 85% 文件 UT1:*.* 1/31 1 * * (所有文件) 2 * KL (所有KAREL程序) 3 * CF (所有命令文件) 4 * TX (所有文本文件) 5 * LS (所有KAREL列表) 6 * DT (所有KAREL数据文件) 7 * PC (所有KAREL P代码文件) 8 * TP (所有TP程序) 9 * MN (所有MN程序) 10 * VR (所有变量文件) 11 * SV (所有系统文件) 按目录键，查看目录 工具 1 1 切换设备 2 格式化 3 格式化 FAT32 4 创建目录 [类型] [目录] 加载 [备份] [工具] >
2	按【F5】(工具)键，显示右图所示的画面	
3	移动光标选择【格式化】，按【ENTER】键确认，显示右图所示的画面	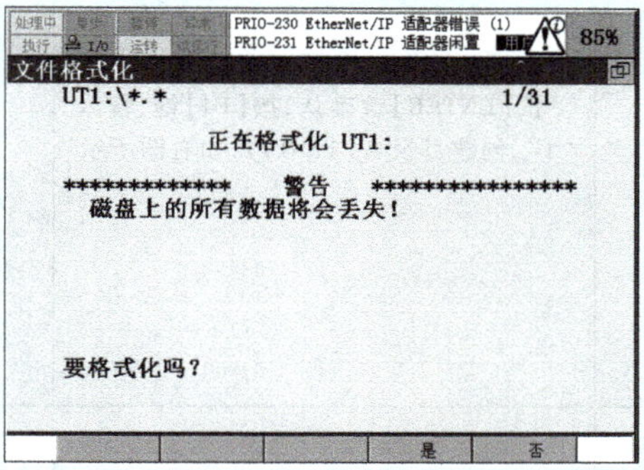 处理中 执行 I/O 运转 PRIO-230 EtherNet/IP 适配器错误 (1) PRIO-231 EtherNet/IP 适配器闲置 85% 文件格式化 UT1:*.* 1/31 正在格式化 UT1: ************** 警告 ***************** 磁盘上的所有数据将会丢失! 要格式化吗? 是 否
4	按【F4】(是)键，确认格式化，显示右图所示的画面	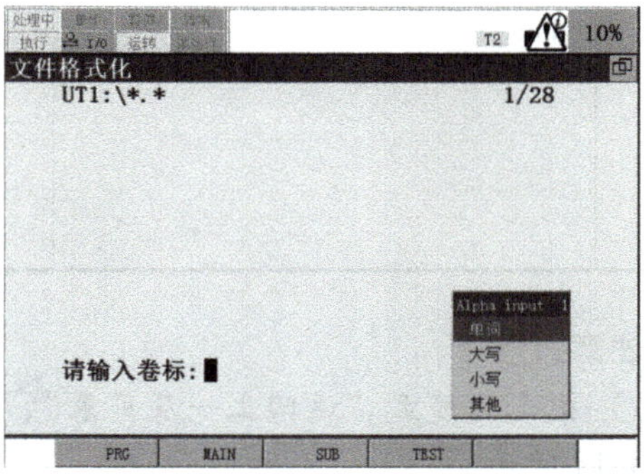 处理中 执行 I/O 运转 T2 10% 文件格式化 UT1:*.* 1/28 请输入卷标: Alpha input 1 单词 大写 小写 其他 PRG MAIN SUB TEST
5	移动光标选择输入类型，用【F1】~【F4】键输入卷标，按【ENTER】键确认	

4. 在 TP 的 U 盘上创建目录（文件夹），记录操作步骤，见表 2-1-5。

表 2-1-5　创建目录（文件夹）的操作

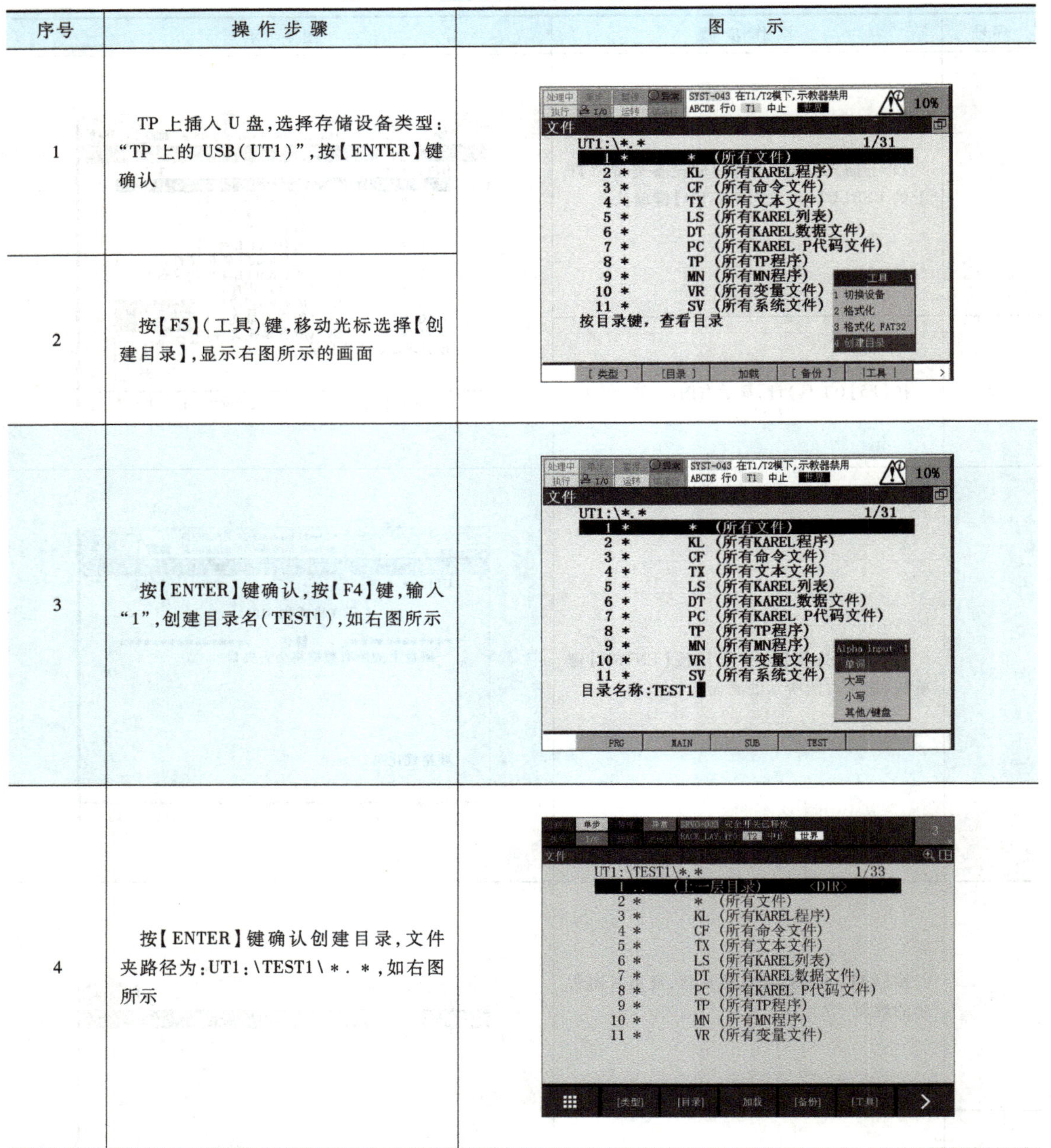

序号	操作步骤	图示
1	TP 上插入 U 盘，选择存储设备类型：“TP 上的 USB(UT1)”，按【ENTER】键确认	
2	按【F5】(工具)键，移动光标选择【创建目录】，显示右图所示的画面	
3	按【ENTER】键确认，按【F4】键，输入“1”，创建目录名(TEST1)，如右图所示	
4	按【ENTER】键确认创建目录，文件夹路径为：UT1:\TEST1*.*，如右图所示	

注意：

1）把光标移至“返回上一层目录”，按【ENTER】键确认，可退回前一个目录，如图 2-1-1a 所示。

2）移动光标选择创建的文件夹，按【ENTER】键确认，即可进入该文件夹，如图 2-1-1b 所示。

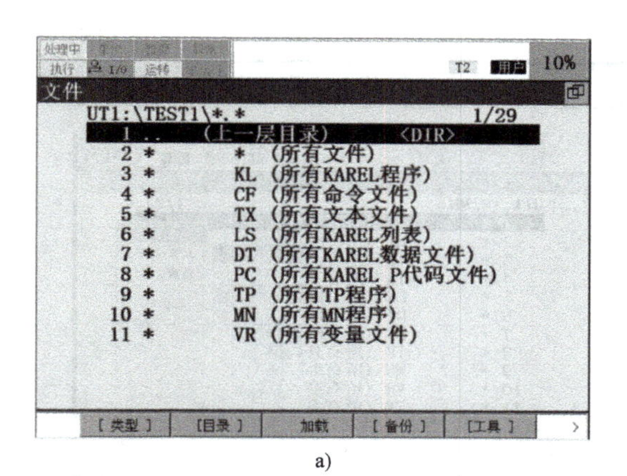

a)

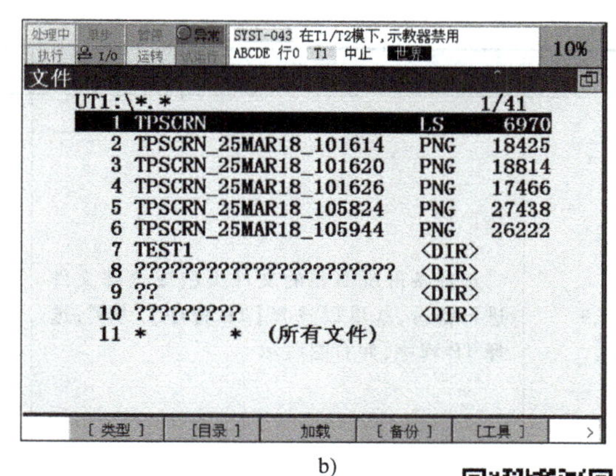

b)

图 2-1-1 在 TP 的 U 盘上创建文件夹

机器人控制启动模式的数据备份与恢复

5. 执行文件备份操作，记录操作步骤，见表 2-1-6。

表 2-1-6 文件备份操作

序号	操作步骤	图示
1	依次按键操作:【MENU】(菜单)→【文件】→【ENTER】(确认)→【F5】(工具),选择【切换设备】→【ENTER】(确认),选择存储设备类型,如“TP 上的 USB (UT1)”,按【ENTER】键确认,如右图所示	
2	按【F4】(备份)键,出现右图所示的选项	

（续）

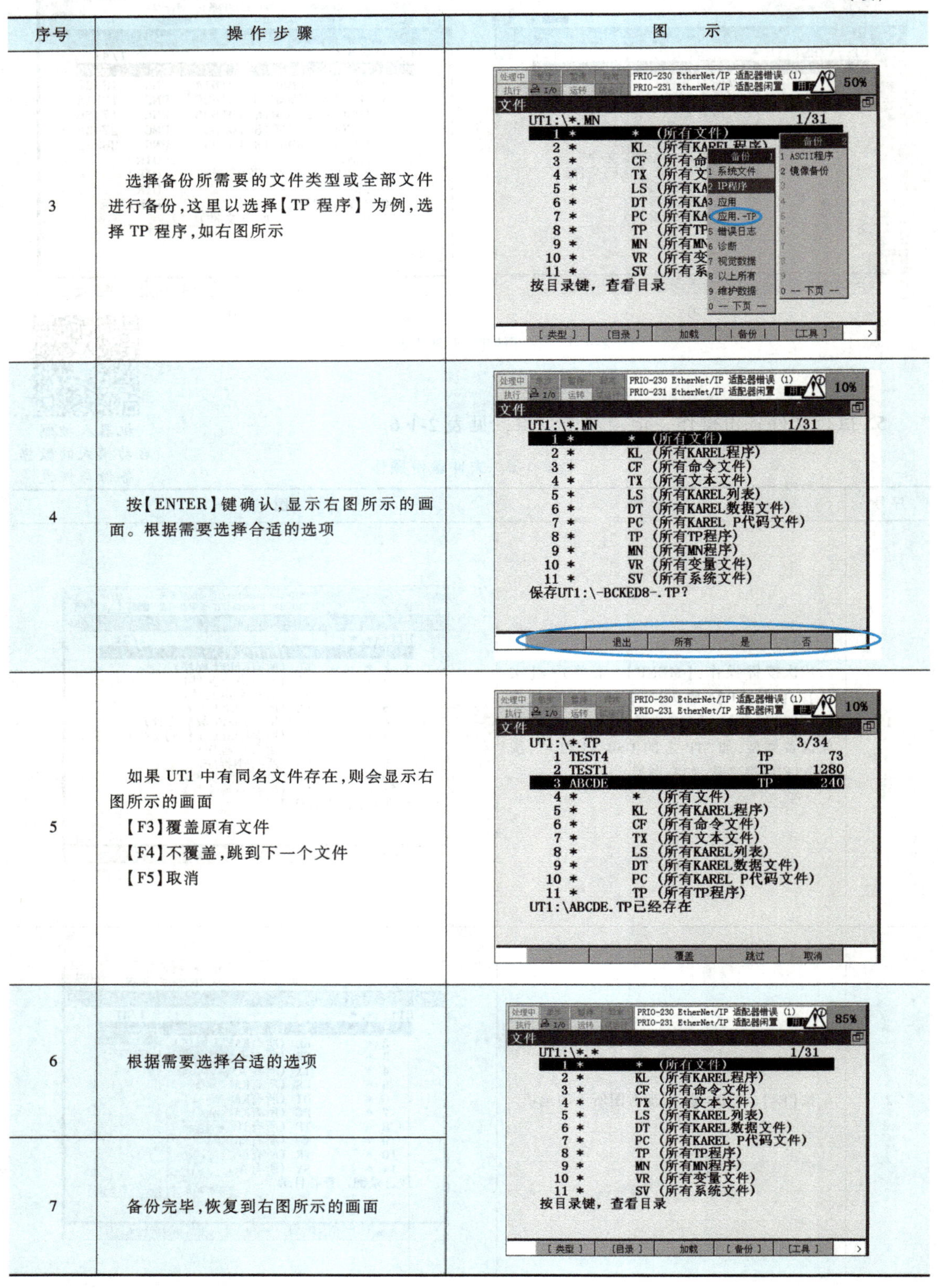

序号	操作步骤	图示
3	选择备份所需要的文件类型或全部文件进行备份，这里以选择【TP 程序】为例，选择 TP 程序，如右图所示	
4	按【ENTER】键确认，显示右图所示的画面。根据需要选择合适的选项	
5	如果 UT1 中有同名文件存在，则会显示右图所示的画面 【F3】覆盖原有文件 【F4】不覆盖，跳到下一个文件 【F5】取消	
6	根据需要选择合适的选项	
7	备份完毕，恢复到右图所示的画面	

注意：若要选择“以上所有”，请注意以下操作：

1）依次按键操作：【MENU】（菜单）→【文件】→【ENTER】（确认）→【类型】→【文件】→【ENTER】（确认）→【备份】→【以上所有】→【ENTER】（确认），如图 2-1-2a 所示。

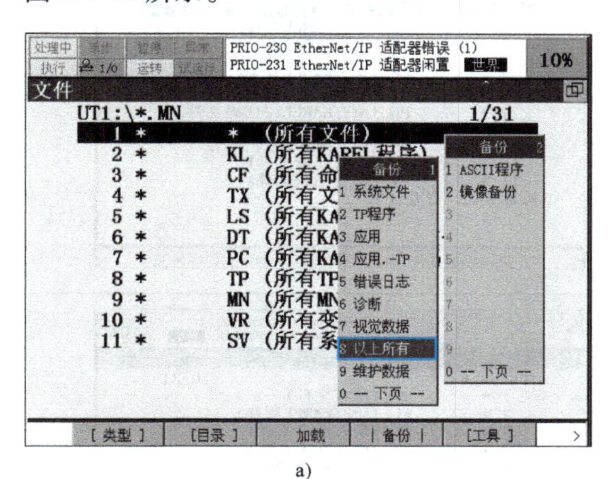

a)

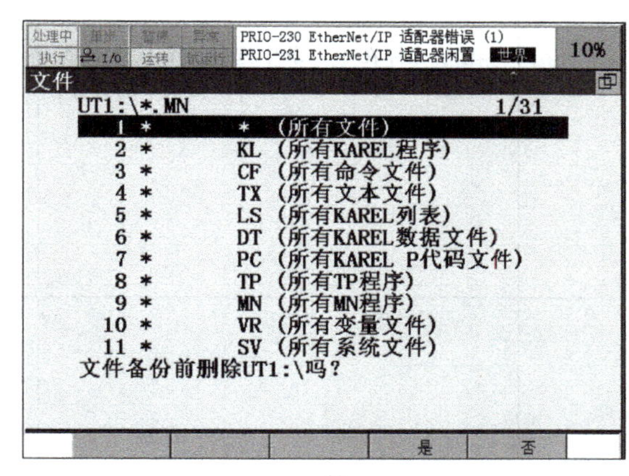

b)

图 2-1-2　文件备份操作中选择“以上所有”的步骤（1）

2）按【ENTER】键确认，屏幕中出现以下内容：文件备份前删除 UT1:\ 吗？如图 2-1-2b 所示。

3）按【F4】（是）键，屏幕中出现以下内容：删除 UT1:\ 并备份所有文件？如图 2-1-3 所示。

4）按【F4】（是）键，开始删除 UT1 下的文件，并备份文件。

6. 文件加载，恢复 U 盘中的数据，记录操作步骤，见表 2-1-7。

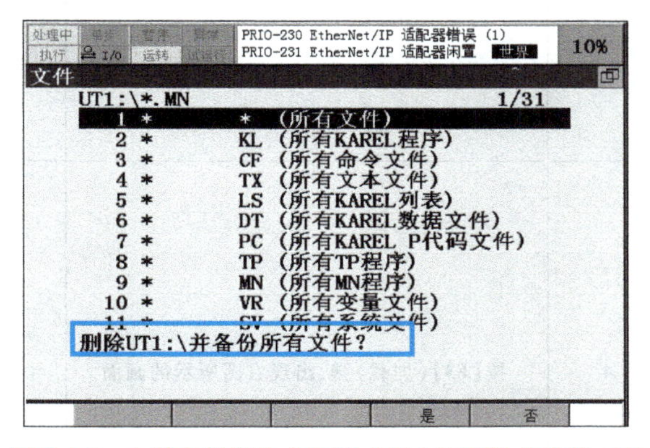

图 2-1-3　文件备份操作中选择“以上所有”的步骤（2）

表 2-1-7　恢复 U 盘数据操作

序号	操作步骤	图　示
1	依次按键操作：【MENU】（菜单）→【文件】→【ENTER】（确认）→【目录】，如右图所示 注意：确认当前的外部存储设备（UT1）的路径	

（续）

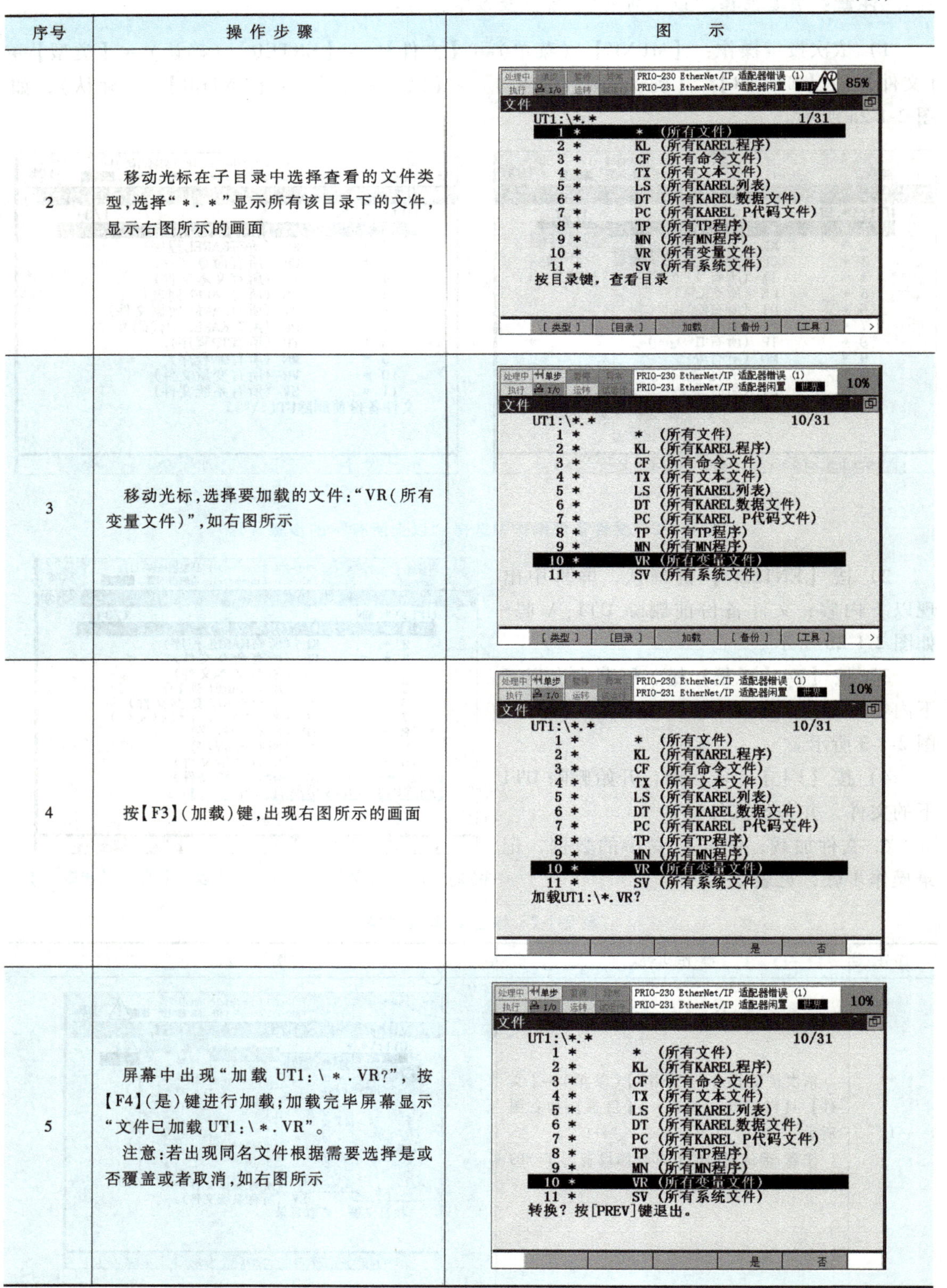

序号	操作步骤	图示
2	移动光标在子目录中选择查看的文件类型，选择“*.*”显示所有该目录下的文件，显示右图所示的画面	文件 UT1:*.* 1/31 1 * * (所有文件) 2 * KL (所有KAREL程序) 3 * CF (所有命令文件) 4 * TX (所有文本文件) 5 * LS (所有KAREL列表) 6 * DT (所有KAREL数据文件) 7 * PC (所有KAREL P代码文件) 8 * TP (所有TP程序) 9 * MN (所有MN程序) 10 * VR (所有变量文件) 11 * SV (所有系统文件) 按目录键，查看目录 [类型] [目录] 加载 [备份] [工具]
3	移动光标，选择要加载的文件：“VR(所有变量文件)”，如右图所示	文件 UT1:*.* 10/31 1 * * (所有文件) 2 * KL (所有KAREL程序) 3 * CF (所有命令文件) 4 * TX (所有文本文件) 5 * LS (所有KAREL列表) 6 * DT (所有KAREL数据文件) 7 * PC (所有KAREL P代码文件) 8 * TP (所有TP程序) 9 * MN (所有MN程序) 10 * VR (所有变量文件) 11 * SV (所有系统文件) [类型] [目录] 加载 [备份] [工具]
4	按【F3】(加载)键，出现右图所示的画面	文件 UT1:*.* 10/31 1 * * (所有文件) 2 * KL (所有KAREL程序) 3 * CF (所有命令文件) 4 * TX (所有文本文件) 5 * LS (所有KAREL列表) 6 * DT (所有KAREL数据文件) 7 * PC (所有KAREL P代码文件) 8 * TP (所有TP程序) 9 * MN (所有MN程序) 10 * VR (所有变量文件) 11 * SV (所有系统文件) 加载UT1:*.VR? 是 否
5	屏幕中出现“加载 UT1:*.VR?”，按【F4】(是)键进行加载；加载完毕屏幕显示“文件已加载 UT1:*.VR”。 注意：若出现同名文件根据需要选择是或否覆盖或者取消，如右图所示	文件 UT1:*.* 10/31 1 * * (所有文件) 2 * KL (所有KAREL程序) 3 * CF (所有命令文件) 4 * TX (所有文本文件) 5 * LS (所有KAREL列表) 6 * DT (所有KAREL数据文件) 7 * PC (所有KAREL P代码文件) 8 * TP (所有TP程序) 9 * MN (所有MN程序) 10 * VR (所有变量文件) 11 * SV (所有系统文件) 转换? 按[PREV]键退出。 是 否

2.1.6 实施记录

1. 根据教师引导，记录操作过程步骤。

____

____

____

____

2. 操作完成后，将待优化的问题记录到操作问题清单（表 2-1-8）中。

表 2-1-8 操作问题清单 组别________

问　题	改进方法

2.1.7 知识链接

文件，是机器人控制器中作为数据存储在 SRAM 中的存储单位。主要的文件类型如图 2-1-4 所示。

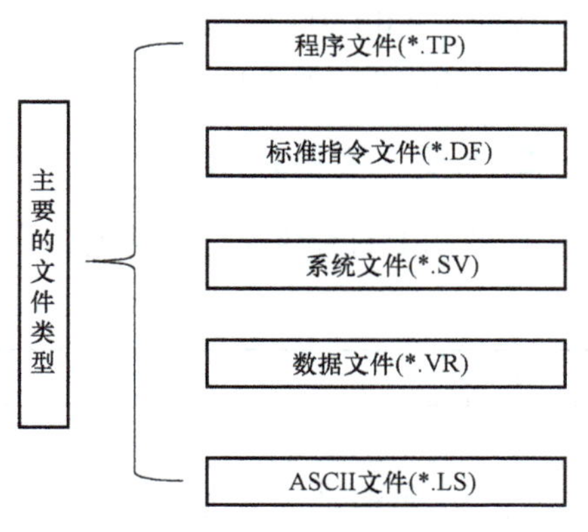

图 2-1-4 主要的文件类型

(1) 程序文件 程序文件是记述被称作程序指令的一连串向机器人发出的指令的文件。程序指令进行机器人的动作和外围设备控制、各应用程序控制。

(2) 标准指令文件 标准指令文件是存储程序编辑画面上的分配给各功能键（F1～F4 键）的标准指令语句的设定。

(3) 系统文件 系统文件是将为运行应用工具软件的系统的控制程序或在系统中使用的数据存储起来的文件。系统文件有如下种类：

1）SYSVARS. SV 存储参考位置、关节可动范围、制动器控制等系统变量的设定。

2）SYSFRAME. SV 存储坐标系的设定。

3）SYSSERVO. SV 存储伺服参数的设定。

4）SYSMAST. SV 存储零点标定的数据。

5）SYSMACRO. SV 存储宏指令的设定。

6）FRAMEVAR. VR 存储为进行坐标系设定而使用的参照点、注解等数据。坐标系的数据本身，被存储在 SYSFRAME. SV 中。

(4) 数据文件 数据文件（*. VR、*. IO、*. DT）是用来存储系统中所使用的数据的文件，有如下几类。

1）数据文件（*. VR）。

-MUMREG. VR 存储数值寄存器的数据。

-POSREG. VR 存储位置寄存器的数据。

-STRREG. VR　存储字符串寄存器的数据。

-PALREG. VR　存储码垛寄存器的数据（仅限使用码垛寄存器选项时）。

2）I/O 分配数据文件（＊. IO）。

-DIOCFGSV. IO　存储 I/O 分配的设定。

3）机器人设定数据文件（＊. DT）。

存储机器人设定画面上的设定内容。文件名因不同机型而有所差异。

（5）ASCII 文件　ASCII 文件是采用 ASCII 格式的文件。要载入 ASCII 文件，需要有 ASCII 程序载入功能选项。可通过计算机等设备进行 ASCII 文件的内容显示和打印。

2.1.8　任务测评

1.（判断）在备份工业机器人数据时，一般需要对 U 盘进行格式化处理。（　）

2.（判断）在进行工业机器人数据备份时，只能一次将所有文件均进行备份而不能只备份某一种类型的数据。（　）

3.（判断）在使用 TP 上的 USB 口进行数据备份时，选择存储设备类型时选择 RAM 盘（RD:）。（　）

4.（判断）ASCII 文件可通过计算机等设备进行内容的显示和打印。（　）

5.（单选）以下文件中存储坐标系的设定是（　）。

A. SYSFRAME. SV　　B. -MUMREG. VR

C. -DIOCFGSV. IO　　D. SYSVARS. SV

2.1.9　考核评价

任务 2.1 的考核评价表见表 2-1-9。

表 2-1-9　任务 2.1 的考核评价表

环节	项　目	记　录	标准	分值
课前	问题引导		10	
	信息获取		10	
课中	课堂考勤		5	
	课堂参与		10	
	独立自主学习习惯、严谨认真工作态度		10	
	小组互评		5	
	技能任务考核		40	
课后	任务测评		10	
总评			100	

【素养提升拓展讲堂】做好万全准备——保障智能时代数据安全

一位专家急匆匆走进演讲厅，他正要给全市企业骨干做一个重要的演讲。

专家把一个U盘插入计算机，准备打开电子文稿。可是，等他双击之后，计算机屏幕上却显示一个红色的大叉，系统无法读取指定的设置。台下有些轻微的骚动。

专家不慌不忙地说："幸好我带来了笔记本电脑。请工作人员帮我把线接好。"可是，笔记本计算机里面的文件也打不开。这时下面的人议论纷纷。

专家说："我还有其他准备，打开我的邮箱就行。"可是打开电子邮箱一看，天呀！邮箱竟然打不开。大家一阵唏嘘。

专家笑笑说："世事真难预料，我精心准备了3份讲话文稿都无法使用。不过，我还有第4种办法。"他拿出移动硬盘。随后讲座开始，主题是《人的自信与成功》。

专家打开演示稿，屏幕上赫然出现一行字：

我第一讲的内容是：人的自信来源于多重准备，当你这个准备无效时，你可以快速地找到第2种、第3种甚至更多的应对办法，你就能够成功！

这个故事带给我们这样的启示：任何一件事情，只有充分准备好前期的事情，才可能百战百胜。如果只是有勇无谋，草率地去实施一个计划，则会无功而返。

任务2.2 示教器（TP）认知及手动操作

2.2.1 任务引入

接到一批液压缸套筒零件的生产任务，由切削加工智能制造单元进行零件的生产：立式加工中心、数控车床进行加工，机器人进行工件的搬运、定位、装夹。切削加工智能制造单元已经安装调试完成。现要求熟悉示教器（TP）按键及其功能，熟练进行示教器（TP）手动操作。

2.2.2 实训目标

■ 素质目标

1. 培养学生耐心细致的工作态度。
2. 培养学生团结协作的精神。

■ 知识目标

1. 熟悉示教器（TP）的外观，了解图2-2-1a所示的示教器（TP）按钮的含义及功能。
2. 理解机器人坐标系中工件坐标、工具坐标的定义。

■ 技能目标

1. 掌握画面复制的基本步骤和方法。
2. 掌握机器人手动运动控制的基本操作方法、运动模式的切换方法。

a)

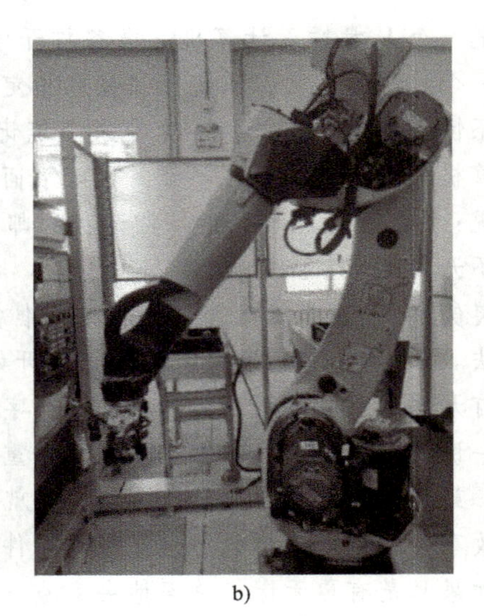
b)

图 2-2-1 工业机器人本体及示教器（TP）

2.2.3 问题引导

1. 工业机器人示教器（TP）的用途是什么？

2. 工业机器人示教器（TP）手动操作的条件是什么？

3. 工业机器人示教器（TP）手动方式和自动方式有什么区别？

4. 机器人运动模式有哪几种？不同的运动模式如何切换？

2.2.4 设备确认

1. 观察智能制造单元，确认机械正常。
2. 智能制造单元上电，工业机器人示教器（TP）正常，无报警。
3. 领取工作任务单（表 2-2-1），明确本次任务的内容。
4. 领取并填写设备确认单（表 2-2-2）。

表 2-2-1 工作任务单

实训任务	工业机器人示教器(TP)认知及操作	
序号	工 作 内 容	工 作 目 标
1	示教器(TP)的按键及其功能	熟悉示教器(TP)的按键其功能
2	示教器(TP)画面复制	能够完成示教器(TP)画面复制
3	工业机器人手动操作	能够操作示教器(TP)完成工业机器人的手动操作
4	工业机器人运动模式切换	能够针对不同应用场景切换机器人手动操作模式

表 2-2-2 设备确认单

序号	设备名称	实现功能	实现方式	设备及其功能要求	设备状态是否正常
1	工业机器人示教器(TP)	机器人动作与控制	操作示教器(TP)进行示教	M20iD25	
2	U 盘	示教器(TP)画面复制	通过示教器(TP)复制画面	存储空间至少为 10GB	
任务执行时间		年 月 日	执行人		

2.2.5 任务实施

1. 将机器人电气控制柜的断路器置于“ON”，完成机器人上电。

1）在接通电源前，请检查工作区域，包括机器人、控制器等，检查所有的安全设备是否正常。操作机器人时操作人员必须站在安全护栏外。

2）机器人开始运行的时候，示教时倍率务必调低，高速度示教很可能带来危险。

机器人示教器面板功能简介

3）手动操作机器人前务必确认工作区域内没有操作人员。

2. 示教器（TP）整体认知。

在图 2-2-2 中填写各部分的名称。

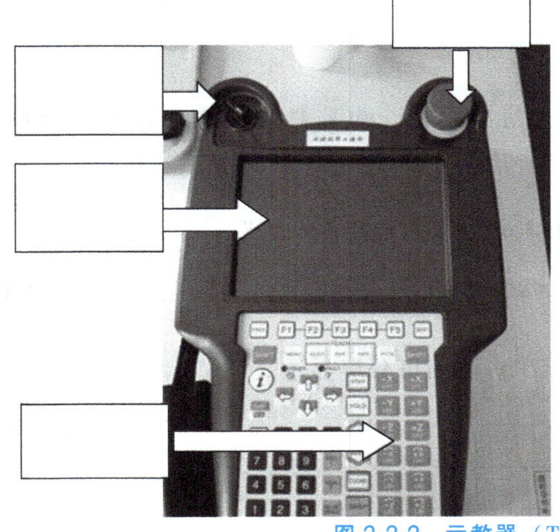

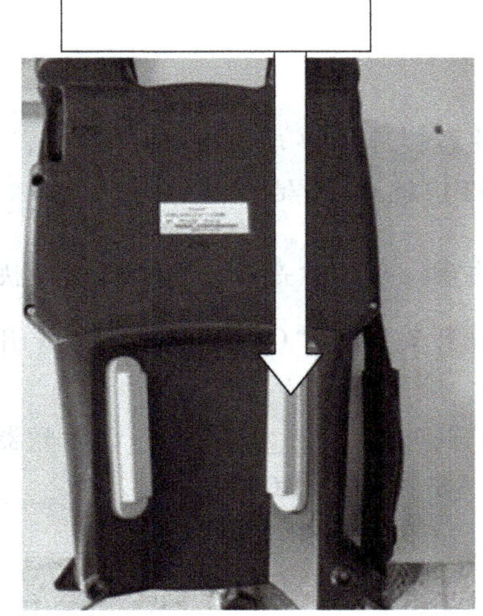

图 2-2-2 示教器（TP）外观图

注意：

1）按下急停按钮，工业机器人立即停止运动；松开急停按钮，工业机器人可以恢复运行。开关置于“ON”：示教器（TP）有效，可进行示教、编程和手动运行；开关置于“OFF”：示教器（TP）无效，不能进行示教、编程和手动运行。

2）DEADMAN 开关有 3 个档位：当示教器（TP）有效时，只有 DEADMAN 开关被按到适中位置，工业机器人才能运动；一旦松开或按紧，工业机器人立即停止运动，并出现报警。

3. 示教器（TP）按键熟悉。

在图 2-2-3 及图 2-2-4 中填写各按键的含义。

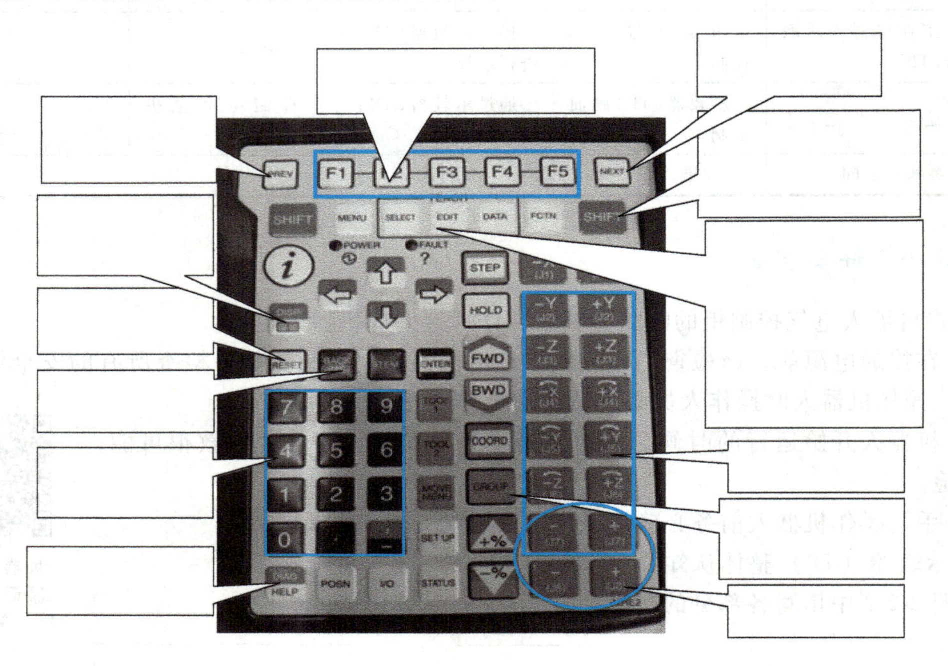

图 2-2-3　示教器（TP）界面（1）

注意：进行移动机器人操作时，需先消除警报。如果想要机器人运动，必须要按【SHIFT】键+运动键才能实现。

注意：用户键是用户自己定义的快捷键。说明以下按键的含义。

1）开关置于“ON”，DEADMAN 开关被按到适中位置，按下____________，可消除当前报警。

2）同时按下____________，示教器（TP）画面可分屏显示。

3）按下【SELECT】，________________________。

4）按下【POSN】，________________________。

5）按下【MENU】，________________________。

6）按下【STEP】，________________________。

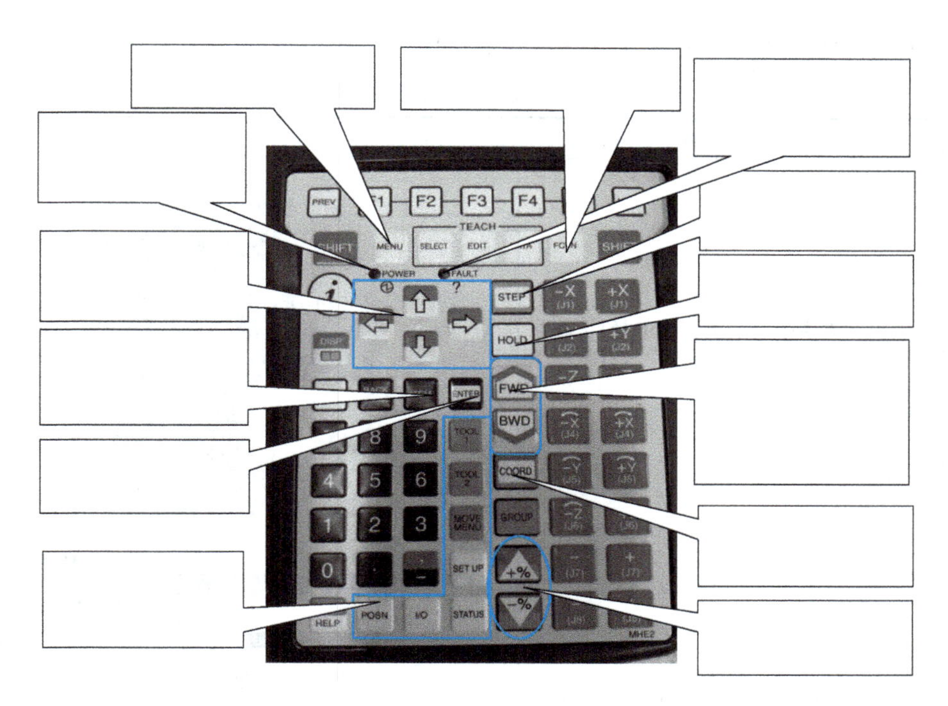

图 2-2-4 示教器（TP）界面（2）

7）按下【HOLD】，________________________________。

8）按下【COORD】，________________________________。

9）按下【EDIT】，________________________________。

4. 示教器（TP）显示屏介绍。

图 2-2-5 所示为示教器（TP）显示屏。

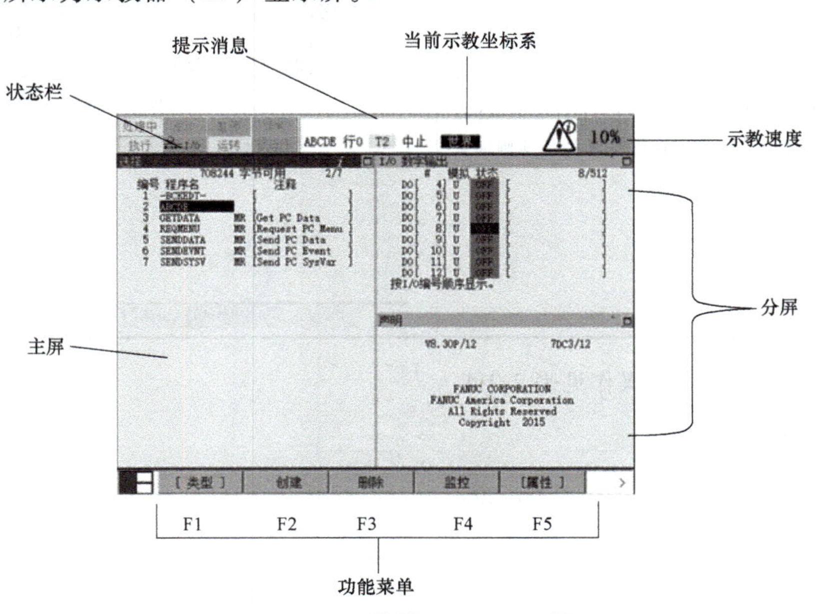

图 2-2-5 示教器（TP）显示屏

5. 示教器（TP）画面复制操作步骤见表 2-2-3。

表 2-2-3　示教器（TP）画面复制操作

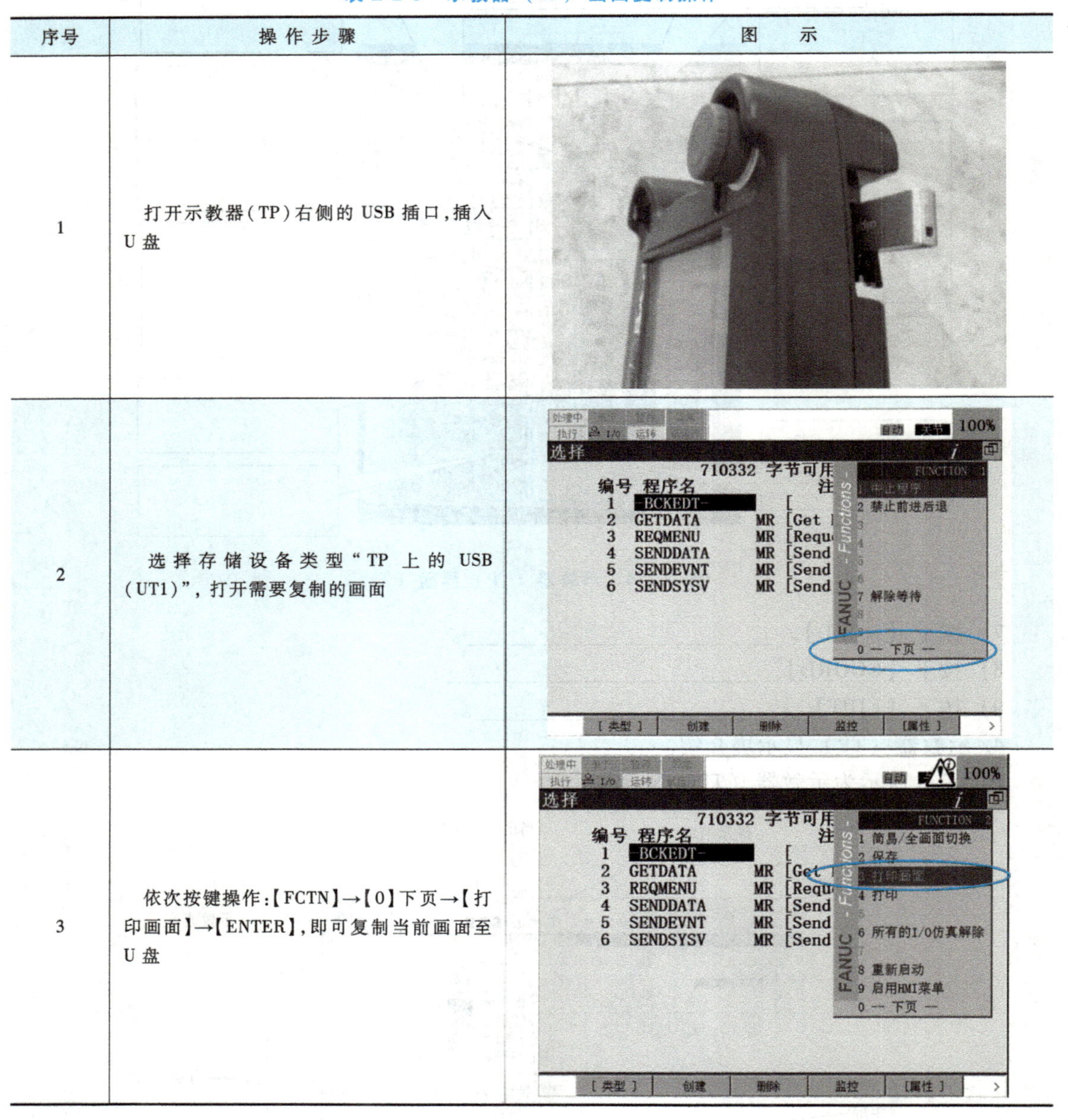

序号	操作步骤	图示
1	打开示教器（TP）右侧的 USB 插口，插入 U 盘	
2	选择存储设备类型“TP 上的 USB（UT1）”，打开需要复制的画面	
3	依次按键操作：【FCTN】→【0】下页→【打印画面】→【ENTER】，即可复制当前画面至 U 盘	

6. 示教器（TP）手动操作见表 2-2-4。

2.2.6　实施记录

1. 根据教师引导，记录操作过程步骤。

机器人运动模式及切换方法

表 2-2-4 示教器（TP）手动操作

序号	操作步骤	图示
1	将机器人电气控制柜的断路器置于“ON”,完成机器人上电	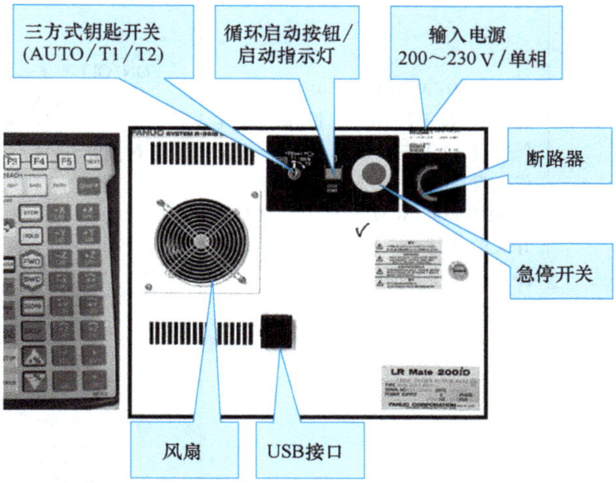
2	将示教器(TP)开关置于“ON”,三方式钥匙开关切换为“T2”手动模式	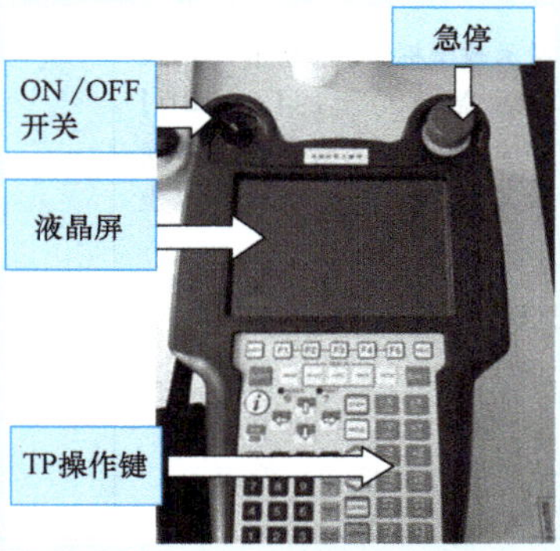
3	调整机器人运动倍率:按示教器(TP)上的示教速度键【+%】和【-%】进行设置 示教速度键:微速、低速、1%、5%、10%、50%、100% 1)微速到5%之间,每按一下,改变1% 2)5%到100%之间,每按一下,改变5%	机器人运动速度的设定 

（续）

序号	操作步骤	图示
4	按下DEADMAN开关到适中位置，同时按下【SHIFT】键和示教键【-X】【+X】等开始机器人手动操作，观察机器人运动方向。【SHIFT】键、示教键和DEADMAN开关的任何一个松开，机器人就会停止运动	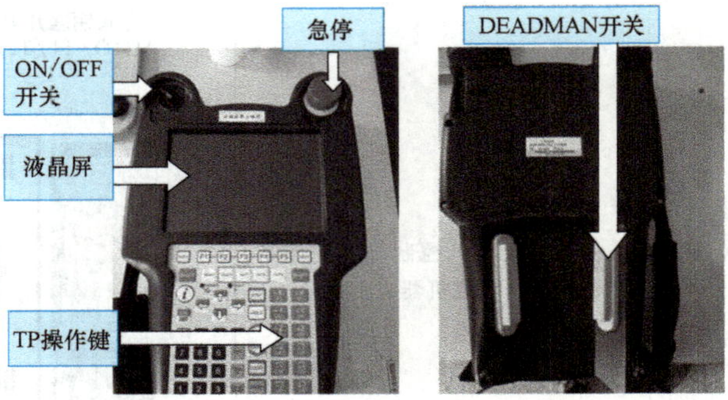 急停 DEADMAN开关 ON/OFF开关 液晶屏 TP操作键
5	设置示教坐标系：运动形式切换可按示教器（TP）上的【COORD】键进行选择，屏幕当前坐标系切换可显示关节、工具、用户、世界等坐标系	

2. 操作完成后，将待优化的问题记录到操作问题清单（表2-2-5）中。

表2-2-5　操作问题清单　　组别________

问　题	改进方法

2.2.7　知识链接

2.2.7.1　安全操作规程

（1）示教和手动工业机器人

1）在使用示教器时，由于戴上手套操作有可能出现操作上的失误，因此，务必摘下手套后再进行作业。

2）在手动操作机器人时要采用较低的速度倍率以增加对机器人的控制机会。

3）在按下示教操作盘上的手动键之前要考虑到机器人的运动趋势。

4）要预先考虑好避让机器人的运动轨迹，并确认该路线不受干涉。

5）机器人周围区域必须清洁，无油、水及杂质等。

（2）生产运行

1）在开机运行前，必须知道机器人根据所编程序将要执行的全部任务。

2）必须知道所有会控制机器人移动的开关、传感器和控制信号的位置和状态。

3）必须知道机器人控制器和外围控制设备上紧急停止按钮的位置，准备好在紧急情况下使用这些按钮。

4）永远不要认为机器人没有移动其程序就已完成，因为这时机器人很有可能是在等待让它继续移动的输入信号。

2.2.7.2　常用工业机器人介绍

常用工业机器人见表2-2-6。

表2-2-6　常用工业机器人

LR Mate 系列工业机器人	
应用场景	拾取及包装、物流搬运、装配机床上下料、材料加工、弧焊、点焊
LR Mate 200iD	迷你工业机器人，可以安装在狭小空间 轴数:5/6 轴 手部负重:4~7kg
M-710iC 系列机器人	
应用场景	物流搬运、机床上下料、码垛材料加工、装配、点焊、弧焊、拾取及包装
M-710iC	中型搬运机器人 轴数:5 轴 手部负重:12~70kg

（续）

M-410/420iA/430iA 系列机器人	
应用场景	物流搬运、机床上下料、码垛材料加工、装配、点焊、弧焊、拾取及包装
M-410iA	大型物流智能工业机器人 轴数:4/5 轴 手部负重:140/160/300/450/700kg
M-10iA/M-20iA 系列机器人	
应用场景	弧焊装配、拾取及包装、机床上下料、材料加工、码垛物流搬运、点焊
M-10iA/M-20iA	小型、中空手腕机型 轴数:6 轴 手部负重:7~35kg
M-900/M-2000iA 系列机器人	
应用场景	物流搬运、机床上下料、码垛材料加工、装配、点焊、弧焊、拾取及包装
M-900	重型智能工业机器人 轴数:6 轴 手部负重:150~700kg
ARC Mate 0iB 系列机器人	
应用场景	弧焊
ARC Mate 0iB	轻量、紧凑 轴数:6 轴 手部负重:3kg

（续）

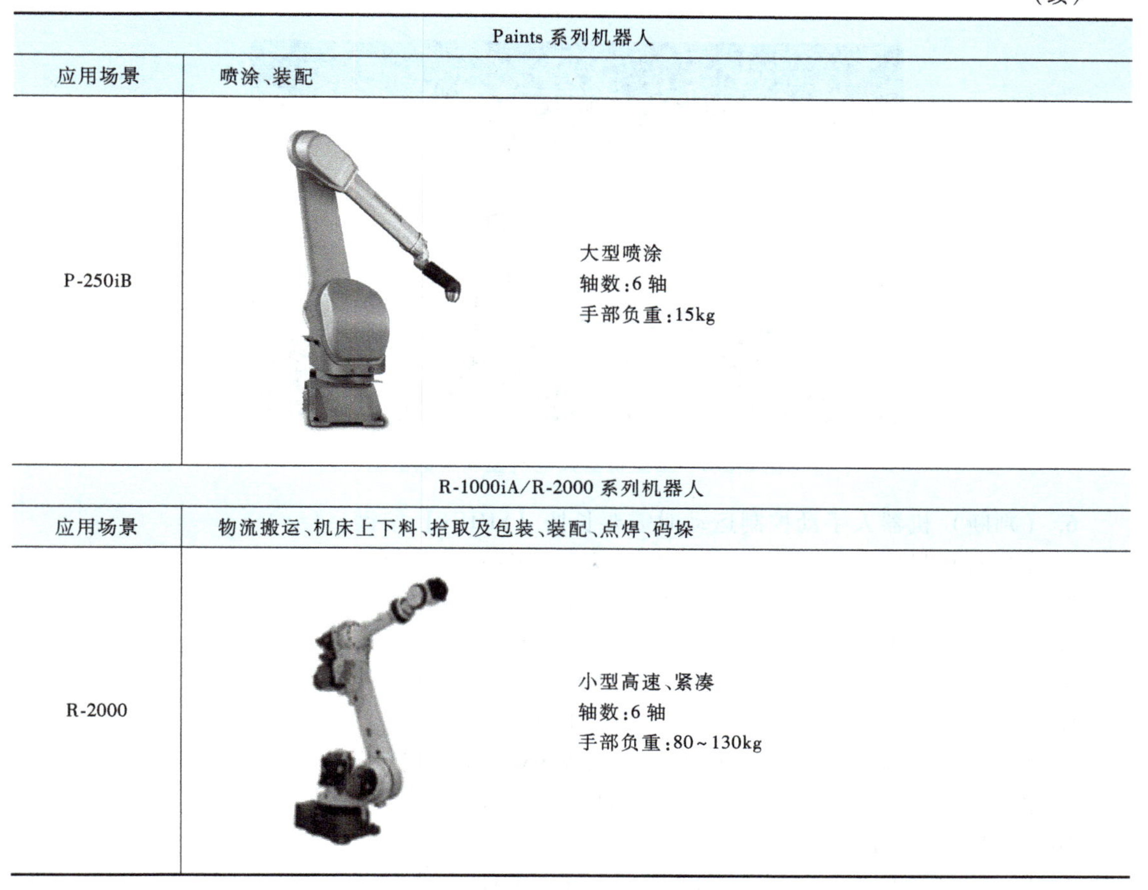

Paints 系列机器人	
应用场景	喷涂、装配
P-250iB	大型喷涂 轴数：6 轴 手部负重：15kg
R-1000iA/R-2000 系列机器人	
应用场景	物流搬运、机床上下料、拾取及包装、装配、点焊、码垛
R-2000	小型高速、紧凑 轴数：6 轴 手部负重：80～130kg

2.2.7.3　工业机器人控制器介绍

工业机器人电气控制柜有 A 柜、B 柜和 Mate 柜三种类型，如图 2-2-6 所示。控制器是机器人控制单元，由 Teach Pendant（示教器）、Operation Box（操作盒）、Main Board（主板）/主板电池（Battery）、I/O 板（I/O Board）、电源供给单元（PSU）、紧急停止单元（E-Stop Unit）、伺服放大器（Servo Amplifier）、变压器（Transformer）、风扇单元（Fan Unit）、线路断开器（Breaker）、再生电阻（Discharge Resistor）等组成。

工业机器人结构及控制系统

2.2.8　任务测评

1.（判断）在示教器（TP）上，按下【COORD】键可以使程序单段运行。（　）

2.（判断）在学习使用示教器（TP）时，可以将倍率调高到 50% 以上来提高效率。（　）

3.（判断）在复制画面时，选择存储设备类型“TP 上的 USB（UT1）”，打开需要复制的画面。（　）

4.（判断）在使用示教器（TP）时可以戴上手套进行操作。（　）

5.（判断）机器人系统上急停按键有 1 个。（　）

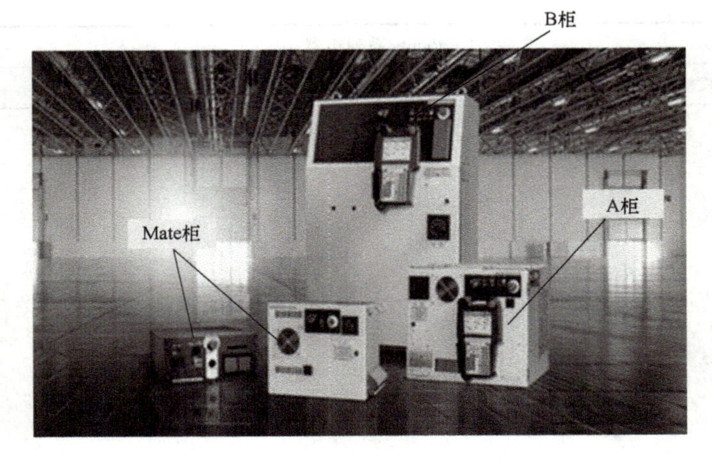

图 2-2-6　工业机器人电气控制柜的类型

6. （判断）机器人手动控制运动时需要长按【SHIFT】按键。（　）
7. （判断）机器人示教器（TP）上坐标系切换按钮为【SHIFT】。（　）
8. （判断）机器人电气控制柜上 T1、T2 的功能是一样的。（　）
9. （单选）以下状态可以使示教器（TP）手动运行的是（　）。
A. 按下急停按钮，开关置于 ON，DEADMAN 处于中间
B. 松开急停按钮，开关置于 ON，DEADMAN 处于中间
C. 按下急停按钮，开关置于 OFF，DEADMAN 处于中间
D. 松开急停按钮，开关置于 ON，DEADMAN 松开
10. （多选）机器人运动模式有（　）
A. L　　B. J　　C. C　　D. WAIT

2.2.9　考核评价

任务 2.2 的考核评价表见表 2-2-7。

表 2-2-7　任务 2.2 的考核评价表

环节	项　目	记　录	标准	分值
课前	问题引导		10	
	信息获取		10	
课中	课堂考勤		5	
	课堂参与		10	
	耐心细致的工作态度、团结协作的精神		10	
	小组互评		5	
	技能任务考核		40	
课后	任务测评		10	
总评			100	

【素养提升拓展讲堂】铸就精益求精的精神——大国工匠徐强

大国工匠徐强1993年毕业后被分配到沈鼓集团，他第一次近距离接触到精密、稀有的大型设备，就被深深地震撼了，并断定这是一个可以施展才华的地方。他下定决心成为一名优秀的复合型技术工人，学徒期内，徐强如饥似渴地跟随师傅学习瑞士马格HSS-90S磨齿机的操作，在师傅的倾心传授下，仅半年，他就达到了出徒水平，而当时规定的出徒期为一年。徐强的优异表现很快得到了公司的肯定，公司决定让他独立操作瑞士马格SD-32X磨齿机。这在部门里引起一阵轰动，有羡慕声，敬佩声，同时也有质疑声："不到半年就出徒了，操作这么复杂、精密的设备，他行吗?"击碎质疑的最利武器是实力。

徐强一个人独挑大梁，出色地完成了任务，给质疑者以强有力的无声反击。然而，没过多久，他就跌了一个大跟头。在加工一件外协小齿轮时，因观察不到位，将进给倍率旋钮多拧了一圈，导致速度成倍地增加。"活干废了！当工人，干活出废品是既丢手艺，又丢人的事情。"徐强特别懊恼，并暗暗发誓，同类事情绝不能发生第二次。从那以后，徐强更加严苛地要求自己，抓紧一切求教机会虚心学习，经常从早晨钻研到天黑，有时甚至连忘记吃午饭都浑然不知。

努力终会有所收获，如今的徐强已成为业内著名的技术能手，创下大型齿轮加工四级精度的全国之最，并先后荣获"全国杰出青年岗位能手""中国青年五四奖章""中华技能大奖""全国五一劳动奖章""全国劳动道德模范""全国优秀共产党员"等荣誉称号，还先后当选为第十一、十二届全国人大代表。

徐强的故事带给人们这样的启示：在平凡的工作岗位上兢兢业业做实事，一心一意做好事，殚精竭虑解难事，精益求精，不断追求卓越，这样我们才能实现个人价值。徐强的故事激励着一大批青年产业工人为实现中华民族伟大复兴贡献力量。

任务2.3　工业机器人的程序编辑与运行

2.3.1　任务引入

接到一批液压缸套筒零件的生产任务，由切削加工智能制造单元进行零件的生产：立式加工中心、数控车床进行加工，机器人进行工件的搬运、定位、装夹。

切削加工智能制造单元已经安装调试完成。现要求对该智能制造单元的工业机器人进行编程，并要求掌握程序的建立、删除，运动指令及控制程序指令的用法。

2.3.2　实训目标

■　素质目标

1. 培养学生的爱国意识。

2. 培养学生不断创新的精神。

■ **知识目标**

1. 熟悉工业机器人程序的创建方法与步骤。
2. 熟悉工业机器人运动指令与程序指令的使用。

■ **技能目标**

能够根据工件位置的要求独立编写工业机器人的运动程序。

2.3.3 问题引导

1. 工业机器人程序创建的步骤是什么？

2. 工业机器人程序中的运动指令行由哪些元素构成？

3. 寄存器的概念是什么？寄存器有哪几种？

4. 如何实现程序的顺序单步运行和顺序连续运行？

2.3.4 设备确认

1. 观察智能制造单元，确认机械正常。
2. 智能制造单元上电，工业机器人动作正常，无报警。
3. 领取工作任务单（表 2-3-1），明确本次任务的内容。
4. 领取并填写设备确认单（表 2-3-2）。

表 2-3-1 工作任务单

实训任务	工业机器人程序编辑与运行	
序号	工作内容	工作目标
1	工业机器人程序的创建、编辑及运行	能够完成工业机器人程序的创建、编辑及运行

表 2-3-2　设备确认单

序号	设备名称	实现功能	实现方式	设备及其功能要求	设备状态是否正常
1	工业机器人	实现机器人的动作	通过机器人程序	M-20iD25	
2	机器人示教器（TP）	程序创建及编辑	通过示教器（TP）完成程序创建、编辑及运行		
任务执行时间		年　月　日	执行人		

2.3.5　任务实施

1. 程序顺序单步执行。

程序顺序单步执行操作见表 2-3-3。

表 2-3-3　程序顺序单步执行操作

序号	操作步骤	图　示
1	电气控制柜上的模式开关打到手动 T1 模式	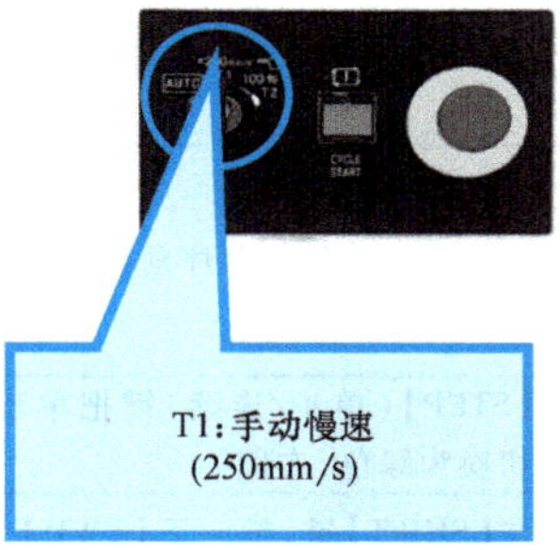
2	按住示教器上的 DEADMAN（安全开关）	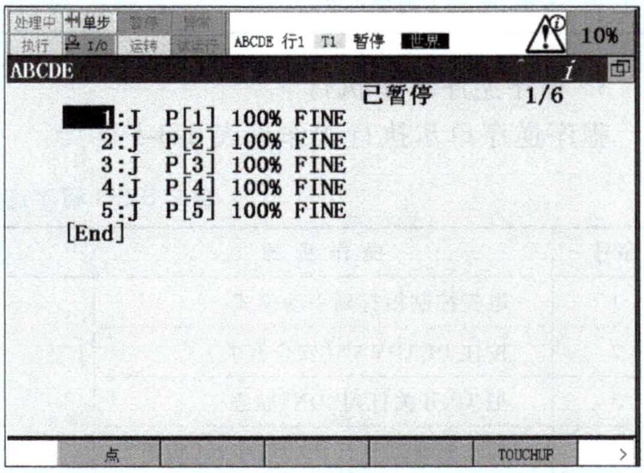
3	把 TP 开关打到“ON”状态	
4	移动光标至执行的程序前（右图）	
5	按【STEP】（单步/连续）键，确定单步指示灯变为黄色（右图）	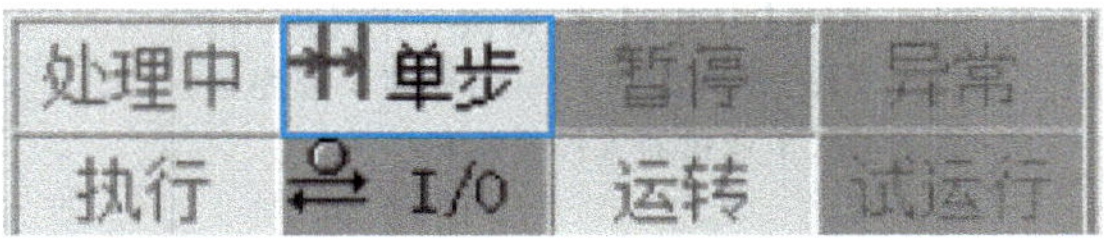
6	按住【SHIFT】键，每按一下【FWD】键执行一行指令。程序运行完，工业机器人即停止运行	

2. 程序顺序连续执行。

程序顺序连续执行操作见表 2-3-4。

表 2-3-4　程序顺序连续执行操作

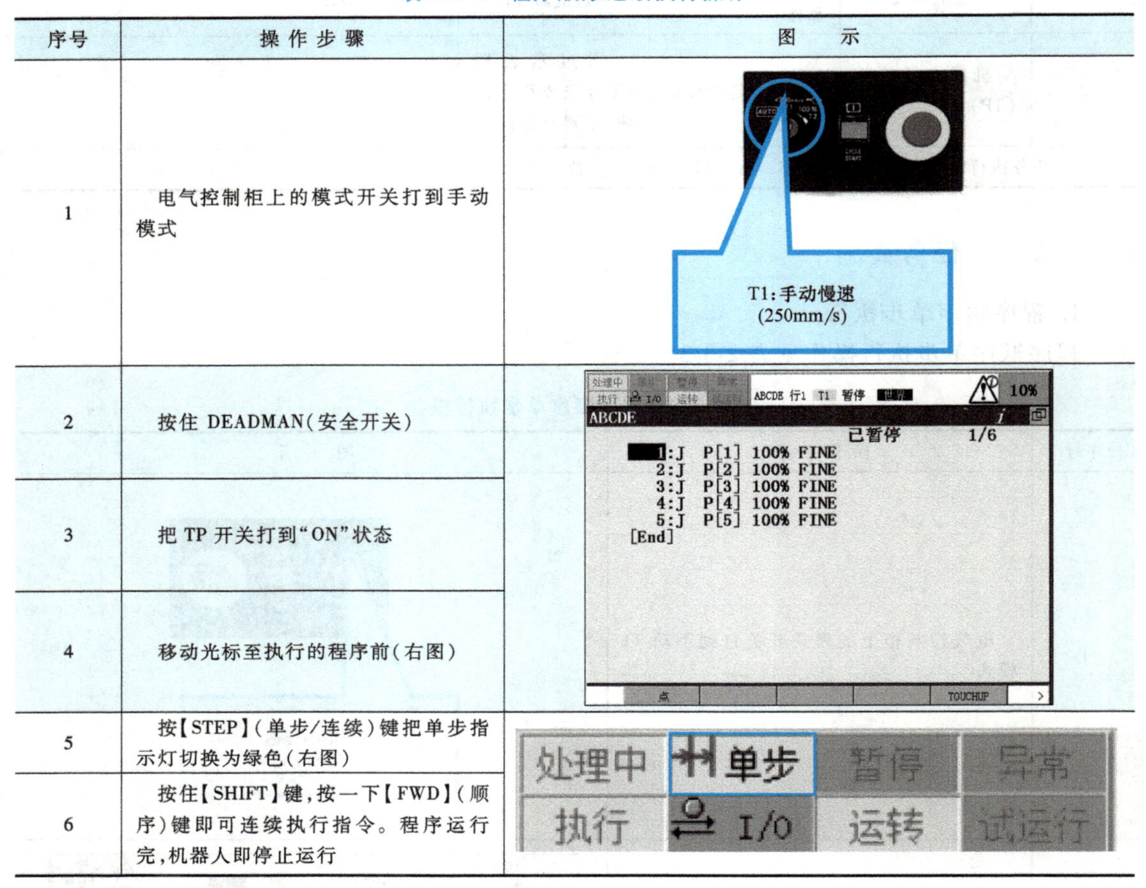

序号	操作步骤	图示
1	电气控制柜上的模式开关打到手动模式	T1:手动慢速 (250mm/s)
2	按住 DEADMAN(安全开关)	
3	把 TP 开关打到"ON"状态	
4	移动光标至执行的程序前(右图)	
5	按【STEP】(单步/连续)键把单步指示灯切换为绿色(右图)	
6	按住【SHIFT】键,按一下【FWD】(顺序)键即可连续执行指令。程序运行完,机器人即停止运行	

3. 程序逆序单步执行。

程序逆序单步执行操作见表 2-3-5。

表 2-3-5　程序逆序单步执行操作

序号	操作步骤	图示
1	电气控制柜打到手动模式	
2	按住 DEADMAN(安全开关)	
3	把 TP 开关打到"ON"状态	
4	移动光标到要开始的程序处(右图)	
5	按住【SHIFT】键,每按一下【BWD】(逆序)键开始执行一句程序。程序运行完,工业机器人停止运行	
注意:逆向运行程序只允许单步执行。		

以运行一个抓取吸盘的程序为例（单步运行方式），见表 2-3-6。

表 2-3-6　抓取吸盘程序

序号	操作步骤	图　　示
1	创建一个抓取吸盘的程序	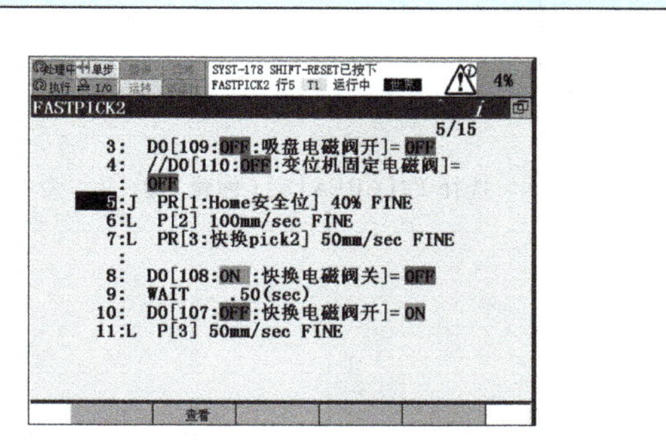
2	打开所创建的程序	
3	电气控制柜模式开关打在手动位置，把TP 开关打到“ON”状态	
4	按住示教器 DEADMAN（安全开关）	
5	切换成单步执行	
6	移动光标到要开始的程序处	
7	按住【SHIFT】+【BWD】键，执行完光标所在的程序后再按一下即可执行上一条指令	
8	按住【SHIFT】+【FWD】键，执行完光标所在的程序后再按一下即可执行下一条指令	

2.3.6　实施记录

1. 根据教师引导，记录操作过程步骤。

____

____

____

____

2. 操作完成后，将待优化的问题记录到操作问题清单（表 2-3-7）中。

表 2-3-7　操作问题清单　　　　组别________

问　　题	改进方法

2.3.7　知识链接

工业机器人程序的创建与动作指令编辑

2.3.7.1　程序基本操作

1. 程序的创建

程序的创建操作见表 2-3-8。

表 2-3-8　程序的创建操作

序号	操作步骤	图　　示
1	按示教器上的【SELECT】（程序选择）键，显示程序目录画面	SELECT程序选择 PREV F1 F2 F3 F4 F5 NEXT TEACH SHIFT MENU SELECT EDIT DATA FCTN SHIFT POWER FAULT

（续）

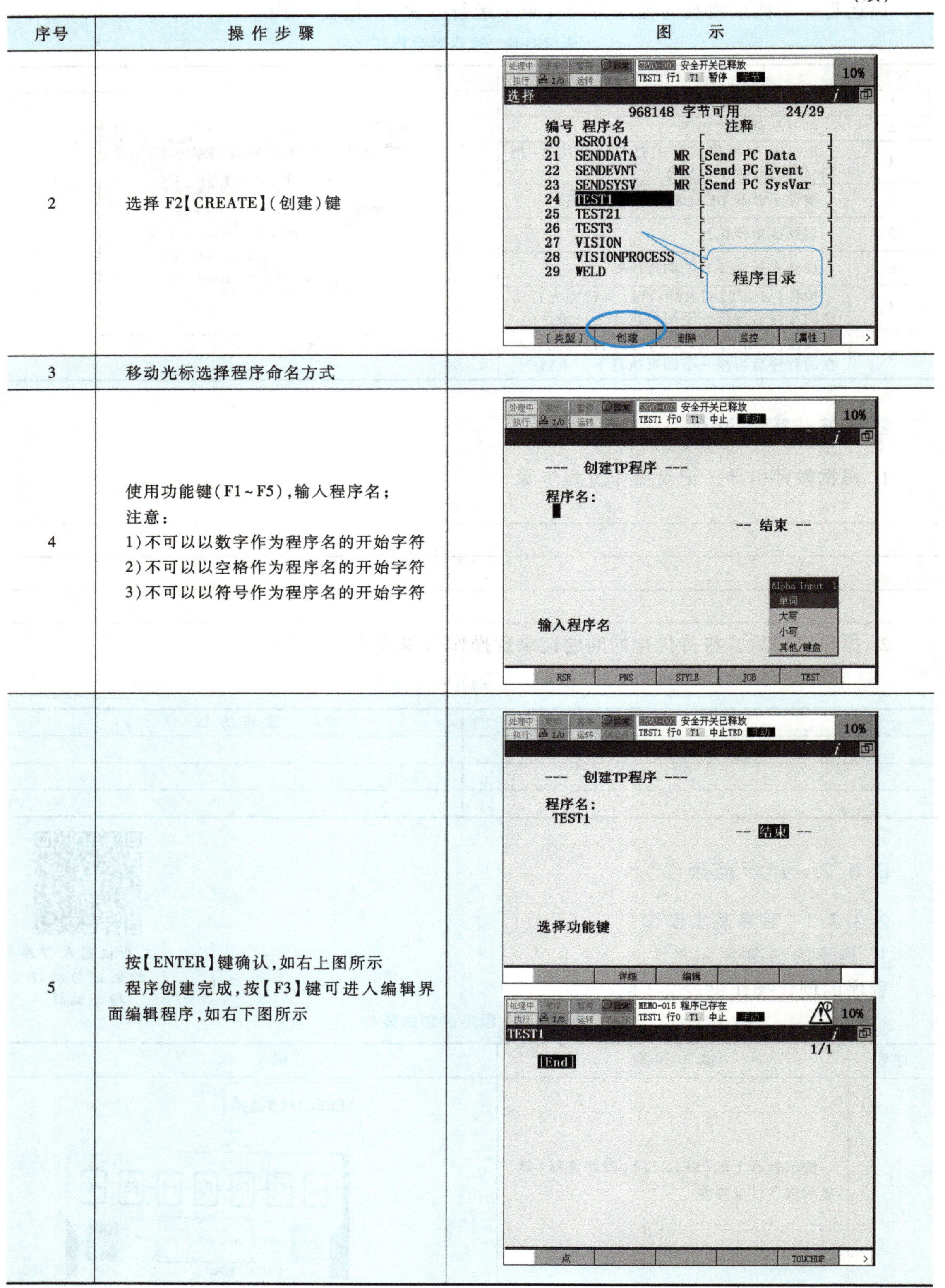

序号	操作步骤	图　　示
2	选择 F2【CREATE】（创建）键	
3	移动光标选择程序命名方式	
4	使用功能键（F1～F5），输入程序名； 注意： 1）不可以以数字作为程序名的开始字符 2）不可以以空格作为程序名的开始字符 3）不可以以符号作为程序名的开始字符	
5	按【ENTER】键确认，如右上图所示 程序创建完成，按【F3】键可进入编辑界面编辑程序，如右下图所示	

2. 程序的复制

程序的复制操作见表 2-3-9。

表 2-3-9　程序的复制操作

序号	操作步骤	图　示
1	按示教器上的【SELECT】(程序选择)键，显示程序目录画面	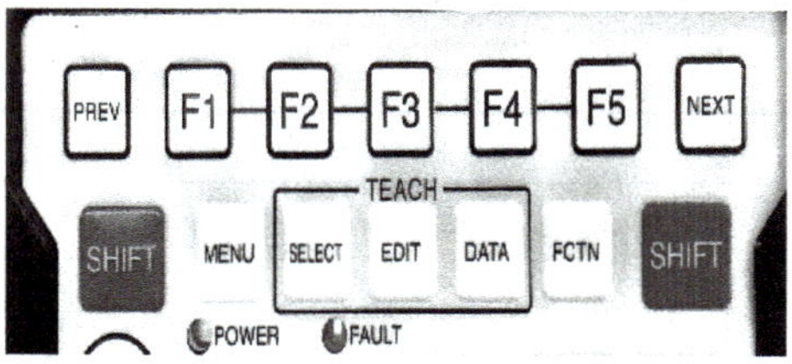 PREV F1 F2 F3 F4 F5 NEXT TEACH SHIFT MENU SELECT EDIT DATA FCTN SHIFT POWER FAULT
2	移动光标选中要被复制的程序名(例如复制程序 TEST1，如右图所示)	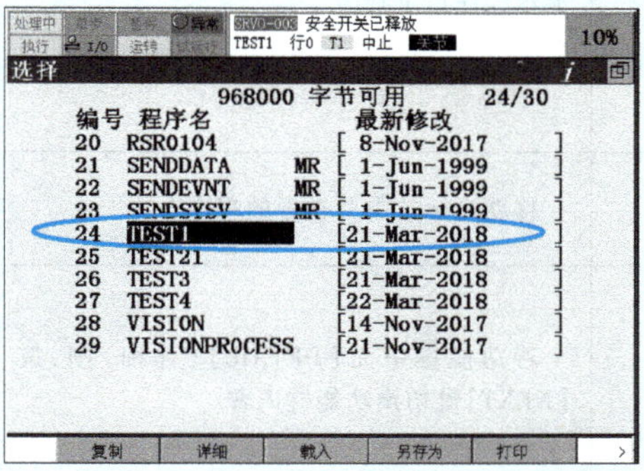 SRVO-003 安全开关已释放 TEST1 行0 T1 中止 10% 选择 968000 字节可用 24/30 编号 程序名 最新修改 20 RSR0104 [8-Nov-2017] 21 SENDDATA MR [1-Jun-1999] 22 SENDEVNT MR [1-Jun-1999] 23 SENDSYSV MR [1-Jun-1999] 24 TEST1 [21-Mar-2018] 25 TEST21 [21-Mar-2018] 26 TEST3 [21-Mar-2018] 27 TEST4 [22-Mar-2018] 28 VISION [14-Nov-2017] 29 VISIONPROCESS [21-Nov-2017] 复制 详细 载入 另存为 打印
3	按【NEXT】键切换功能键选项，出现功能键【COPY】，按【F1】键复制选择的程序	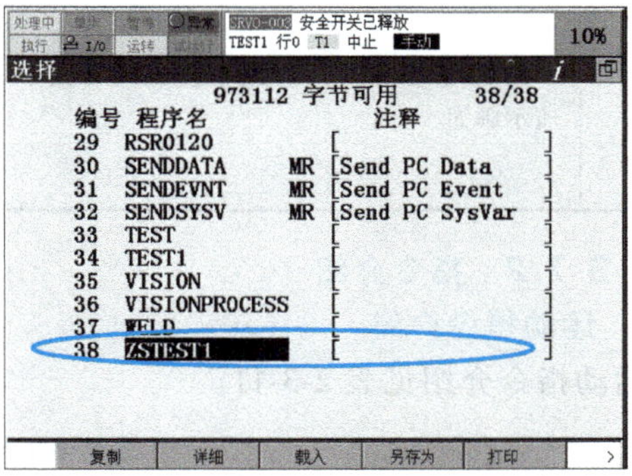 SRVO-003 安全开关已释放 TEST1 行0 T1 中止 10% 选择 973112 字节可用 38/38 编号 程序名 注释 29 RSR0120 [ ] 30 SENDDATA MR [Send PC Data] 31 SENDEVNT MR [Send PC Event] 32 SENDSYSV MR [Send PC SysVar] 33 TEST [ ] 34 TEST1 [ ] 35 VISION [ ] 36 VISIONPROCESS [ ] 37 WELD [ ] 38 ZSTEST1 [ ] 复制 详细 载入 另存为 打印
4	使用功能键(F1～F5)对复制的程序进行更名(例如更名为 ZSTEST1)	
5	按【ENTER】键确认名称	
6	根据提示，按【F4】键确认复制程序，如右图所示	

3. 程序的属性

程序属性包括如下内容：

Creation Date：创建日期；

Modification Date：最近一次编辑的时间；

Copy Source：复制来源；

Size：文件大小；

Positions：是否有位置点；

Program Name：程序名；

Comment：注释；

Sub Type：子类型；

Group Mask：组掩码（定义程序中有哪几个组受控制）；

Write Protection：写保护；

Ignore Pause：是否忽略 Pause 指令；

Stack Size：堆栈大小。

显示程序属性的操作见表 2-3-10。

表 2-3-10　显示程序属性的操作

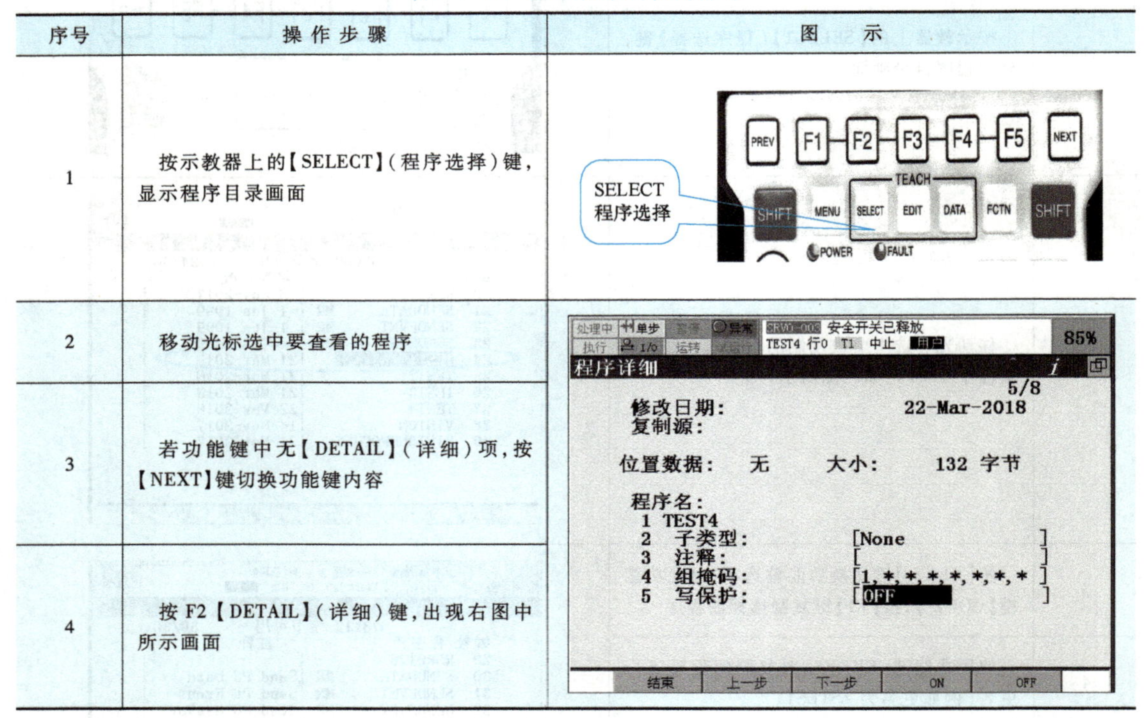

序号	操作步骤	图示
1	按示教器上的【SELECT】(程序选择)键，显示程序目录画面	
2	移动光标选中要查看的程序	
3	若功能键中无【DETAIL】(详细)项，按【NEXT】键切换功能键内容	
4	按 F2【DETAIL】(详细)键，出现右图中所示画面	

2.3.7.2　指令介绍

1. 运动指令介绍

运动指令介绍见表 2-3-11。

表 2-3-11　运动指令介绍

符号	解　释
n	程序行号，编程时自动生成
J、L、C	运动类型：J——Joint、L——Linear、C——Circular
@	位置符号信息，当工业机器人位置与 P[i]点所表示的位置基本一致时，该行出现@符号
P[i]	位置数据类型：P[ ]——一般位置，PR[ ]——位置寄存器，i——位置号
j%	速度单位：mm/s、cm/min，%表示速度倍率
FINE	终止类型：FINE、CNT
ACC100	附加运动语句：Wjnt、ACC、Offest、SkipLBL[ ]……

2. 运动类型

运动类型说明见表 2-3-12。

表 2-3-12 运动类型说明

序号	说 明	图 示
1	Joint 关节运动：工具在 2 个指定的点之间任意运动 例：J P [1] 100% FINE、J P [2] 100% FINE	P[1] P[2]
2	Linear 直线运动：工具在 2 个指定的点之间沿直线运动 例：J P [1] 100% FINE、L P [2] 100mm/s FINE	P[1] P[2]
3	Circular 圆弧运动：工具在 3 个指定的点之间沿圆弧运动	P[1] P[2] P[3]

3. 位置数据类型与速度单位

位置数据类型与速度单位说明见表 2-3-13。

表 2-3-13 位置数据类型与速度单位说明

序号	说 明	图 示
1	P[ ]：一般位置 例：J P[ ]100% FINE	PRIO-230 EtherNet/IP 适配器错误 (1) PRIO-231 EtherNet/IP 适配器闲置 10% ABCDE 1/11 1:J P[1] 100% FINE 2:J P[2] 10.0sec FINE 3:J P[3] 1000msec FINE 4:J PR[10:ChangeWPR重要] 100% FINE 5:L PR[11] 100mm/sec FINE 6:C PR[12] : P[4] 600cm/min FINE 7:L PR[13] 200.0inch/min FINE 8:L PR[14] 100deg/sec FINE 9:L PR[15] 60.0sec FINE 10:L PR[16] 500msec FINE [End] [指令] [编辑]
2	PR[ ]：位置寄存器 例：J PR[ ]100% FINE	
3	对应不同的运动类型速度单位不同 J：%，s[①]，ms L、C：mm/s，cm/min，inch/min，deg/s，s，ms	

① 时间的单位为 s，但软件中均用 sec，故画面和程序中，都用 sec，只有正文叙述中用 s。

4. 定位类型

定位类型说明见表 2-3-14。

表 2-3-14　定位类型说明

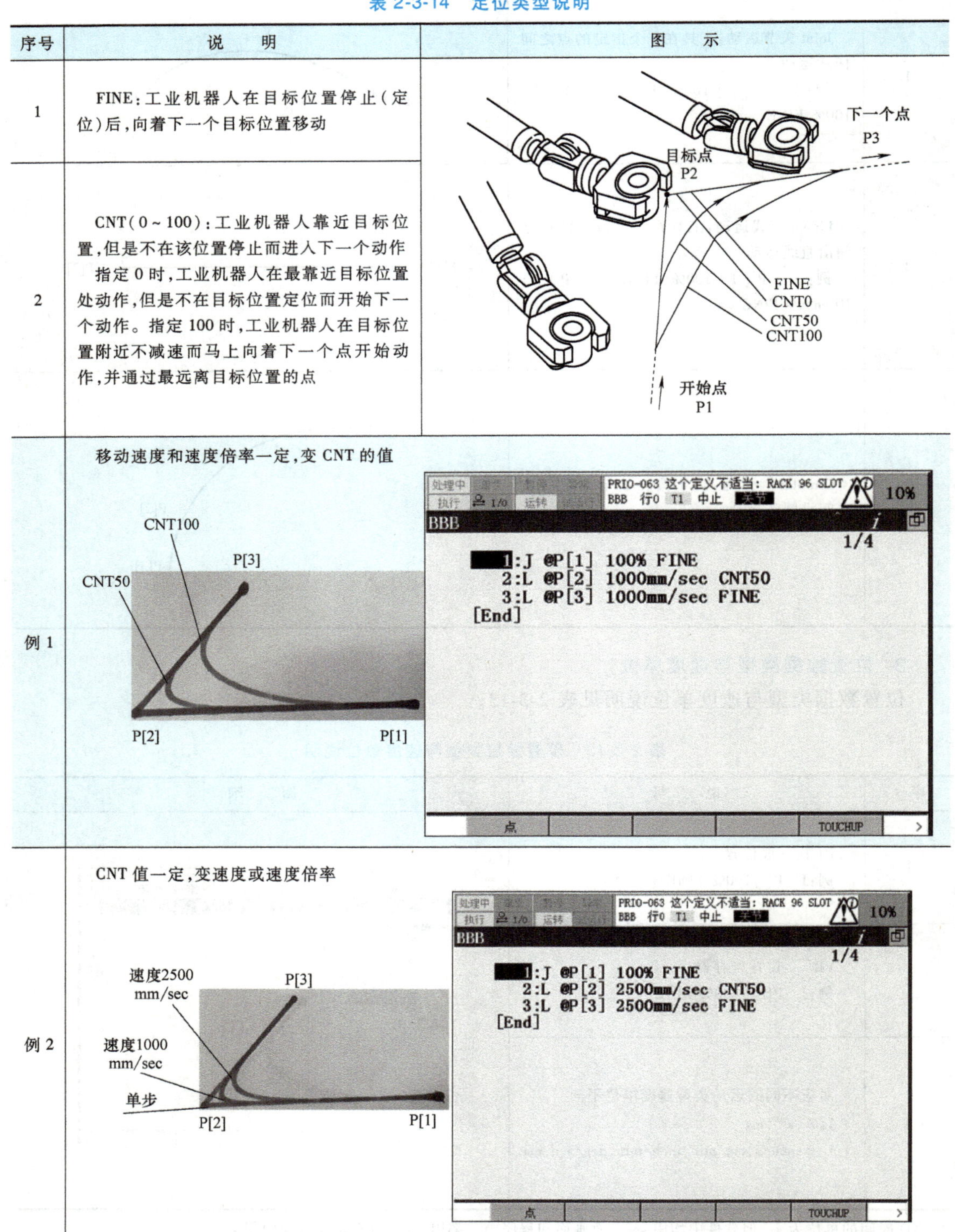

序号	说　明	图　示
1	FINE：工业机器人在目标位置停止（定位）后，向着下一个目标位置移动	
2	CNT（0～100）：工业机器人靠近目标位置，但是不在该位置停止而进入下一个动作 指定 0 时，工业机器人在最靠近目标位置处动作，但是不在目标位置定位而开始下一个动作。指定 100 时，工业机器人在目标位置附近不减速而马上向着下一个点开始动作，并通过最远离目标位置的点	
例 1	移动速度和速度倍率一定，变 CNT 的值	
例 2	CNT 值一定，变速度或速度倍率	

5. 编辑界面生成动作指令

编辑界面生成动作指令的操作见表 2-3-15。

表 2-3-15 编辑界面生成动作指令的操作

序号	操作步骤	图示
1	首先打开程序编辑画面，单击【F1】键显示如右图所示，选择一条动作指令，按【ENTER】键确认	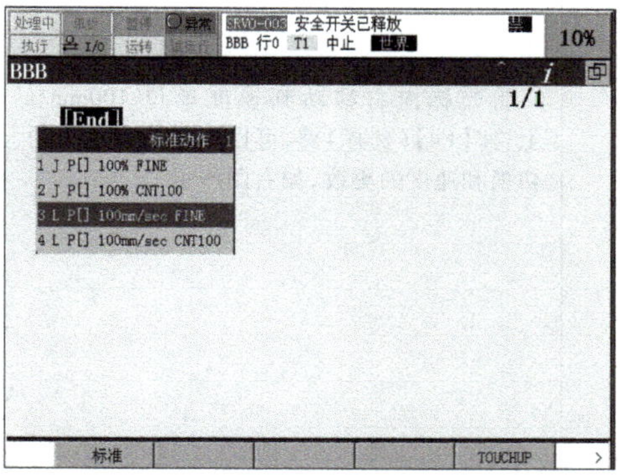
2	将光标向右移动到运动类型 L 上按【F4】(选择)键，显示右图所示的画面	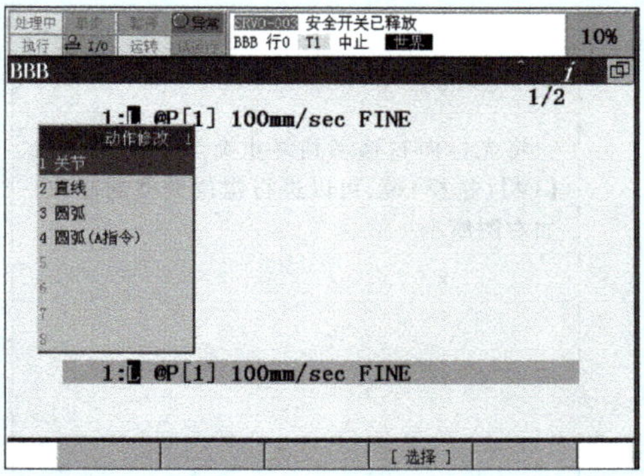
3	将光标向右移动到位置数据类型 P[1]上，按【F4】(选择)键，可以进行位置数据类型 P 和 PR 的切换，如右图所示	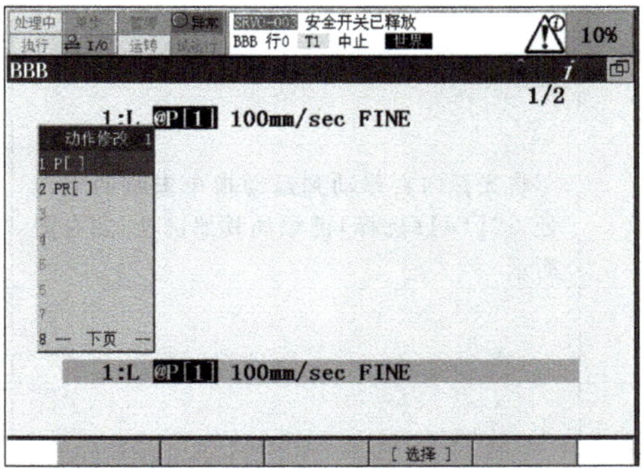

（续）

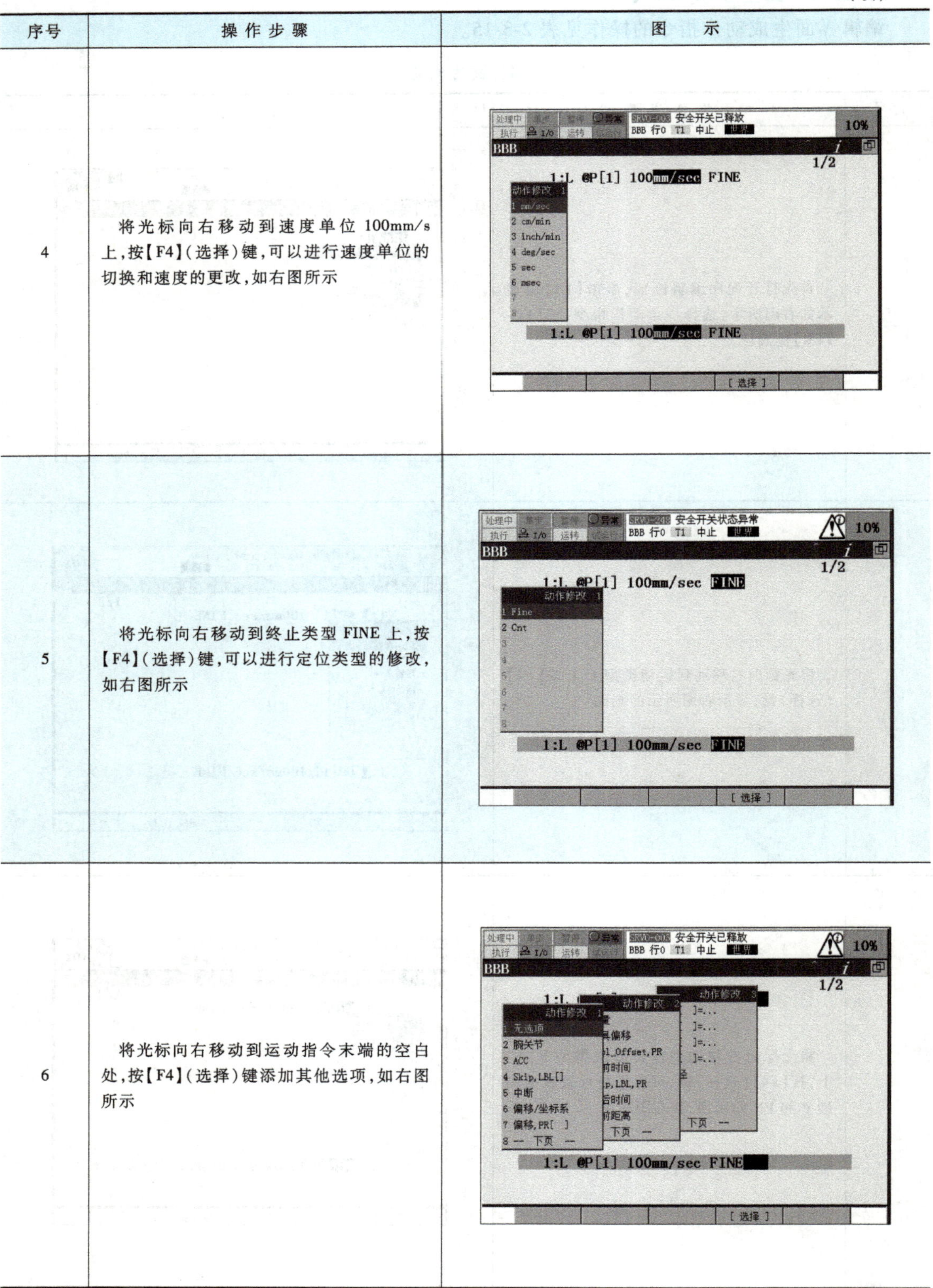

序号	操 作 步 骤	图　示
4	将光标向右移动到速度单位 100mm/s 上，按【F4】（选择）键，可以进行速度单位的切换和速度的更改，如右图所示	
5	将光标向右移动到终止类型 FINE 上，按【F4】（选择）键，可以进行定位类型的修改，如右图所示	
6	将光标向右移动到运动指令末端的空白处，按【F4】（选择）键添加其他选项，如右图所示	

6. 位置信息的记录

位置信息记录的操作见表 2-3-16。

表 2-3-16 位置信息记录的操作

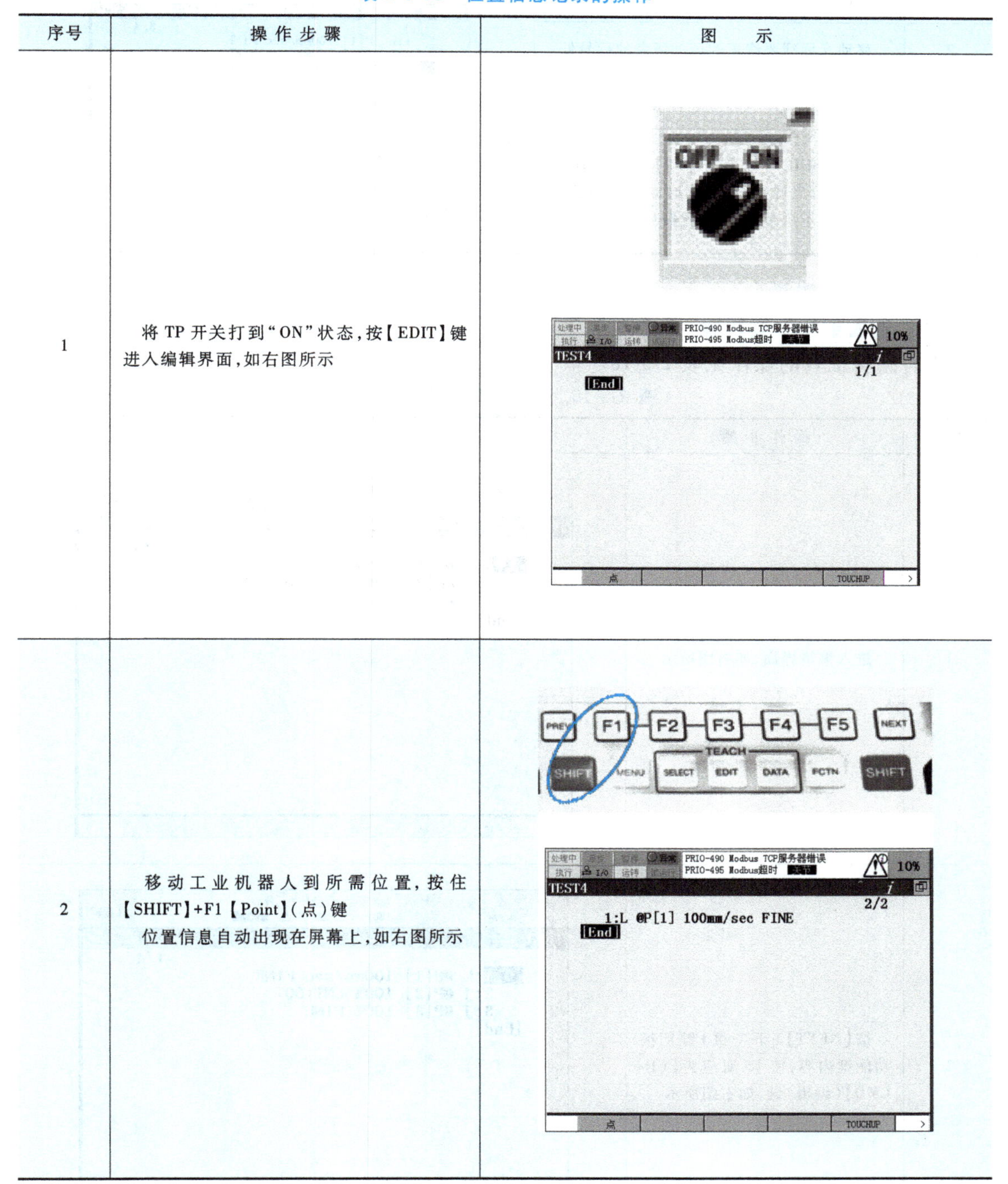

序号	操作步骤	图示
1	将 TP 开关打到“ON”状态，按【EDIT】键进入编辑界面，如右图所示	
2	移动工业机器人到所需位置，按住【SHIFT】+F1【Point】(点)键 位置信息自动出现在屏幕上，如右图所示	

7. 示教点的修正

示教点修正的操作见表 2-3-17。

表 2-3-17　示教点修正的操作

序号	操作步骤	图示
1	按【EDIT】键进入程序编辑画面	
2	移动光标到要修正的运动指令的行号处	
3	示教工业机器人到需要的点处	
4	按下【SHIFT】键再按【F5】(TOUCHUP)键，当该行出现@符号，同时画面下方出现位置已记录至某处时，位置信息已更新	

8. 程序编辑工具

(1) 查看编辑工具步骤

查看编辑工具的操作见表 2-3-18。

表 2-3-18　查看编辑工具的操作

序号	操作步骤	图示
1	进入编辑界面，如右图所示	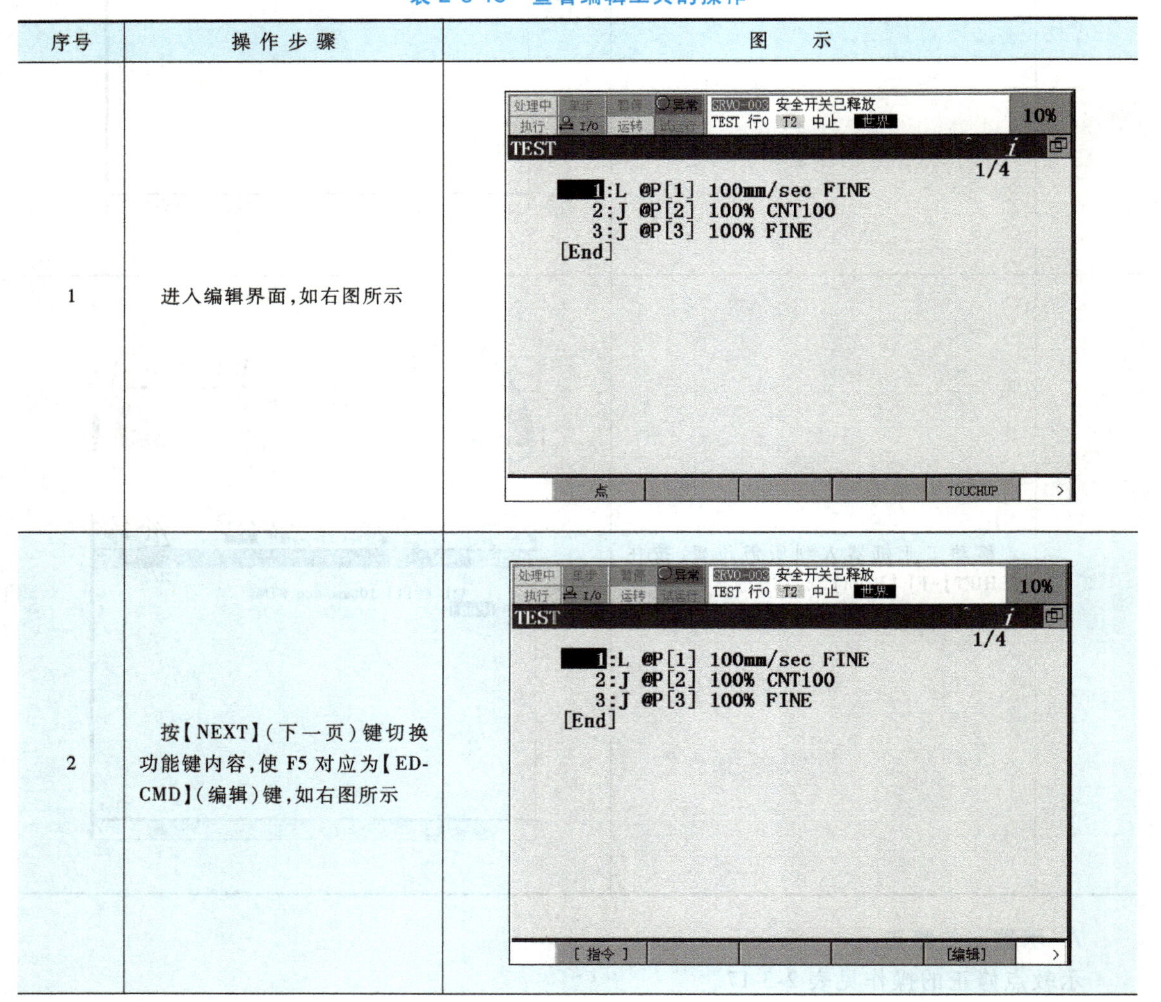
2	按【NEXT】(下一页)键切换功能键内容，使 F5 对应为【ED-CMD】(编辑)键，如右图所示	

（续）

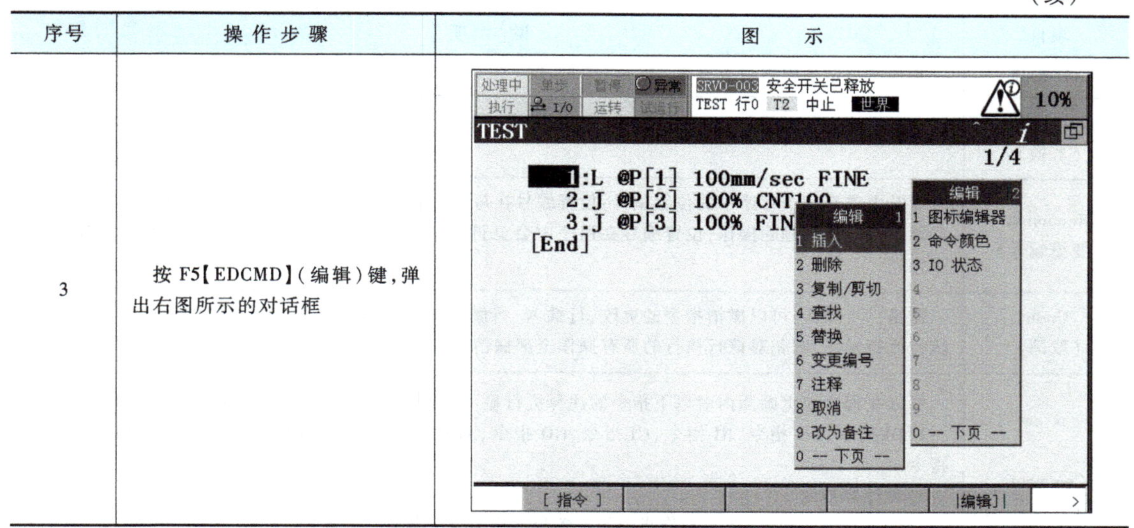

序号	操作步骤	图　示
3	按 F5【EDCMD】（编辑）键，弹出右图所示的对话框	

（2）程序编辑工具介绍

基本的程序编辑工具有：插入、删除、复制/剪切、查找、替换、变更编号、注释、取消、改为备注、图标编辑器、命令颜色、IO 状态等，如图 2-3-1 所示。

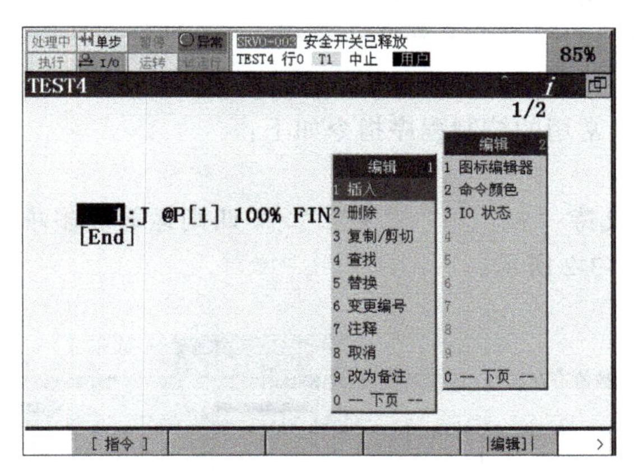

图 2-3-1　编辑工具

（3）程序编辑（EDCMD）工具说明（表 2-3-19）

表 2-3-19　程序编辑（EDCMD）工具说明

项目	说　明
Insert（插入）	插入空白行：将所指定的空白行插入到现在已有的程序语句之间。插入空白行后，重新赋予行编号
Delete（删除）	删除程序语句：将所指定范围的程序语句从程序中删除。删除程序语句后，重新赋予行编号
Copy/Cut（复制/剪切）	复制/剪切程序语句：先复制/剪切一连串的程序语句集，然后插入粘贴到程序中的其他位置。复制程序语句时，选择复制源的程序语句范围，将其记录到存储器中。程序语句一旦被复制，可以多次插入粘贴使用

（续）

项目	说　明
Find(查找)	查找所指定的程序指令要素
Replace (替换)	将所指定的程序指令的要素替换为其他要素
Renumber (变更编号)	以升序重新赋予程序中的位置编号。位置编号在每次对动作指令进行示教时,自动累加生成。经过反复执行插入和删除操作,位置编号在程序中会显得凌乱无序,通过重新编号,可使编号在程序中依序排列
Undo (取消)	撤销一步操作:可以撤销指令的更改、行插入、行删除等程序编辑操作。若在编辑程序的某一行时执行撤销操作,则相对该行执行的所有操作全部撤销
Comment (注释)	可以在程序编辑画面内对以下指令的注释进行显示/隐藏切换。但是不能对注释进行编辑: 1)DI 指令、DO 指令、RI 指令、GI 指令、GO 指令、AI 指令、AO 指令、UI 指令、UO 指令、SI 指令、SO 指令 2)寄存器指令 3)位置寄存器指令(包含动作指令的位置数据格式化的位置寄存器) 4)码垛寄存器指令 5)动作指令的寄存器速度指令
Remark (备注)	通过将程序中的单行或多行指令改为备注,可以在程序运行中不执行该指令。被备注的指令,在行的开头显示“//”

2.3.7.3　控制程序指令

生产线中工业机器人常用的控制程序指令如下:

工业机器人控制程序指令 1

1. 寄存器指令

(1) 概念　寄存器支持“+”“-”“*”“/”四则运算和多项式计算。常用的寄存器类型如图 2-3-2 所示。

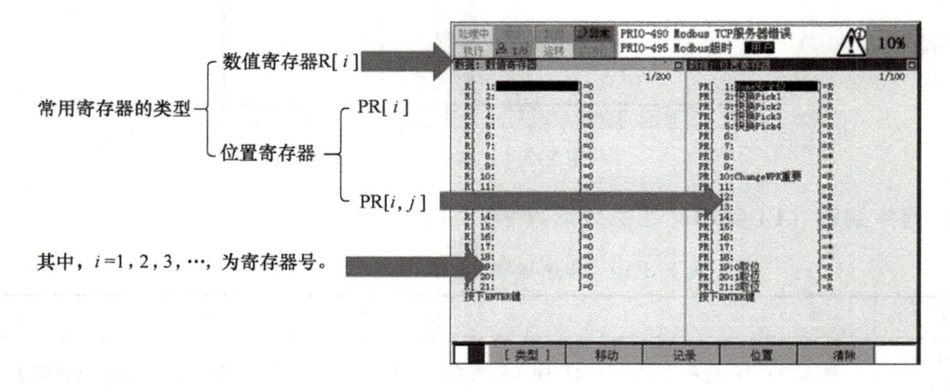

图 2-3-2　寄存器类型

(2) 数值寄存器 R[i] 的分类　数值寄存器的分类如图 2-3-3 所示。

(3) 查看数值寄存器的操作（表 2-3-20）

(4) 位置寄存器　位置寄存器是记录位置信息的寄存器，如图 2-3-4 所示。位置寄存器可以进行加减运算，用法和数值寄存器类似。

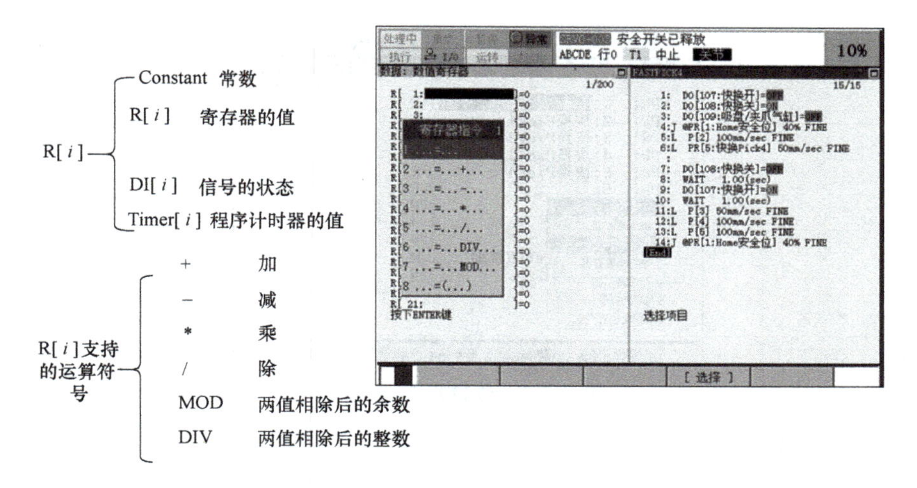

图 2-3-3　数值寄存器的分类

表 2-3-20　查看数值寄存器的操作

序号	操 作 步 骤	图　　示
1	按示教器上的【DATA】键	
2	按【Type】(类型)键，移动光标选择 Registers(数值寄存器)，如右图所示	
3	把光标移至寄存器号后按【ENTER】键，输入注释	
4	把光标移到值处，使用数字键可直接修改数值	

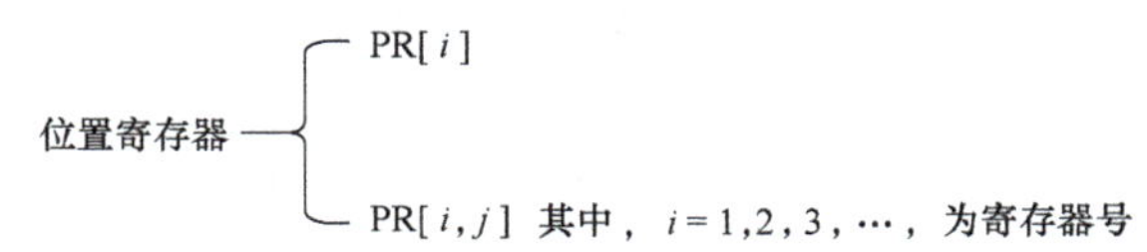

Lpos：　j=1X，　j=2Y，　j=3Z，　j=4W，　j=5P，　j=6R

这是指机器人在直角坐标（正交）系下的位置信息：j=1 对应 X 坐标，j=2 对应 Y 坐标，j=3 对应 Z 坐标，j=4 对应绕 X 坐标回转角 W，j=5 对应绕 Y 坐标回转角 P，j=6 对应绕 Z 坐标回转角 R。

例如：PR[1，3] 表示 1 号位置寄存器 Z 坐标值。

Jpos：j=1J1，j=2J2，j=3J3，j=4J4，j=5J5，j=6J6

这是指机器人在关节坐标下各轴单独运动的位置信息：j=1 对应 J1 关节角度，j=2 对应 J2 关节角度，j=3 对应 J3 关节角度，j=4 对应绕 J4 关节角度，j=5 对应 J5 关节角度，j=6 对应 J6 关节角度。

例如：PR[1，3] 表示 1 号位置寄存器 J3 关节角度。

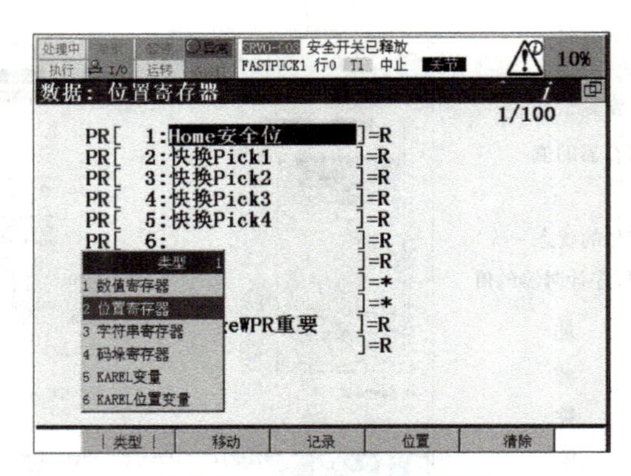

图 2-3-4 位置寄存器画面

(5) 查看位置寄存器值的操作（表 2-3-21）

表 2-3-21 查看位置寄存器值的操作

序号	操作步骤	图示
1	按【DATA】键	
2	按【F1】(类型)键，移动光标选择位置寄存器，如右图所示	
3	光标移到位置寄存器上按【ENTER】键	
4	把光标移至寄存器号后，按【ENTER】键，输入注释	
5	把光标移到数值处，按 F4(位置)键，显示具体数据信息(若值显示为 R，则表示记录具体数据，若值显示为 *，则表示未记录数据)	
6	按【F5】(形式)键，移动光标选择并按【ENTER】键，可以切换数据形式：直角坐标(正交)和关节坐标(关节)	

（续）

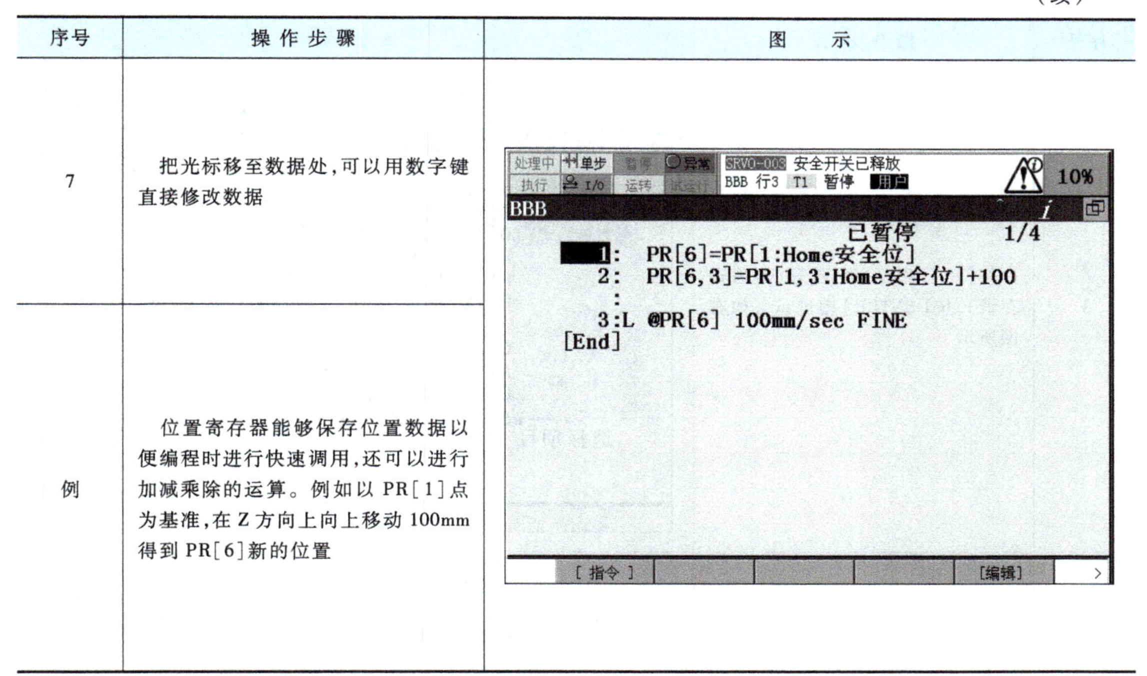

序号	操 作 步 骤	图　　示
7	把光标移至数据处，可以用数字键直接修改数据	
例	位置寄存器能够保存位置数据以便编程时进行快速调用，还可以进行加减乘除的运算。例如以 PR[1]点为基准，在 Z 方向上向上移动 100mm 得到 PR[6]新的位置	

（6） 在程序中加入寄存器指令的操作（表 2-3-22）

表 2-3-22　在程序中加入寄存器指令的操作

序号	操 作 步 骤	图　　示
1	按【EDIT】键进入编辑界面	处理中 单步 暂停 异常 JOG -007 点动时要按[SHIFT]键 执行 I/O 运转 试运行 FASTPICK1 行0 T1 中止 关节 10% FASTPICK1 1/15 1: ...=... 2: DO[108:快换关]=ON 3: DO[109:吸盘/夹爪气缸]=OFF 4:J @PR[1:Home安全位] 40% FINE 5:L P[2] 100mm/sec FINE 6:L PR[2:快换Pick1] 50mm/sec FINE : 7: DO[108:快换关]=OFF 8: WAIT 1.00(sec) 9: DO[107:快换开]=ON 10: WAIT 1.00(sec) [指令] [编辑]
2	若无[指令]键，可按【NEXT】键出现［指令］软键，如右图所示	

（续）

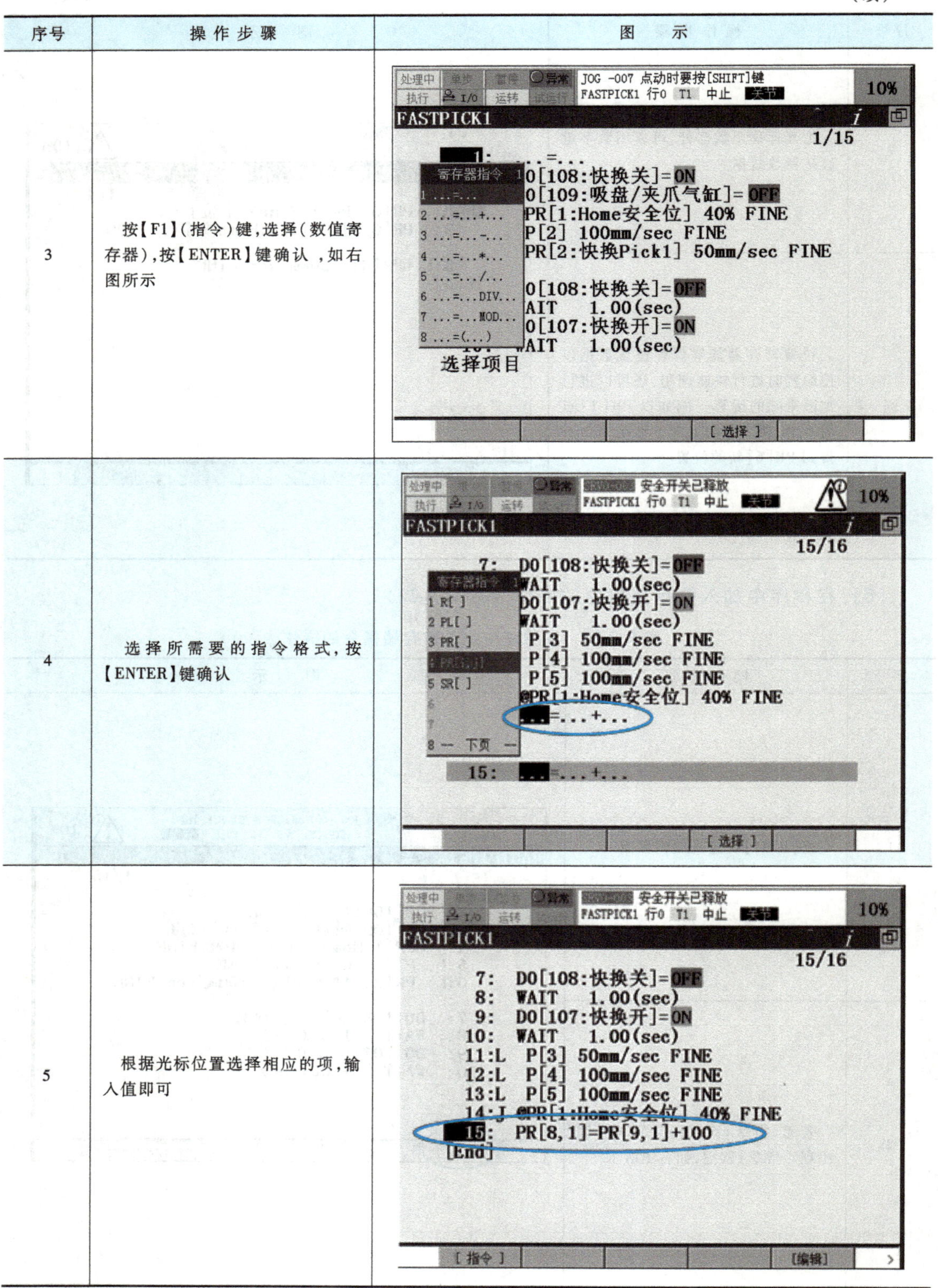

序号	操 作 步 骤	图 示
3	按【F1】（指令）键，选择（数值寄存器），按【ENTER】键确认，如右图所示	
4	选择所需要的指令格式，按【ENTER】键确认	
5	根据光标位置选择相应的项，输入值即可	

2. I/O 指令

工业机器人IO信号作用与分类

(1) 概念　I/O 指令用来接收输入信号和改变信号输出状态。

工业机器人 I/O（RI/RO）指令，模拟 I/O（AI/AO）指令，组 I/O（GI/GO）指令的用法和数字 I/O（DI/DO）指令类似，见表 2-3-23。

(2) 在程序中加入 I/O 指令的操作（表 2-3-24）

表 2-3-23　I/O 指令

DO[i]=(Value)	Value=ON,发出信号;Value=OFF,关闭信号
DO[i]=Pulse,(Width)	Width=脉冲宽度(0.1~25.5s)
例	I/O 数字输出:DO(109)为 ON 时,吸盘/夹爪气缸打开,如下图所示 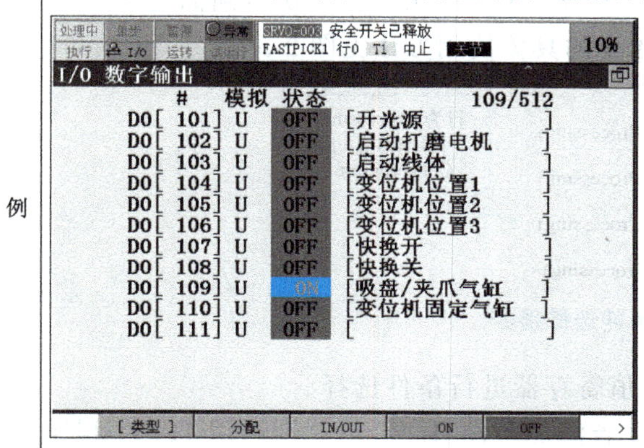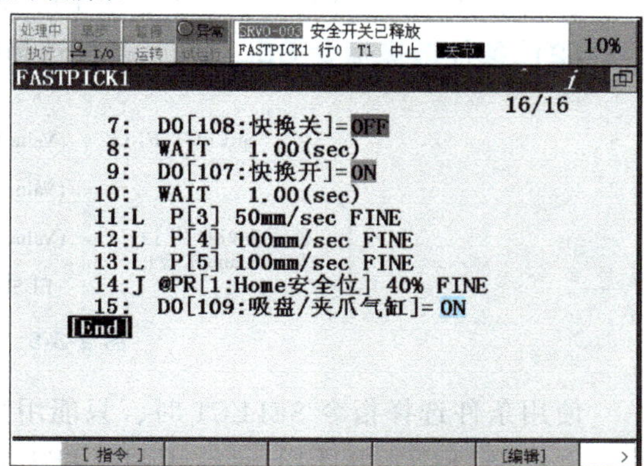

表 2-3-24　在程序中加入 I/O 指令的操作

序号	操作步骤	图　示
1	按【EDIT】键进入编辑画面	
2	若无【指令】软键按【NEXT】键直至其出现	
3	按【F1】(指令)键	
4	选择【I/O】,按【ENTER】键确认	
5	选择所需要的项,【ENTER】键确认,如右图所示	
6	根据光标位置输入值或选择相应的项输入值即可	

3. 条件比较指令和条件选择指令

(1) 条件比较指令 IF（表 2-3-25）

表 2-3-25　条件比较指令 IF

IF 变量(variable)	运算符号(operator)	值(value)	行为(processing)
R[i] DI/DO	>　>= =　<= <　<>(≠)	Constant(常数) R[i] ON(1) OFF(0)	JMP LBL[i] Call(program)

使用条件比较指令 IF 时，可以通过逻辑运算符“or”和“and”将多个条件组合在一起，但是“or”和“and”不能在同一行使用。

例如：IF（条件 1）and（条件 2）and（条件 3）是正确的；

IF（条件 1）and（条件 2）or（条件 3）是错误的。

例 1：IF R［1］<3，JMP LBL［1］

若满足 R［1］的值小于 3 的条件，则跳转到标签 1 处。

例 2：IF DI［1］=ON，CALL TEST

若满足 DI［1］等于 ON 的条件，则调用程序 TEST。

例 3：IF R［1］≤3 AND AND DI［1］≠ ON，JMP LBL［2］

若满足 R［1］的值小于等于 3 及 DI［1］不等于 ON 的条件，则跳转到标签 2 处。

（2）条件选择指令 SELECT 条件选择指令的具体使用方法见图 2-3-5。

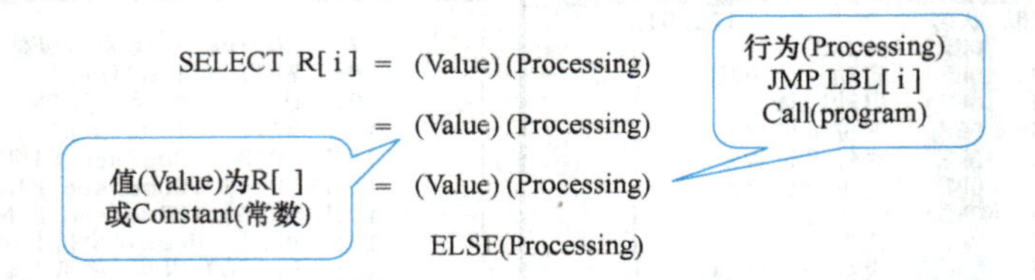

图 2-3-5 条件选择指令

使用条件选择指令 SELECT 时，只能用数值寄存器进行条件选择。

例：SELECT R【1】=1，CALL TEST1 若满足条件 R[1]=1，则调用 TEST1 程序。

=2，JMP LBL[1] 若满足条件 R[1]=2，则跳转到标签 1 处。

ELSE，JMP LBL[2] 否则，跳转到标签 2 处。

（3）在程序中加入 IF/SELECT 指令的操作（表 2-3-26）

表 2-3-26 在程序中加入 IF/SELECT 指令的操作

序号	操作步骤	图示
1	按【EDIT】键进入编辑界面	
2	按【F1】(INST)(指令)键	
3	选择【IF/SELECT】,按【ENTER】键确认	
4	选择所需要的指令,按【ENTER】键确认	
5	输入值或根据光标位置选择相应的项,输入值即可	

备注:光标移到 8(下页)处按【ENTER】确认,可切换到(select)

4. 等待（WAIT）指令

（1）概念　等待指令的具体使用方法见表 2-3-27。

表 2-3-27　等待指令

WAIT 变量(variable)	运算符号(operator)	值(value)	行为(processing)
Constant(常数)	>	Constant(常数)	无
R[i]	>=(≥)	R[i]	TIMEROUT　LBL[i]
AI/AO	=	ON	ON
GI/GO	<=(≤)	OFF	OFF
DI/DO	<		
UI/UO	<>(≠)		

可以通过逻辑运算符“or”和“and”将多个条件组合在一起，但是“or”和“and”不能在同一行使用。

例如：当程序在运行中遇到不满足条件的等待语句时，会一直处于等待状态，如图 2-3-6 所示。此时如果想通过人工干预继续往下运行，可以通过以下操作跳过等待语句：按 FCTN 后，选择 7 RELEASE WAIT 跳过等待语句，并在下个语句处等待。

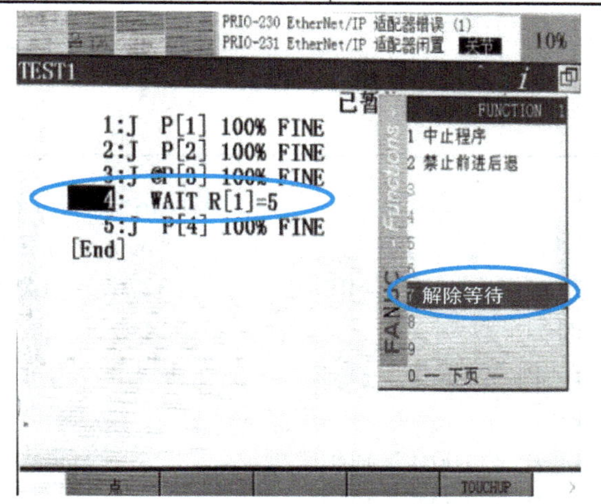

图 2-3-6　等待指令使用方法

（2）在程序中加入 WAIT 指令的操作（表 2-3-28）

表 2-3-28　在程序中加入 WAIT 指令的操作

序号	操 作 步 骤	图　示
1	按【EDIT】键进入编辑画面	
2	按【F1】(INST)键	
3	选择【WAIT】,按【ENTER】键确认,如右图所示	

（续）

序号	操作步骤	图示
4	选择所需要的项，按【ENTER】键确认，如右图所示	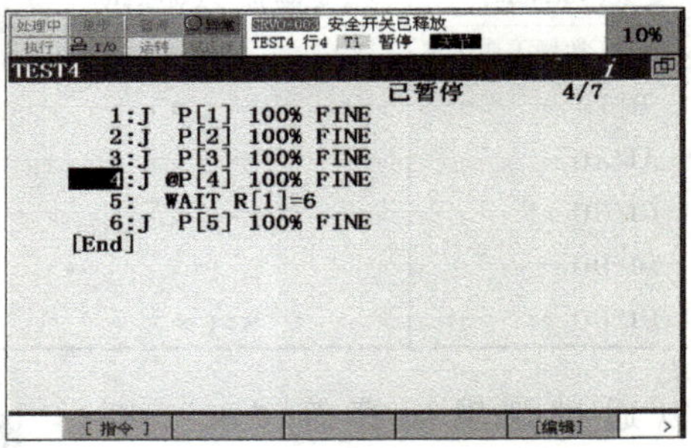 处理中 执行 I/O 运转 异常 安全开关已释放 TEST4 行4 T1 暂停 10% TEST4 已暂停 4/7 1:J P[1] 100% FINE 2:J P[2] 100% FINE 3:J P[3] 100% FINE 4:J @P[4] 100% FINE 5: WAIT R[1]=6 6:J P[5] 100% FINE [End] [指令] [编辑] >
5	输入值或根据光标位置选择相应的项，输入值即可	

5. 标签（LBL）及跳转（JMP）指令

（1）概念　标签指令：LBL[*i*：Comment]（最多16个字符）i：1~32767

跳转指令：JMP LBL[*i*]　*i*：1~32767　（跳转到标签i处）。

例：

J　P[1]100%　FINE

LBL[1]

J　P[2]100%　FINE

J　P[3]100%　FINE

JMP LBL[1]

设（标签）为LBL[1]，当程序走到JMPLBL[1]时，程序跳转至LBL[1]。

（2）在程序中加入JMP/LBL指令的操作（表2-3-29）

表2-3-29　在程序中加入JMP/LBL指令的操作

序号	操作步骤	图示
1	按【EDIT】键进入编辑画面	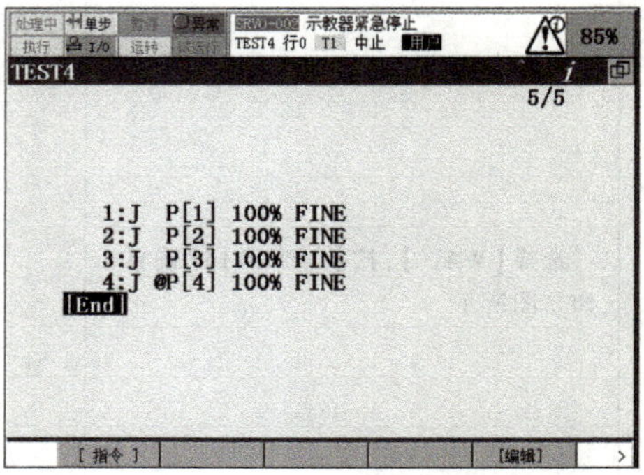 处理中 单步 执行 I/O 运转 异常 示教器紧急停止 TEST4 行0 T1 中止 用户 85% TEST4 5/5 1:J P[1] 100% FINE 2:J P[2] 100% FINE 3:J P[3] 100% FINE 4:J @P[4] 100% FINE [End] [指令] [编辑] >

（续）

序号	操 作 步 骤	图　示
2	按【 F1 】(INST)键	处理中 单步 异常 执行 I/O 运转 SRVO-002 示教器紧急停止 TEST4 行0 T1 中止 用户 85% TEST4 6/6 JMP指令 1 JMP LBL[ ] 2 LBL[ ] P[1] 100% FINE P[2] 100% FINE P[3] 100% FINE @P[4] 100% FINE IF ...=... ... 选择项目 [选择]
3	选择【JMP/LBL】(标签与跳转)，按【ENTER】键确认，如右图所示	
4	选择所需要的项，按【ENTER】键确认即可	

6. 调用（CALL）指令

工业机器人控制程序指令2

(1) 概念　调用指令：CALL（Program），Program 为程序名。

调用指令的例子见表 2-3-30。

表 2-3-30　调用指令例子

序号	操 作 步 骤	图　示
例	以搬运程序为例，在需要使用夹爪的时候，只需调用装取夹爪的程序，如 CALL　FASTPICK1	处理中 单步 异常 执行 I/O 运转 SRVO-003 安全开关已释放 BBB 行0 T1 中止 用户 10% BBB 1/13 1: CALL FASTPICK1 2:J @PR[1:Home安全位] 100% FINE 3:L @P[1] 100mm/sec FINE 4:L @P[2] 100mm/sec FINE 5: DO[109:吸盘/夹爪气缸]=ON 6:L @P[3] 100mm/sec FINE 7:L @P[4] 100mm/sec FINE 8:L @P[5] 100mm/sec FINE 9: DO[109:吸盘/夹爪气缸]=OFF 10:L @P[6] 100mm/sec FINE 11:L @P[7] 100mm/sec FINE [指令] [编辑] >

(2) 在程序中加入 CALL 指令的操作（表 2-3-31）

表 2-3-31　在程序中加入 CALL 指令的操作

序号	操 作 步 骤	图　示
1	按【EDIT】键进入编辑画面	处理中 单步 异常 执行 I/O 运转 SRVO-002 示教器紧急停止 TEST4 行0 T1 中止 用户 85% TEST4 5/5 1:J P[1] 100% FINE 2:J P[2] 100% FINE 3:J P[3] 100% FINE 4:J @P[4] 100% FINE [End] [指令] [编辑] >

（续）

序号	操作步骤	图示
2	若无【指令】软键，按【NEXT】键直至其出现	
3	按【F1】(INST)(指令)键	
4	选择【CALL】(调用)，按【ENTER】键确认，进入右图所示画面	
5	光标移到(调用程序)按【ENTER】键，再选择所调用的程序名	

7. 循环指令

发那科工业机器人中没有专门的循环指令，只能通过跳转指令 JMP 与 IF 指令运作才能实现循环。

例：LBL[1]

LP[1]　100mm/sec　FINE

LP[2]　100mm/sec　FINE

R[1]=R[1]+1

IF R[1]<8,JMP LBL[1]

设（标签）为 LBL[1]，当程序走到 IF R[1]<8，JMP LBL [1] 的时候，若满足 R[1]<8 这个条件，程序跳转至 LBL [1]，程序在点 P [1] P[2] 循环，直至当 R[1]=8 时程序停止循环，执行下一条指令。

8. 偏移指令

通过 OFFSET、CONDITION、PR[i] 等指令可以将原有的点进行偏置，偏置量由位置寄存器决定。偏置条件指令一直有效到程序运行结束或者下一个偏置条件指令被执行。偏置条件指令只对包含有附加运动指令 OFFSET 的运动语句有效。

例：OFFSET CONDITION PR[1]

J P[1] 100% FINE(偏置无效)　　L P[2] 500mm/sec FINE (offset)(偏置有效)

等同于：L P[2] 500mm/sec FINE offset，PR[1]

或　OFFSET　CONDITION　PR[1]　　L P[2] 500mm/sec FINE offset

9. 坐标系调用指令

(1) 工具坐标调用指令　工具坐标调用指令为 UTOOL_NUM。当执行程序中的该指令时，系统将自动激活指令所设定的工具坐标系号。

在程序中加入 UTOOL_NUM 指令的操作见表 2-3-32。

表 2-3-32　在程序中加入 UTOOL_NUM 指令的操作

序号	操作步骤	图示
1	按【EDIT】键进入编辑画面	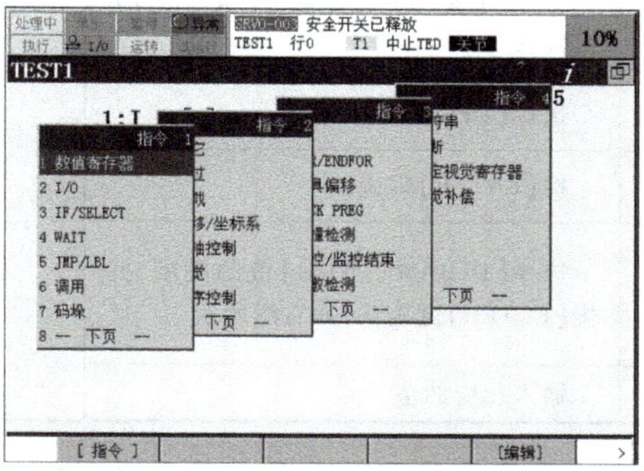 SRVO-003 安全开关已释放 TEST1　行0　T1　中止TED　关节　10% TEST1 指令 1 1 数值寄存器 2 I/O 3 IF/SELECT 4 WAIT 5 JMP/LBL 6 调用 7 码垛 8 -- 下页 -- /ENDFOR 偏移 K PREG 检测 空/监控结束 数检测 下页 -- 定视觉寄存器 觉补偿 下页 -- [指令]　[编辑]
2	按【F1】(INST)(指令)键，移到下页，直至出现【偏移条件】键按【ENTER】键确认	
3	选择【偏移/坐标系】，按【ENTER】键	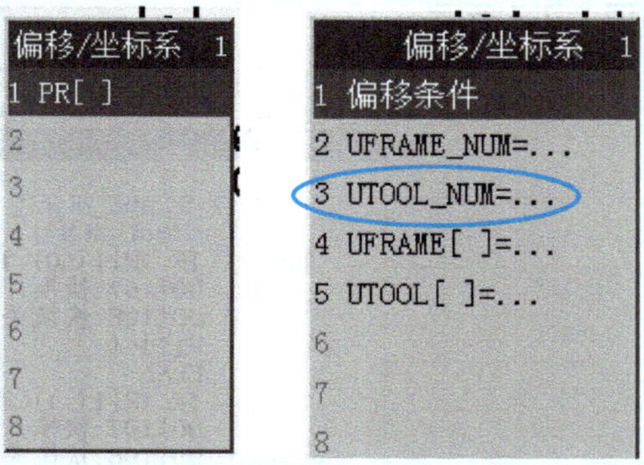 偏移/坐标系 1 1 PR[ ] 2 3 4 5 6 7 8 偏移/坐标系 1 1 偏移条件 2 UFRAME_NUM=... 3 UTOOL_NUM=... 4 UFRAME[ ]=... 5 UTOOL[ ]=... 6 7 8
4	选择【UTOOL_NUM】，按【ENTER】键确认，如右图所示	
5	选择【UTOOL_NUM】值的类型，并按【ENTER】键确认	
6	输入相应的值	

(2) 用户坐标调用指令　用户坐标调用指令为 UFRAME_NUM。当执行程序中的该指令时，系统将自动激活指令所设定的用户坐标系号。

在程序中加入 UFRAME_NUM 指令操作见表 2-3-33。

表 2-3-33　在程序中加入 UFRAME_NUM 指令操作

序号	操作步骤	图示
1	按【EDIT】键进入编辑画面	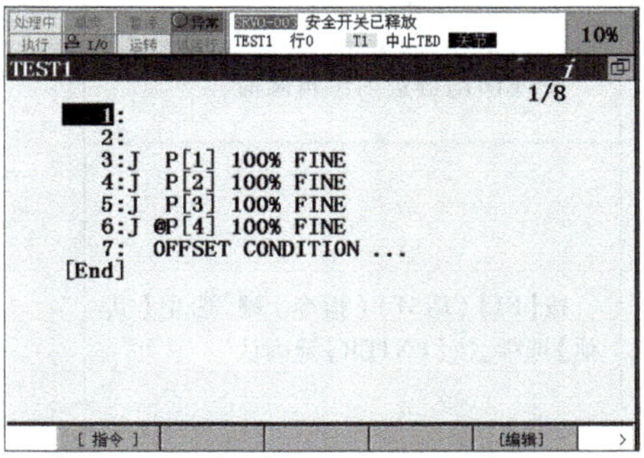 SRVO-003 安全开关已释放 TEST1　行0　T1　中止TED　关节　10% TEST1　1/8 1: 2: 3:J P[1] 100% FINE 4:J P[2] 100% FINE 5:J P[3] 100% FINE 6:J @P[4] 100% FINE 7: OFFSET CONDITION ... [End] [指令]　[编辑]
2	按【F1】(INST)(指令)键	

（续）

序号	操作步骤	图示
3	选择【偏移/坐标系】，按 ENTER 键确认	
4	选择【UFRAME_NUM】	
5	按【ENTER】键确认	
6	选择【UFRAME_NUM】值的类型，并按【ENTER】键确认，如右图所示	
7	输入相应的值	

（3）坐标系调用指令的应用 坐标系调用指令主要应用在编辑程序的开头，它可以在每个程序的开头调用指定的坐标系从而使坐标系和程序编程时的坐标系对应，使程序不会出错，如图 2-3-7 所示。

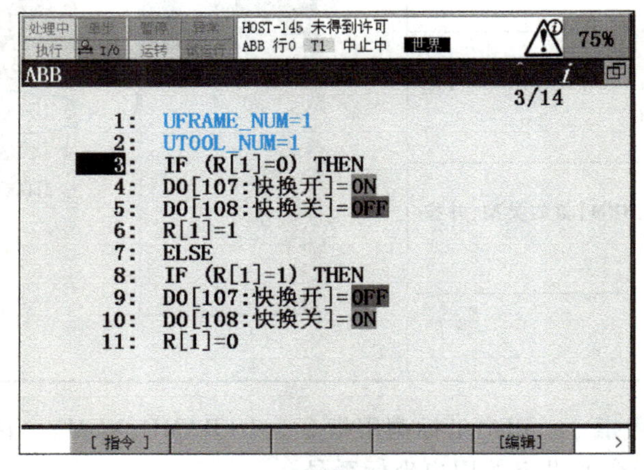

图 2-3-7 坐标系调用指令的应用

10. 其他指令

（1）在程序中加入其他指令的操作（表 2-3-34）

表 2-3-34 在程序中加入其他指令的操作

序号	操作步骤	图示
1	按【EDIT】键进入编辑画面	
2	按【F1】(INST)(指令)键，选中【其他】选项，按【ENTER】键确认	

（续）

序号	操 作 步 骤	图 示
3	选择所需要的项，按【ENTER】键确认	用户报警指令 时间计时器指令 速度倍率指令 注释指令 消息指令 参数指令
4	输入相应值或者内容	

(2) 用户报警指令 用户报警指令格式为

UALM[*i*]，*i*：用户报警号

当程序中运行该指令时，工业机器人会报警并显示报警消息。

要使用该指令，首先设置用户报警。依次按键选择【MENU】（菜单）键，【SETUP】（设置）键，移动光标至（用户报警）按【ENTER】键即可进入用户报警设置画面，如图 2-3-8 所示。

(3) 时钟指令 时钟指令为 TIMER[*i*]（Processing），*i*：时钟号

依次按键选择：【MENU】（菜单）键，光标移到（下页）→【ENTER】键→【STATUS】（状态）键，光标移到（程序计时器）→【ENTER】键，即进入程序时钟显示画面，如图 2-3-9 所示。

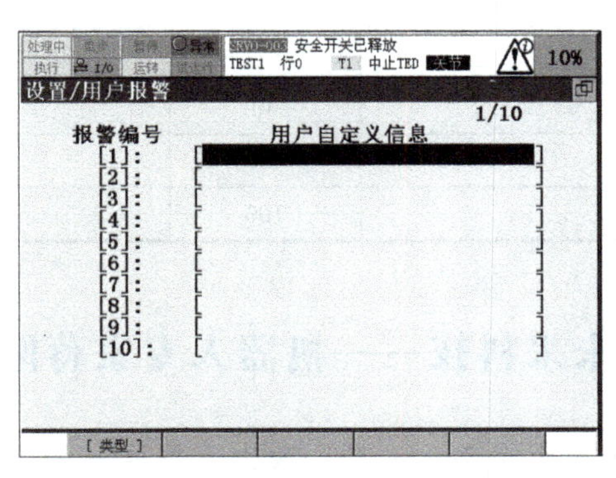

图 2-3-8 用户报警画面

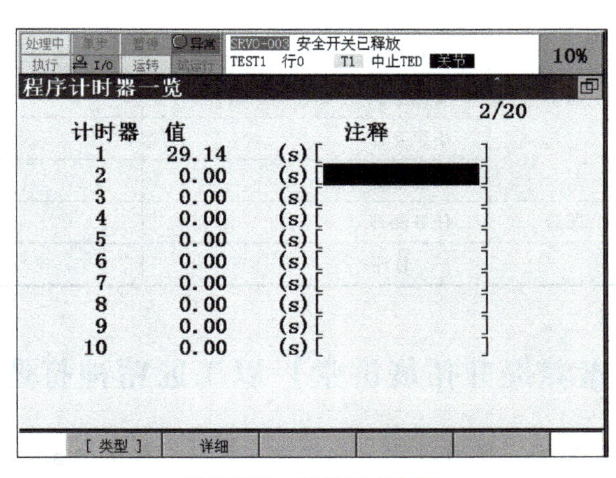

图 2-3-9 时钟指令画面

(4) 运行速度指令 运行速度指令格式为

OVERRIDE[*i*]=(value)%，value=1~100

(5) 注释指令 注释指令格式为

!（Remark） Remark：注释内容，最多可以有 32 字符。

(6) 消息指令 消息指令格式为

Message[message]

Message：消息内容，最多可以有 24 字符。当程序中运行该指令时，屏幕中将会弹出含有 message 的画面。

2.3.8 任务测评

1. （判断）工业机器人程序的命名可以以数字、符号为开头字符。（ ）

2. （判断）工业机器人的运动程序类型有关节运动、直线运动和圆弧运动3种。（ ）

3. （判断）工业机器人位置与位置数据P[i]点所表示的位置基本一致时，该行出现@符号。（ ）

4. （判断）示教点位置的更新步骤为：移动光标到要修正的运动指令的行号处；按下【SHIFT】键再按【F5】（TOUCHUP）键，当该行出现@符号，同时屏幕下方出现位置已记录至时，位置信息已更新。（ ）

5. （判断）程序编辑工具有：插入、删除、复制/剪切、查找、替换、变更编号、注释、取消、改为备注、图标编辑器、命令颜色、IO状态等。（ ）

2.3.9 考核评价

任务2.3的考核评价表见表2-3-35。

表2-3-35 任务2.3的考核评价表

环节	项目	记录	标准	分值
课前	问题引导		10	
	信息获取		10	
课中	课堂考勤		5	
	课堂参与		10	
	爱国意识、不断创新的精神		10	
	小组互评		5	
	技能任务考核		40	
课后	任务测评		10	
总评			100	

【素养提升拓展讲堂】以工匠精神打造未来科技——机器人专家蒋刚

蒋刚，西南科技大学制造科学与工程学院副院长，十余年如一日，致力于机电一体化、机器人技术的研究和教学工作，目前已经研制成功“龙骑战神军民两用大型重载电液伺服驱动六足机器人”“危险环境智能探测机器人”“基于小型反应堆的可移动式中子成像检测多功能承载机器人”“节能环保警民两用智能平衡巡逻装备”等多个功能强大的机器人。

对于蒋刚而言，只要做与机器人有关的工作，似乎所有困难就都能克服。“2008年汶川地震的时候，也正是当年全国机器人大赛的备战关键时期，在学校的支持下，我们在做好抗震救灾的同时也圆满完成了大赛的备战任务。”蒋刚回忆称。当时的参赛团队就在学校门口搭建起的简易帐篷里训练，有时候是一手打着雨伞，一手敲着键盘，由于实验室的机床已经无法使用，机器人所需的零件都是他和队员们手工制作的。

汶川地震也激发了蒋刚和他团队的一个灵感，就是多功能足式机器人的研发。“足式机器人对地形的适应能力远远强于轮式和履带式车辆，适用于这种地震之后的非结构路况环境，代替人类执行救援任务。”蒋刚称。经过几年的研发，陆续诞生了“机器鼠”（危险环境智能探测机器人）、“龙骑战神”（大型重载六足机器人）、“龙骑士”（中型多足机器人）等成果。

蒋刚的故事给我们这样的启示：一个人只有专注于一件事情，才能积累到足够的经验和知识，一个“匠人”的炼成，都是从专注开始的。

任务 2.4　工件的周转搬运

2.4.1　任务引入

接到一批液压缸套筒零件的生产任务，由切削加工智能制造单元进行零件的生产：立式加工中心、数控车床进行加工，机器人进行工件的搬运、定位、装夹。该单元已经调试完成。

现要求对切削加工智能制造单元的工业机器人进行编程，完成机器人从上料料道周转箱抓取液压缸套筒工件放置到下料料道周转箱及从上料料道周转箱抓取液压缸套筒放置到数控车床自定心卡盘的任务。

2.4.2　实训目标

■　素质目标

1. 培养学生乐于思考的精神。
2. 培养学生热爱劳动的意识。

■　知识目标

1. 了解机器人运动编程指令类型及区别。
2. 掌握机器人示教器信号控制指令。

■　技能目标

1. 熟练手动操作机器人进行关键点定位。
2. 熟悉机器人编程指令操作方法。
3. 熟练操作机器人 TP 示教器。

机器人抓取工件如图 2-4-1 所示。

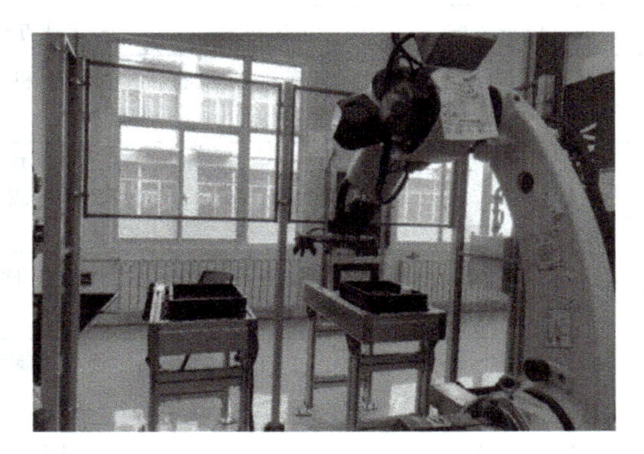

图 2-4-1　机器人抓取工件

2.4.3　问题引导

1. 工业机器人的主要用途有哪些？

2. 工业机器人编程指令、坐标系有哪些？不同坐标系下机器人的运动有什么不同？

3. FANUC 工业机器人的编程方式有哪些？采用 ROBOGUIDE 软件编程与使用示教器编程有什么区别？

2.4.4 设备确认

1. 观察智能制造单元，确认机械正常。
2. 智能制造单元上电，工业机器人动作正常，无报警。
3. 领取工作任务单（表 2-4-1），明确本次任务的内容。
4. 领取并填写设备确认单（表 2-4-2）。

表 2-4-1 工作任务单

实训任务	工件周转搬运	
序号	工作内容	工作目标
1	将工件从上料料道周转箱搬运到下料料道周转箱	掌握机器人的编程指令类型、结构及编程方法，完成编程任务
2	将工件从上料料道周转箱搬运到自定心卡盘	掌握机器人的编程指令类型、结构及编程方法，完成编程任务

表 2-4-2 设备确认单

序号	设备名称	实现功能	实现方式	设备及其功能要求	设备状态是否正常
1	工业机器人	实现机器人的动作	通过机器人程序	M-20iD25	
2	机器人示教器（TP）	程序创建及编辑	通过示教器（TP）完成编程任务		
3	上下料料道周转箱	存放液压缸套筒工件	检查工件是否齐全		
4	数控车床	工件车削加工	通过编程进行加工	0i-TF PLUS	
任务执行时间		年 月 日	执行人		

工业机器人仿真工作站的建立

工业机器人仿真工作站工件及机床的添加

工业机器人仿真工作站工装的添加

工业机器人仿真工作站程序编程与运行 1

工业机器人仿真工作站程序编程与运行 2

2.4.5　任务实施

1. 上料料道周转箱抓取液压缸套筒工件放置到下料料道周转箱。

1）编写工业机器人手爪 1 夹紧程序（SZ1JIAJIN），见表 2-4-3。

表 2-4-3　机器人手爪 1 夹紧程序

程序内容	程序说明
RO[1:手爪 1 夹紧]=ON;	手爪 1 夹紧
RO[2:手爪 1 松开]=OFF;	
WAIT.50(sec);	等待 0.5s
WAIT RI[2:手爪 1 松开]=OFF;	等待手爪 1 夹紧信号
WAIT RI[1:手爪 1 夹紧]=ON;	
DO[229:手爪 1 有工件]=ON;	手爪 1 有工件信号

2）编写工业机器人手爪 1 松开程序（SZ1ZHANGKAI），见表 2-4-4。

表 2-4-4　机器人手爪 1 松开程序

程序内容	程序说明
RO[2:手爪 1 松开]=ON;	手爪 1 松开
RO[1:手爪 1 夹紧]=OFF;	
WAIT.50(sec);	等待 0.5s
WAIT RI[1:手爪 1 夹紧]=OFF;	等待手爪 1 松开信号
WAIT RI[2:手爪 1 松开]=ON;	
DO[229:手爪 1 有工件]=OFF;	手爪 1 无工件信号

3）编写机器人从上料料道周转箱抓取液压缸套筒工件放置到下料料道周转箱的程序，见表 2-4-5。

物料搬运

表 2-4-5　工件转运程序

程序内容	程序说明
J P[1] 100% FINE;	回机器人 HOME 位
J P[2] 100% FINE;	手爪 1 接近工件位置
J P[3] 100% FINE;	
L P[4] 1000mm/sec FINE;	手爪 1 到达从上料料道周转箱抓取工件的位置
CALL SZ1JIAJIN;	调用手爪 1 夹紧程序
L P[3] 1000mm/sec FINE;	手爪 1 抓取工件离开上料料道周转箱位置
J P[5] 100% FINE;	手爪 1 抓取工件接近下料料道周转箱位置
L P[6] 1000mm/sec FINE;	手爪 1 从下料料道周转箱放置工件位置
CALL SZ1ZHANGKAI;	调用手爪 1 松开程序
L P[5] 1000mm/sec FINE;	手爪 1 离开工件位置
J P[1] 100% FINE;	回机器人 HOME 位

2. 上料料道周转箱抓取液压缸套筒工件放置到数控车床自定心卡盘。工件放置到自定心卡盘程序见表 2-4-6。

车床上料箱往三爪卡盘上料

表 2-4-6　工件放置到自定心卡盘程序

程序内容	程序说明	图　示
J P[1] 100% FINE;	回机器人 HOME 位	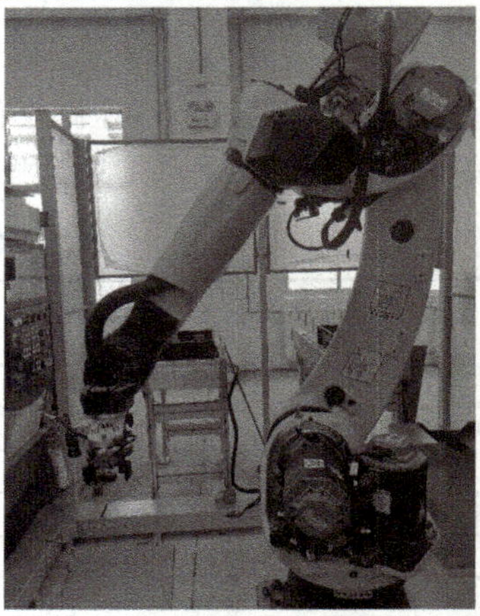
J P[2] 100% FINE;	手爪 1 接近工件位置	
L P[3] 1000mm/sec FINE;	手爪 1 到达从上料料道周转箱抓取工件的位置	
CALL SZ1JIAJIN;	调用手爪 1 夹紧程序	
WAIT　1.00(sec);	等待 1s	

（续）

程序内容	程序说明	图示
L P[2] 500mm/sec FINE;	手爪1抓取工件离开上料料道周转箱位置	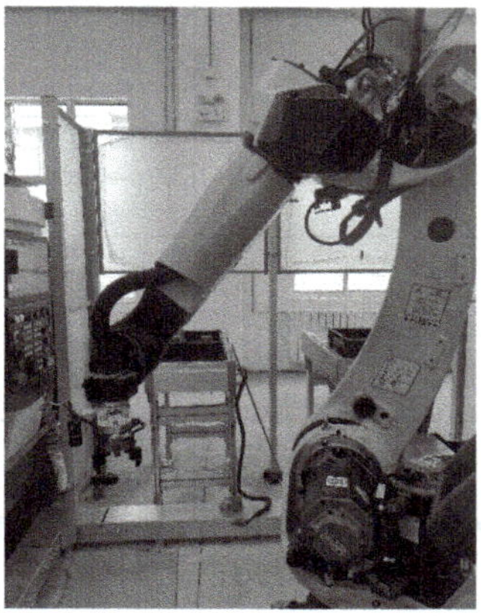
L P[4] 1000mm/sec FINE;	手爪1抓取工件接近车床位置	
J P[7] 100% FINE;	车床外等待位置	
DO[304:请求车床门开脉冲]=PULSE,0.2sec;	请求车床门开信号	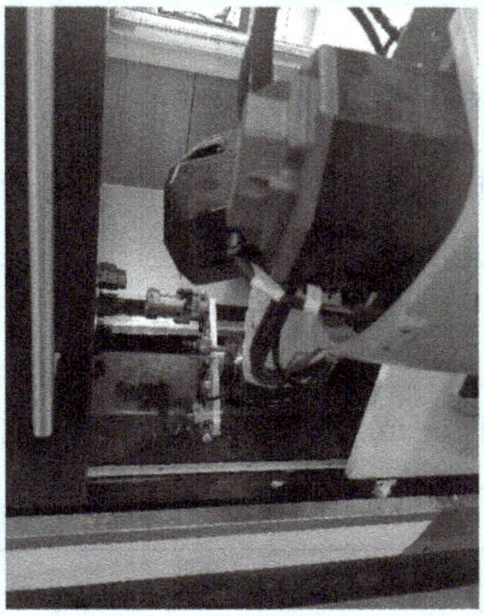
WAIT DI[310:车床自动门开到位]=ON;	等待车床自动门开到位信号	
WAIT DI[297:车床允许上料]=ON;	等待车床允许上料信号	
J P[5] 100% FINE;	移动至车床上料位置	
L P[6] 500mm/sec FINE;	移动至车床夹具位置	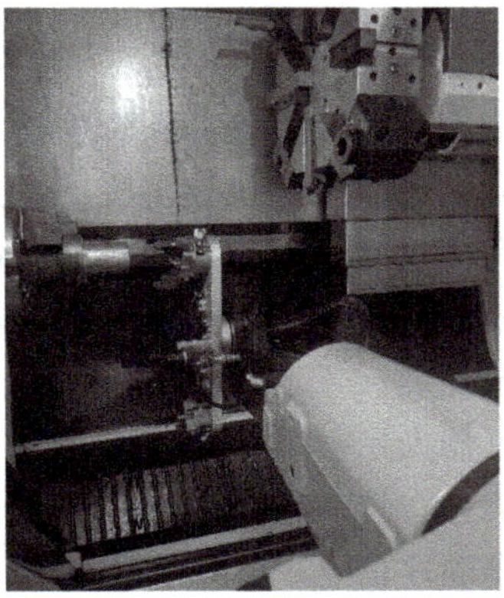
DO[299:请求车床夹具夹紧]=ON;	请求车床夹具夹紧信号	
WAIT DI[299:车床夹具夹紧到位]=ON;	等待车床夹具夹紧到位信号	
DO[299:请求车床夹具夹紧]=OFF;	等待车床夹具夹紧信号关闭	
WAIT 1.00(sec);	等待1s	
CALL SZ1ZHANGKAI;	调用手爪1松开程序	
WAIT 1.00(sec);	等待1s	

（续）

程序内容	程序说明	图示
L P[5] 1000mm/sec FINE;	移动至车床上料位置	
L P[7] 1000mm/sec FINE;	车床外等待位置	
J P[1] 100% FINE;	回机器人 HOME 位	

2.4.6 实施记录

1. 根据教师引导，记录操作过程步骤。

2. 操作完成后，将待优化的问题记录到操作问题清单（表 2-4-7）中。

表 2-4-7 操作问题清单　　组别________

问题	改进方法

2.4.7 知识链接

2.4.7.1 工业机器人示教方法

为了适应现代工业快速多变的特点以及满足日益增长的复杂性要求，机器人不仅要能长期稳定地完成重复工作，还要具备智能化、网络化、开放性、人机友好性的特点。作为工业机器人继续发展与创新的一个重要方面，示教技术正在向利于快速示教编程和增强人机协作能力的方向发展。

工业机器人示教就是编程者采用各种示教方法事先“告知”机器人所要进行的动作信息和作业信息。这些信息包括：①机器人位置和姿态信息；②轨迹和路径点的信息；③机器人任务动作顺序信息；④机器人动作、作业时的附加条件的信息；⑤机器人动作的速度和加速度信息和作业内容信息等。

实际应用最多的传统的示教盒示教要求操作者具有一定的机器人技术知识和经验，示教效率较低。与示教盒示教相比，直接示教法无须操作者掌握任何机器人知识及经验，操作简单且快速，极大地提高了示教的友好性、高效性。

(1) 直接示教控制方法 当前主流的机器人直接示教控制方法可以分为两类：第一类是基于位置控制或者阻抗控制的直接示教方法。第二类是基于力矩控制的零力平衡的机器人直接示教（有动力学模型）。

(2) 基于位置控制的直接示教 传统的拖动示教依赖于外置于机器人的多维操作传感器，利用该传感器获取的信息，牵引机器人末端在笛卡儿空间下做线性或者旋转的运动。

(3) 基于力矩控制的零力平衡的机器人直接示教 这是一种更为直接的机器人拖动示教方法。借助机器人的动力学模型，控制器可以实时地算出机器人被拖动时所需要的力矩，然后提供该力矩给电动机使得机器人能够很好地辅助操作人员进行拖动。

不同于传统的基于位置或者阻抗的拖动示教方法，零力控制方法对操作者更加友好。在精确的动力学模型的帮助下，拖动机器人时要克服的机器人自身重力、摩擦力以及惯性力都得到了相应的电动机力矩的抵消，使得机器人能够轻松地拖动。同时，算法也保证了当外力被撤销时，机器人能够迅速地静止在当前位置，保证设备和操作人员的安全。

另一个基于零力控制拖动示教带来的优势是，在动力学模型中，各关节的力矩是可以单独控制的，所以机器人的拖动点不再被固定在机器人末端或者多维传感器上，操作者可以在机器人任意位置去拖动机器人，使操作更加灵活多变。

2.4.7.2　工业机器人坐标系介绍

(1) 工业机器人坐标系简介 坐标系是为确定机器人的位置和姿态而在机器人或空间上进行定义的位置指标系统。工业机器人的坐标系根据不同用途，有多种分类，理解和掌握各个坐标系的意义及使用方法，合理运用这些坐标系，可以给操作和编程带来极大的方便，对于工业机器人的研究和实操具有重要意义。工业机器人一般使用多种坐标系，每种坐标系都适用于特定类型的微动控制或编程，坐标系可以在机器人示教器中进行设置。

工业机器人坐标系及工具坐标系创建

(2) 坐标系分类 工业机器人坐标系分类见表2-4-8和图2-4-2。

表2-4-8　工业机器人坐标系分类

World Frame(世界坐标系)	是一个不可以设置的默认坐标系，其原点是用户坐标系和手动坐标系的参考位置，位于机器人预先定义的位置。做线性运动
Tool Frame(工具坐标系)	是直角坐标系，TOOL0位于其原点。做线性运动
User Frame(用户坐标系)	是程序中记录的所有位置的参考坐标系，用户可于任何地方定义该坐标系。做线性运动
Jog Frame(手动坐标系)	是为控制手动可控制而设的坐标系，在该坐标系下，机器人按选定的用户坐标做线性运动，它的6个关节配合连动。做线性运动
Joint Fame(关节坐标系)	在该坐标系下，只做单轴运动，也就是每次按哪个关节哪个关节就按选择的方向运动，其他关节保持不动。各轴单独运动

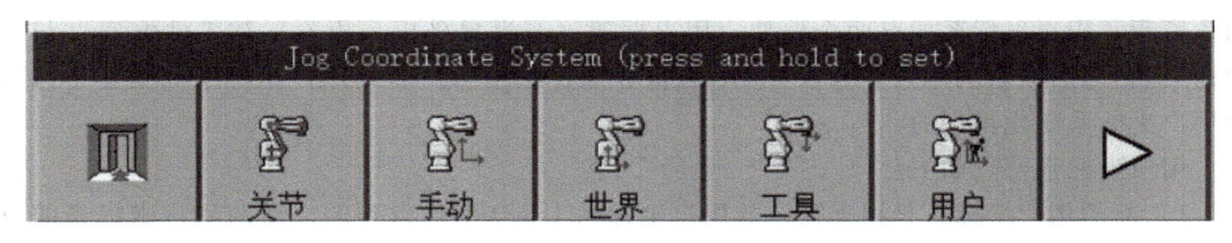

图2-4-2　坐标系分类

(3) 世界坐标系 世界坐标系（图 2-4-3）是被固定在空间上的标准直角坐标系，其固定位置由工业机器人的制造商事先确定。这使固定安装的机器人的移动具有可预测性，因此它对于将机器人从一个位置移动到另一个位置很有帮助。用户坐标系是基于该坐标系而设定的，它用于位置数据的示教和执行。

(4) 工具坐标系 工具坐标系（图 2-4-4）是用来定义工具中心点（TCP）的位置和工具姿态的坐标系。工具坐标系将工具中心点设为零位，由此定义工具的位置和方向。工具坐标系中心缩写为 TCP（Tool Center Point）。工具坐标系必须事先进行设定，在没有定义的时候，将由默认工具坐标系来替代该坐标系。

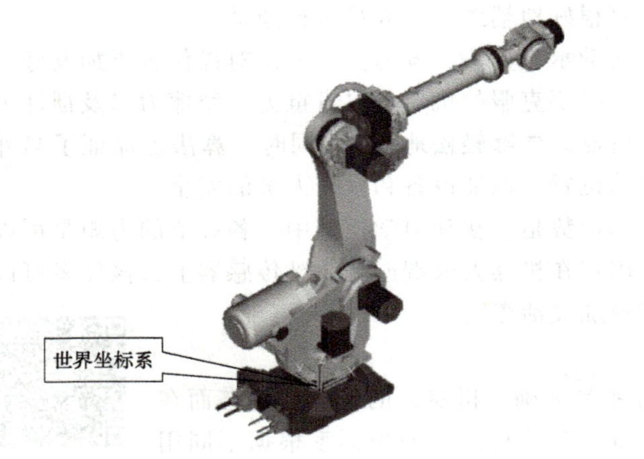

图 2-4-3 世界坐标系

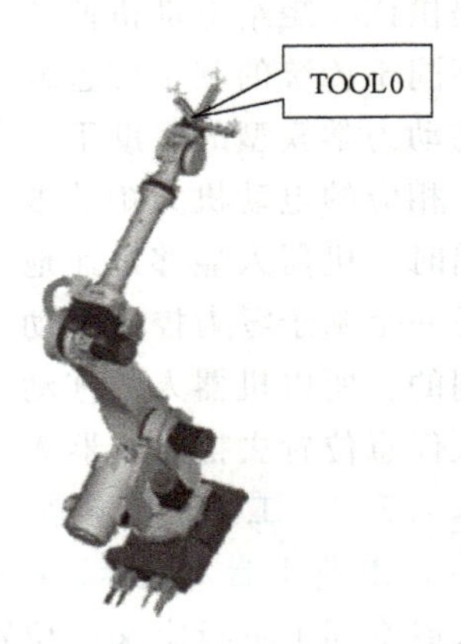

图 2-4-4 工具坐标系

执行程序时，机器人就是将 TCP 移至编程位置。这意味着，如果要更改工具，机器人的移动将随之更改，以便新的 TCP 到达目标。所有机器人在手腕处都有一个预定义工具坐标系，该坐标系被称为 TOOL0。这样就能将一个或多个新工具坐标系定义为 TOOL0 的偏移值。

通常我们所说的机器人轨迹及速度，其实就是指 TCP 点的轨迹和速度。TCP 一般设置在手爪中心、焊丝端部、点焊静臂前端等。

工具坐标系的所有测量都是相对于 TCP 的。用户最多可以设置 10 个工具坐标系，它被储存于系统变量 $ MNUTOOLNUM。一般一个工具对应一个工具坐标系。工具坐标系的设置方法有：

1）三点法。

2）六点法。

3）直接输入法。

(5) 用户坐标系 用户坐标系（图 2-4-5）是拥有特定附加属性的坐标系，它主要用于简化编程。用户坐标系拥有两个框架：用户框架（与世界坐标系相关）和工件框架（与用户框架相关）。默认的用户坐标系 User0 和世界坐标系重合。新的用户坐标系都是基于默认的用户坐标系变化得到的。

用户坐标系特点如下：

1）新的用户坐标系是根据默认的用户坐标系 User0 变化得到的，新的用户坐标系的位置和姿态相对空间是不变化的。

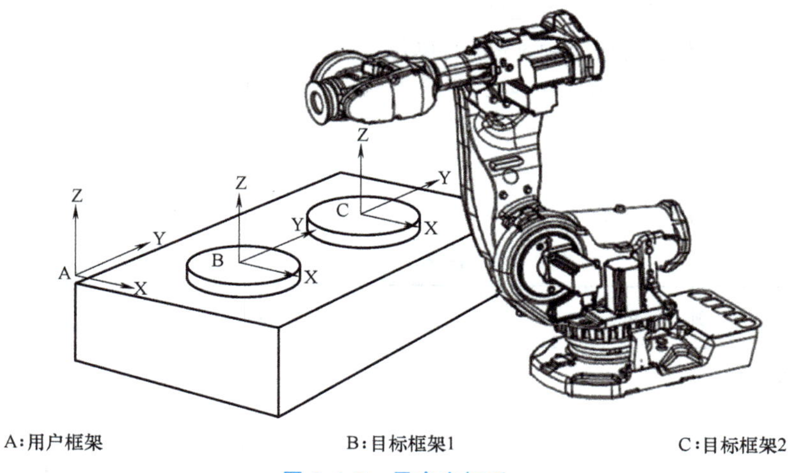

图 2-4-5　用户坐标系

2）对机器人进行编程时就是在用户坐标系中创建目标和路径。

用户坐标系的作用：

1）确定参考坐标系。

2）确定工作台的运动方向，方便调试。

3）用户坐标系主要在确定工件平面时使用，如果取料的料台相对世界坐标不是水平的而是倾斜的，这时使用用户坐标系就能使编程变得简单。此外，还可在设定和执行位置寄存器、执行位置补偿指令时使用用户坐标系。还可通过用户坐标系输出选项，根据用户坐标系对程序中的位置进行示教。

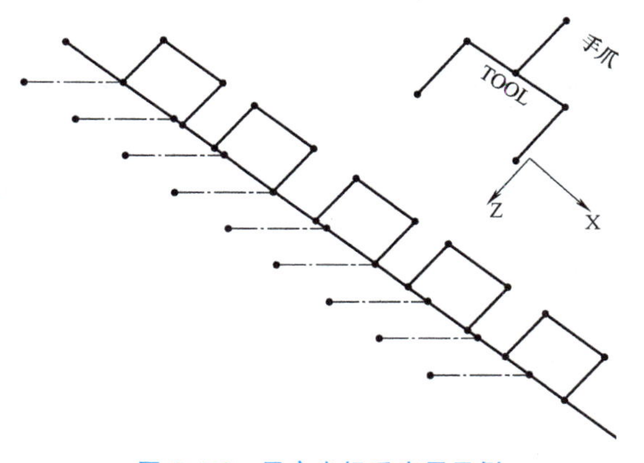

图 2-4-6　用户坐标系应用示例

如图 2-4-6 所示，如果使用默认的用户坐标系 User 或者世界坐标系将很难对每个工件的位置进行调试，若设置了用户坐标系，用户坐标系的两个方向就会垂直于工件所在的平面。

用户坐标系是用户对每个作业空间进行定义的笛卡儿坐标系。用户最多可以设置 9 个用户坐标系，它们被存储于系统变量 $ MNUFRAME。设置方法：

1）三点法。

2）四点法。

3）直接输入法。

2.4.8　任务测评

1.（判断）机器人输入、输出信号分别是 DI、DO。（　）

2.（判断）机器人抓取工件过程中运动的速度是恒定值。（　）

3.（判断）机器人的零点位置是固定的。（　）

4. （判断）机器人与机床两者之间，机器人为通信的主站。（　）

5. （单选）机器人运动指令中 v500 的单位是（　）。

A. m/sec　　B. mm/sec　　C. cm/sec　　D. mm/min

2.4.9 考核评价

任务 2.4 的考核评价表见表 2-4-9。

表 2-4-9 任务 2.4 的考核评价表

环节	项　目	记　录	标准	分值
课前	问题引导		10	
	信息获取		10	
课中	课堂考勤		5	
	课堂参与		10	
	乐于思考的精神、热爱劳动的意识		10	
	小组互评		5	
	技能任务考核		40	
课后	任务测评		10	
总评			100	

【素养提升拓展讲堂】机器换人势不可挡——企业加速“智变”

近年来，马鞍山市粤美金属制品科技实业有限公司（以下简称粤美金属）通过实施“机器换人”，加速企业“智变”步伐，成为当涂县智能家电行业通过“机器换人”提升“亩均效益”的典范，连续三年亩均效益评价均为 A 类。2020 年该公司上缴税金 3800 万元，亩均税收 19 万元。

2018 年省政府印发支持机器人产业发展若干政策后，粤美金属由被动“机器换人”变为主动要求“智变”，实施了机器换人技改项目，在不涉及新增用地前提下，投入 3.5 亿元用于扩建、改建、购置设备等一系列智能化改造。大力实施“机器换人”的背后，是政府引导扶持和服务力度的不断加大，通过发挥政策红利的杠杆作用，让“机器换人”不仅有数量上的提升，更有质量上的飞跃，粤美金属累计获得省市县技改补助、机器人奖励等资金 1500 万元。

大力实施“机器换人”，加快企业自动化、智能化改造，不断推动企业管理水平更上新台阶。粤美金属自成立之初便建立创新平台、自动化研发中心，自文研发“机器换人”设备，实现通过 ERP 系统、MES 系统等有效提高车间智能化管理水平。企业大部分烦琐的装配工序已被机器所代替，生产效率提升显著。

粤美金属的故事给我们这样的启示：大力实施“机器换人”这样的技改项目，可以使企业生产效率得到提升，能源利用率得到提高，企业也会因此长期效益。

任务 2.5　工业机器人的初始化

2.5.1　任务引入

接到一批液压缸套筒零件的生产任务，由切削加工智能制造单元进行零件的生产：立式加工中心、数控车床进行加工，机器人进行工件的搬运、定位、装夹。

切削加工智能制造单元已经调试完成。现需要对该单元的工业机器人做初始化操作。

2.5.2　实训目标

■　素质目标

1. 培养学生争创一流的精神。
2. 培养学生精益求精的精神。

■　知识目标

1. 熟悉工业机器人初始化操作及流程。
2. 了解机器人程序远程起动方法。

■　技能目标

能够对机器人进行初始化操作。

2.5.3　问题引导

1. 在自动化运行之前为什么要进行工业机器人的初始化？

2. 机器人程序的远程起动方式有哪些？

3. 工业机器人如何实现初始化设定？

2.5.4 设备确认

1. 观察智能制造单元，确认机械正常。
2. 智能制造单元上电后，确认工业机器人动作正常，无报警。
3. 领取工作任务单（表 2-5-1），明确本次任务的内容。
4. 领取并填写设备确认单（表 2-5-2）。

表 2-5-1 工作任务单

实训任务	工业机器人初始化	
序号	工 作 内 容	工 作 目 标
1	工业机器人远程起动设置	掌握工业机器人远程起动设置的方法
2	工业机器人初始化操作	掌握工业机器人的初始化操作的内容及步骤

表 2-5-2 设备确认单

序号	设备名称	实现功能	实现方式	设备及其功能要求	设备状态是否正常
1	工业机器人	实现工件上下料动作控制	通过机器人程序	M-20iD25	
2	I/O 单元	信号的输入与输出	地址分配	电气控制柜用 I/O 单元	
3	CF 卡	数据备份与恢复	存储与恢复	存储空间至少 128MB	
任务执行时间		年 月 日	执行人		

2.5.5 任务实施

工业机器人安全操作警示动画1

工业机器人的初始化

1. 机器人初始化步骤操作（表 2-5-3）。

表 2-5-3 机器人初始化操作

序号	操作步骤	图 示
1	机器人需保证安全到达到任一 HOME 位置，如右图所示	

（续）

序号	操作步骤	图示
2	进入自动化模式，消掉报警	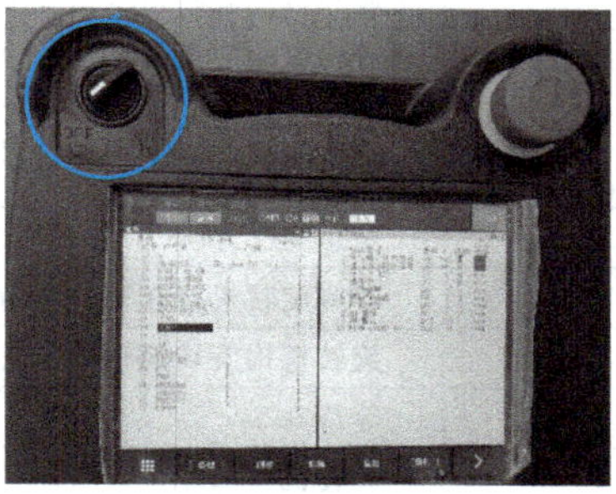 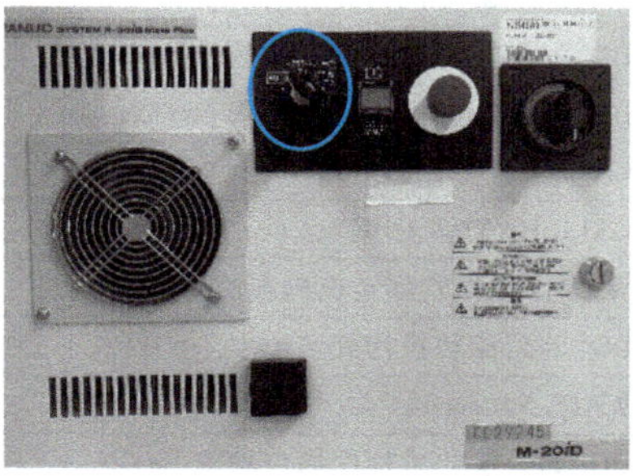
3	执行 INT 程序进行初始化（运行机器人程序请在 AUTO 运行模式下）	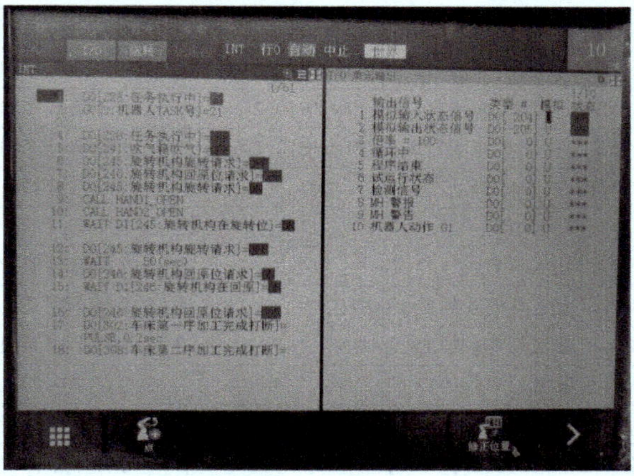

2. 机器人程序编写。

(1) HOME 程序（表 2-5-4）

表 2-5-4 HOME 程序

程序内容	程序说明
UFRAME_NUM=0;	调用机器人工具坐标系
UTOOL_NUM=1;	
L @ PR[1:HOME1-CNC1] 500mm/sec FINE;	回机器人 HOME1-CNC1 位

(2) INT 程序（该程序为机器人初始化程序，在实际加工主程序 PS0001 中调用） INT 程序见表 2-5-5。

表 2-5-5 INT 程序

程序内容	程序说明
DO[228:任务执行中]=ON;	任务执行中信号开
GO[2:机器人 TASK 号]=21;	机器人任务号为 21
DO[228:任务执行中]=OFF;	任务执行中信号关
DO[241:吹气箱吹气]=OFF;	吹气箱吹气信号关

（续）

程序内容	程序说明
DO[245:旋转机构旋转请求]=OFF;	旋转机构旋转请求信号关
DO[246:旋转机构回原位请求]=OFF;	旋转机构回原位请求信号关
DO[245:旋转机构旋转请求]=ON;	旋转机构旋转请求信号开
CALL HAND1_OPEN;	手爪1松开
CALL HAND2_OPEN;	手爪2松开
WAIT DI[245:旋转机构在旋转位]=ON;	等待旋转机构在旋转位信号开
DO[245:旋转机构旋转请求]=OFF;	旋转机构旋转请求信号关
WAIT.50(sec);	等待0.5s
DO[246:旋转机构回原位请求]=ON;	旋转机构回原位请求信号开
WAIT DI[246:旋转机构在回原]=ON;	等待旋转机构在回原信号开
DO[246:旋转机构回原位请求]=OFF;	旋转机构回原位请求信号关
DO[302:车床第一序加工完成打断]=PULSE,0.2sec;	车床第一序加工完成打断信号
DO[308:车床第二序加工完成打断]=PULSE,0.2sec;	车床第二序加工完成打断信号
DO[334:立加第一序加工完成打断]=PULSE,0.2sec;	立加第一序加工完成打断信号
DO[327:翻转台有料]=OFF;	翻转台有料信号关
DO[328:车床有料]=OFF;	车床有料信号关
DO[360:立加有料]=OFF;	立加有料信号关
WAIT DI[300:车床夹具松开到位]=ON;	等待车床夹具松开到位信号开
WAIT DI[301:车床无报警+气压低]=ON;	等待车床无报警+气压低信号开
WAIT DI[303:车床加工中]=OFF;	等待车床加工中信号关
WAIT DI[305:车床就绪]=ON;	等待车床就绪信号开
WAIT DI[307:车床在线状态]=ON;	等待车床在线状态信号开
WAIT DI[297:车床允许上料]=ON;	等待车床允许上料信号开
WAIT DI[332:立加夹具松开到位]=ON;	等待立加夹具松开到位信号开
WAIT DI[333:立加无报警]=ON;	等待立加无报警信号开
WAIT DI[335:立加加工中]=OFF;	等待立加加工中信号关
WAIT DI[337:立加就绪]=ON;	等待立加就绪信号开
WAIT DI[339:立加在线状态]=ON;	等待立加在线状态信号开
WAIT DI[329:立加允许上料]=ON;	等待立加允许上料信号开
GO[2:机器人 TASK 号]=0;	机器人任务号为0
DO[227:主程序执行中]=OFF ;	主程序执行中信号关
WAIT 1.00(sec);	等待1.0s
DO[228:任务执行中]=OFF;	任务执行中信号关
GO[2:机器人 TASK 号]=0;	机器人任务号为0

2.5.6 实施记录

1. 根据教师引导，记录操作过程步骤。

2. 操作完成后，将待优化的问题记录到操作问题清单（表 2-5-6）中。

表 2-5-6　操作问题清单　　　　组别________

问　题	改 进 方 法

2.5.7　知识链接

工业机器人维护及保养

工业机器人技术

工业机器人的发展史及应用

1. 示教再现型工业机器人

20 世纪 50 年代末至 90 年代，世界上应用的工业机器人绝大多数为示教再现型工业机器人（即第一代机器人）。在 20 世纪 80 年代之前，以人工导引末端执行器（俗称手把手示教）及机械模拟装置两种示教方式居多，在点到点（点位控制）和不需要很精确路径控制的场合，用上述示教方式可降低成本。20 世纪 80 年代后半期至 90 年代生产的工业机器人一般都具有人工导引和示教盒示教两种功能。采用示教盒示教可大大提高控制精度，并能控制机器人速度，且免除了人工导引的繁重操作。

示教再现是一种可重复再现通过示教编程存储起来的作业程序的机器人。“示教编程”指通过下述方式完成程序的编制：由人工导引机器人末端执行器（安装于机器人关节结构末端的夹持器、工具、焊枪、喷枪等），或由人工操作导引机械模拟装置，或用示教器（与控制系统相连接的一种手持装置，用以对机器人进行编程或使之运动）来使机器人完成预期的动作。“作业程序”（任务程序）为一组运动及辅助功能指令，用以确定机器人特定的预期作业，这类程序通常由用户编制。由于此类机器人的编程通过实时在线示教程序来实现，而机器人本身凭记忆操作，故能不断重复再现。

2. 感知机器人

这种带感觉的机器人类似人的某种感知功能，具有环境感知装置。比如力觉、触觉、听觉等，称之为第二代工业机器人。

以焊接机器人为例，机器人焊接的过程一般是通过示教方式给出机器人的运动曲线，机器人携带焊枪沿着该曲线进行焊接。这就要求工件的一致性要好，即工件被焊接位置十分准确。否则，机器人携带的焊枪所走的曲线和工件的实际焊接之间会有偏差。为解决这个问题，第二代工业机器人（应用于焊接作业时），采用焊缝跟踪技术，通过传感器感知焊缝的位置，再通过反馈控制，机器人就能够自动跟踪焊缝，从而对示教的位置进行修正，即使实际焊缝相对于原始设定的位置有变化，机器人仍然可以很好地完成焊接工作。类似的技术正越来越多地应用于工业机器人。

3. 智能机器人

第三代工业机器人称为智能机器人，具有发现问题，并且能自主解决问题的能力，尚处于实验研究阶段。这类机器人具有多种传感器，不仅可以感知自身的状态，比如所处的位置、自身的故障等，而且能够感知外部环境的状态，如自动发现路况、测出协作机器人的相对位置和相互作用的力等。更重要的是，能够根据获得的信息进行逻辑推理、判断决策，根据变化的内部状态与变化的外部环境自主决定自身的行为。这类机器人不但具有感觉能力，而且具有独立判断、行动、记忆、推理和决策的能力，能与外部对象、环境协调地工作，能完成更加复杂的动作，还具备故障自我诊断及修复能力。

4. 工业机器人应用

自从20世纪50年代末人类创造了第一台工业机器人以后，机器人就显示出它强大的生命力，在短短40多年的时间中，机器人技术得到了迅速发展。目前，工业机器人已广泛应用于汽车及汽车零部件制造业、机械加工行业、电子电气行业、橡胶及塑料工业、食品工业、木材与家具制造业等领域中。

随着科学与技术的发展，工业机器人的应用领域也不断扩大。目前，工业机器人不仅应用于传统制造业如采矿、冶金、石油、化学、船舶等领域，同时也已扩大到核能、航空、航天、医药、生化等高科技领域以及家庭清洁、医疗康复等服务业领域中，如水下作业、高压线作业、管道作业等特种机器人以及侦察、排雷布雷等军用机器人。随着人类生活水平的提高及文化生活的日益丰富多彩，各种专业服务机器人和家庭用消费机器人也在不断进入普通家庭生活。

2.5.8 任务测评

1. （判断）工业机器人自动运行前必须要进行初始化。（　）
2. （判断）工业机器人自动运行前需要将三方式钥匙开关打到T1档。（　）
3. （判断）对机器人进行初始化前需要保证机器人安全到达任一HOME位置。（　）
4. （单选）工件实际加工时，工业机器人的哪个I/O信号判断翻转台是否有料。（　）

   A. DO［328］　　B. DO［327］　　C. DI［360］　　D. DI［305］
5. （判断）INT程序为机器人初始化程序，在实际加工主程序PS0001中调用。（　）

2.5.9 考核评价

任务2.5的考核评价表见表2-5-7。

表2-5-7　任务2.5的考核评价表

环节	项　目	记　录	标准	分值
课前	问题引导		10	
	信息获取		10	
课中	课堂考勤		5	
	课堂参与		10	
	争创一流的精神、精益求精的精神		10	
	小组互评		5	
	技能任务考核		40	
课后	任务测评		10	
总评			100	

【素养提升拓展讲堂】扎根基层要做飞翔的雄鹰——全国劳模徐鸿

1993年，19岁的徐鸿从山东铝业公司技工学校毕业，来到中国铝业集团山东分公司，勤奋好学的他很快成长为岗位的技术“大拿”。随着山东铝业公司生产规模的扩大，作为岗位技术能手的徐鸿也走上了车间班组长岗位，而这个班长，一干就是20多年。

徐鸿作为沉降工序负责人，他从来没有每天工作8小时的概念，经常在50℃多的高温环境下流程切换，一干就是一天，为了确保矿浆输送，他经常直接踩在泥浆里，衣服天天都跟泥浆里泡过一样。2015年，我国有色金属行业经历了进入21世纪以来最为困难的一年，受市场影响，中国铝业山东企业生产经营也遇到了前所未有的“寒冬”。为了快速摆脱困境，徐鸿所在车间改制为沉降工序车间，徐鸿通过竞聘成为工序的技术专工。他每天将近20个小时盯在岗位上，即使回到家后手机也会响个不停。他每天必看手机微信里现场和安全曝光台、工艺控制群和沉降车间管路群。

徐鸿曾在自己的笔记中写过这样一段话：“一定要做一只善于飞翔的雄鹰，而不是一只得过且过、安于现状的小鸟，决不能虚度此生。”凭借自己的努力，徐鸿先后获得“全国劳动模范”“全国五一劳动奖章”“山东省富民兴鲁劳动奖章”“淄博市十大金牌工人”“振兴淄博劳动奖章”等称号。

徐鸿的故事给我们这样的启示：扎根基层，从零开始，就会为自己开启人生的新篇章。

项目3

机器视觉系统的调试

任务3.1 工业机器人2D视觉系统的调试

3.1.1 任务引入

接到一批液压缸套筒零件的生产任务，由切削加工智能制造单元进行零件的生产：立式加工中心、数控车床进行加工，机器人进行工件的搬运、定位、装夹。

切削加工智能制造单元已经安装调试完成。现要求对该单元的工业机器人2D视觉系统进行调试。

3.1.2 实训目标

■ **素质目标**

1. 培养学生的安全意识。
2. 提高学生事前控制的质量意识。

■ **知识目标**

1. 熟悉智能制造单元2D视觉系统各部分的组成。工业机器人2D视觉系统如图3-1-1所示。

2. 熟悉智能制造单元2D视觉系统的调试流程。

■ **技能目标**

1. 能够独立完成工业机器人2D视

图3-1-1 工业机器人2D视觉系统

觉系统的调试。

2. 熟练利用2D视觉系统对工件特征进行识别与抓取。

机器视觉检测技术

3.1.3　问题引导

1. 什么是机器视觉？什么是工业机器人2D视觉？

2. 工业机器人2D视觉的作用是什么？

3. 工业机器人2D视觉有什么特点和优势？

4. 工业机器人2D视觉的应用场合有哪些？

3.1.4　设备确认

1. 观察智能制造单元，确认机械正常。
2. 智能制造单元上电后，确认工业机器人动作正常，无报警。
3. 领取工作任务单（表3-1-1），明确本次任务的内容。
4. 领取并填写设备确认单（表3-1-2）。

表3-1-1　工作任务单

实训任务	工业机器人2D视觉系统的调试	
序号	工作内容	工作目标
1	工业机器人2D视觉系统的调试	能够完成工业机器人2D视觉系统的调试

表3-1-2　设备确认单

序号	设备名称	实现功能	实现方式	设备及其功能要求	设备状态是否正常
1	工业机器人	实现工件上下料动作控制	通过机器人程序等	M-20iD25	
2	2D相机	识别工件	相机拍摄		
任务执行时间		年　月　日	执行人		

3.1.5 任务实施

1. 写出切削加工智能制造单元 2D 视觉系统各部分的组成。

____

____

____

____

____

____

____

2. 完成 2D 视觉系统调试流程梳理，并配合实际调试画面，见表 3-1-3。

表 3-1-3 2D 视觉系统调试流程

序号	操作步骤	图示
1	贴好点阵板的上料筐放置上料接驳料架上	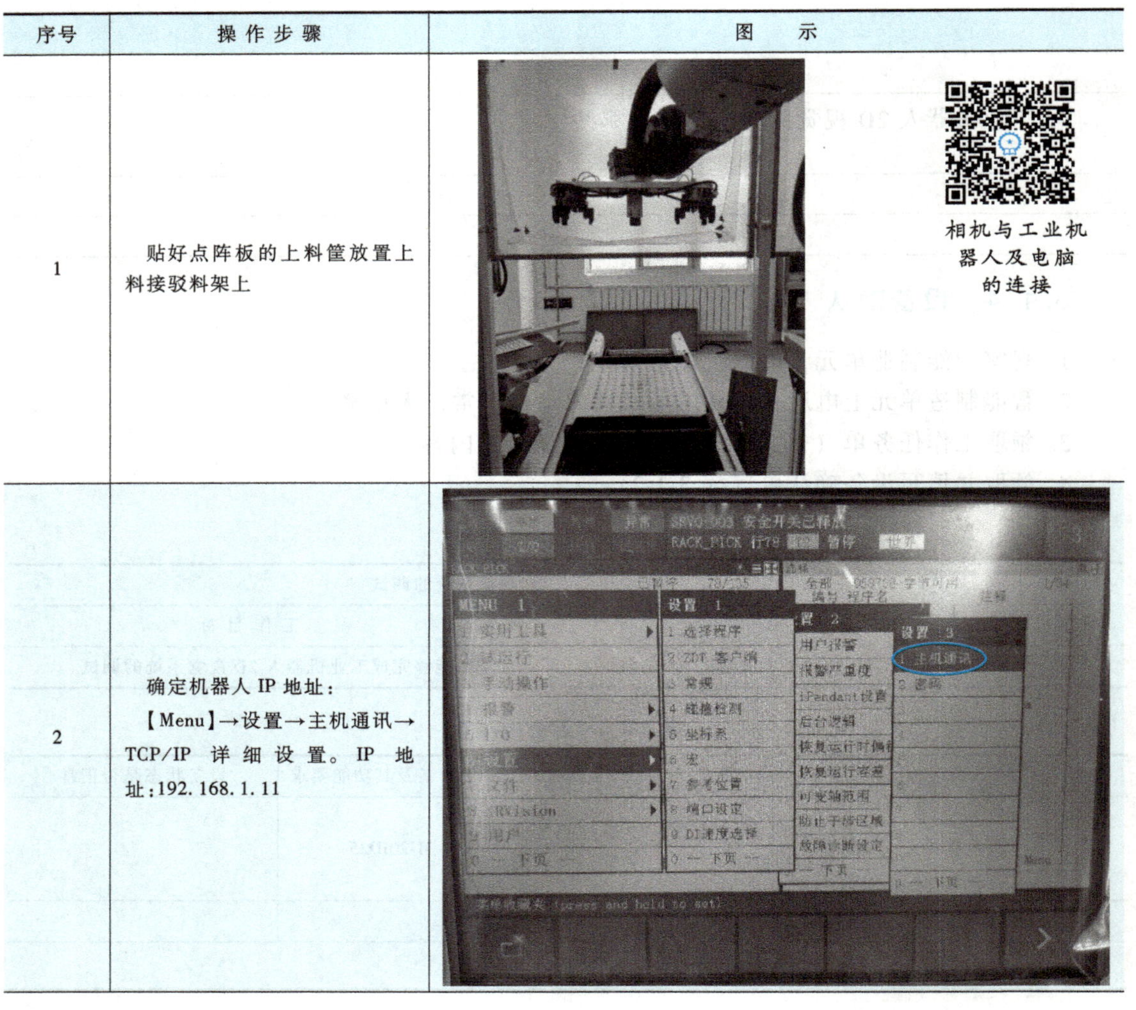 相机与工业机器人及电脑的连接
2	确定机器人 IP 地址： 【Menu】→设置→主机通讯→TCP/IP 详细设置。IP 地址：192.168.1.11	

（续）

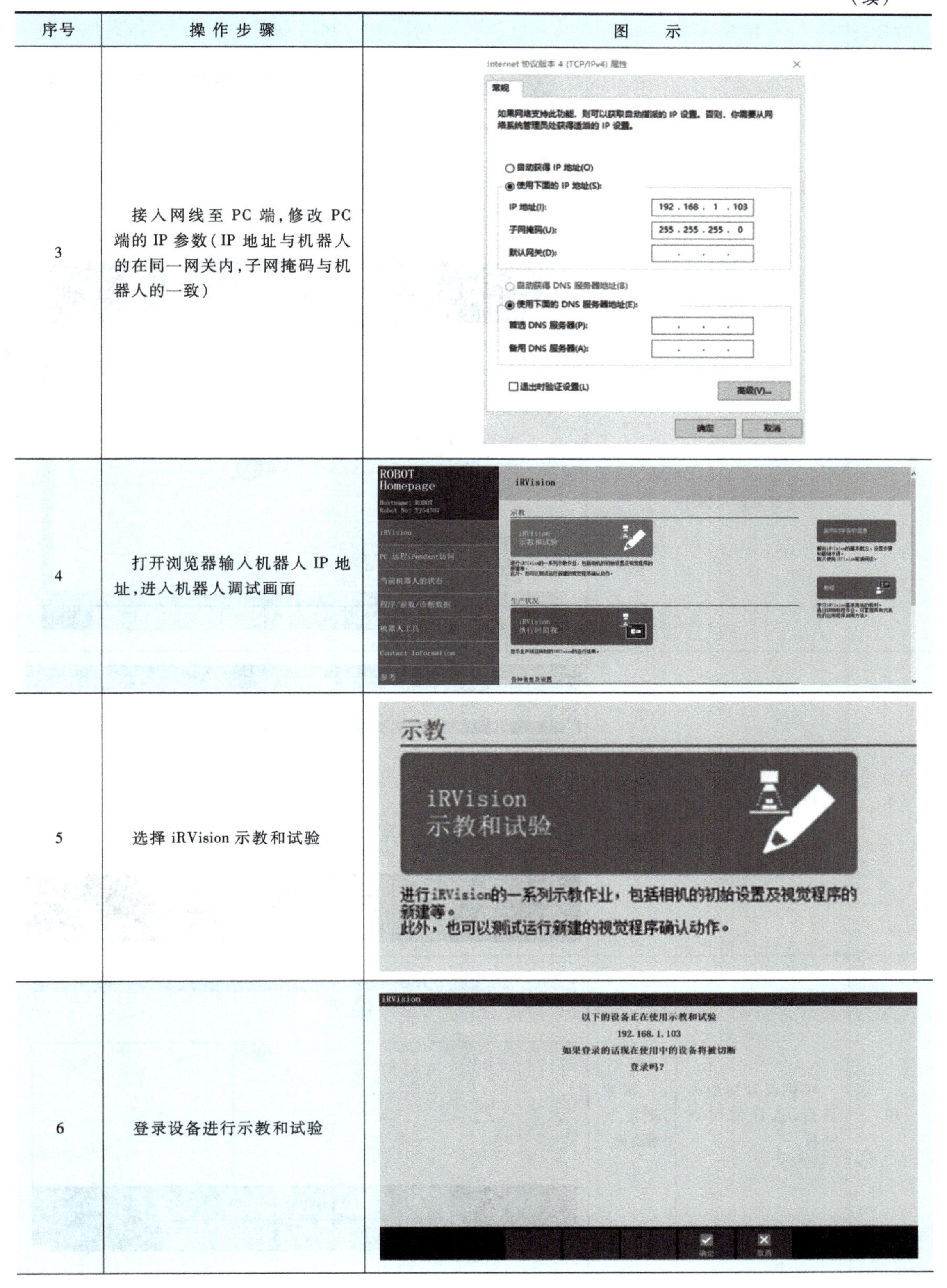

序号	操作步骤	图示
3	接入网线至PC端，修改PC端的IP参数（IP地址与机器人的在同一网关内，子网掩码与机器人的一致）	
4	打开浏览器输入机器人IP地址，进入机器人调试画面	
5	选择iRVision示教和试验	
6	登录设备进行示教和试验	

（续）

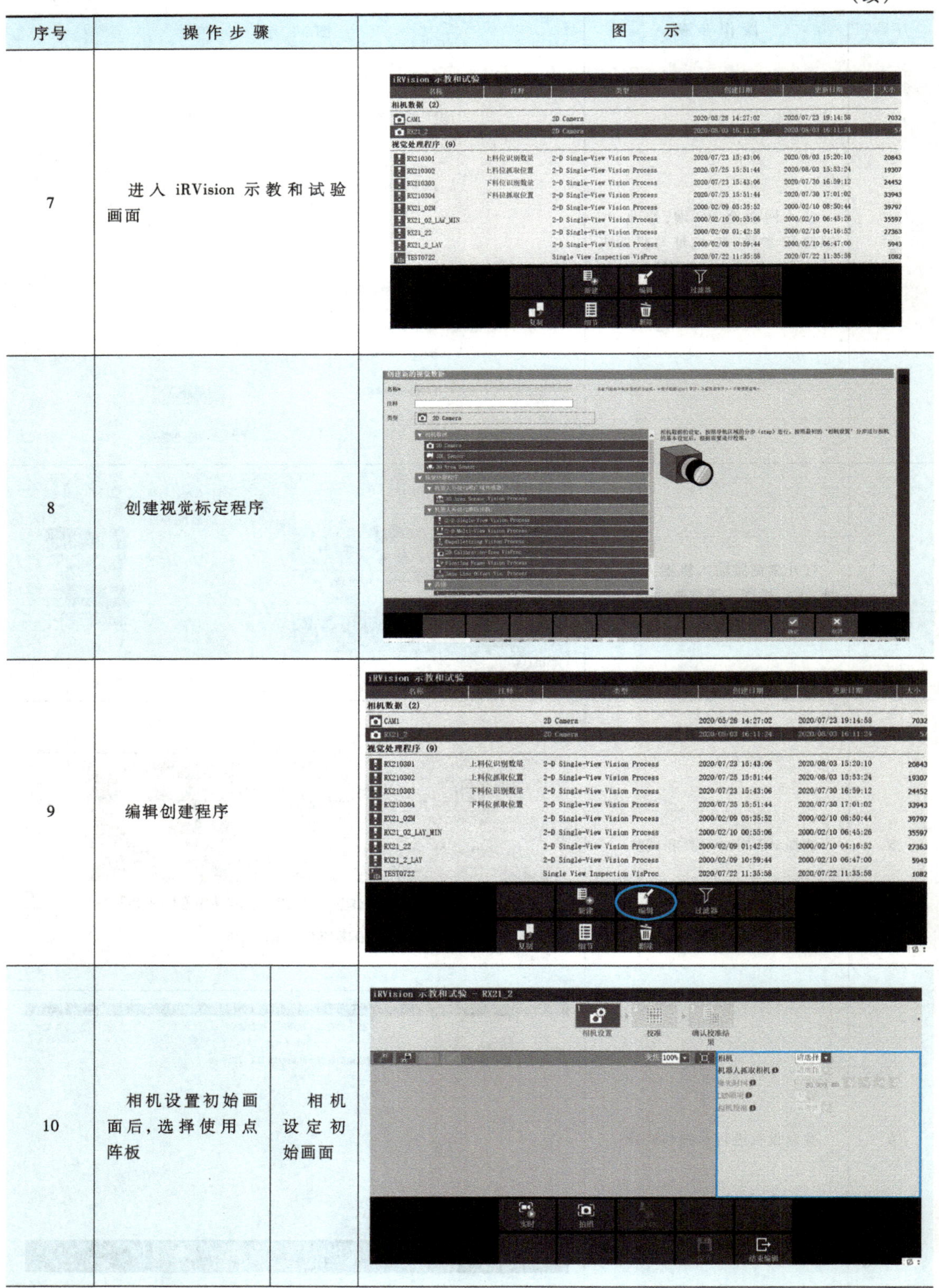

序号	操作步骤	图示
7	进入 iRVision 示教和试验画面	
8	创建视觉标定程序	
9	编辑创建程序	
10	相机设置初始画面后，选择使用点阵板 相机设定初始画面	

（续）

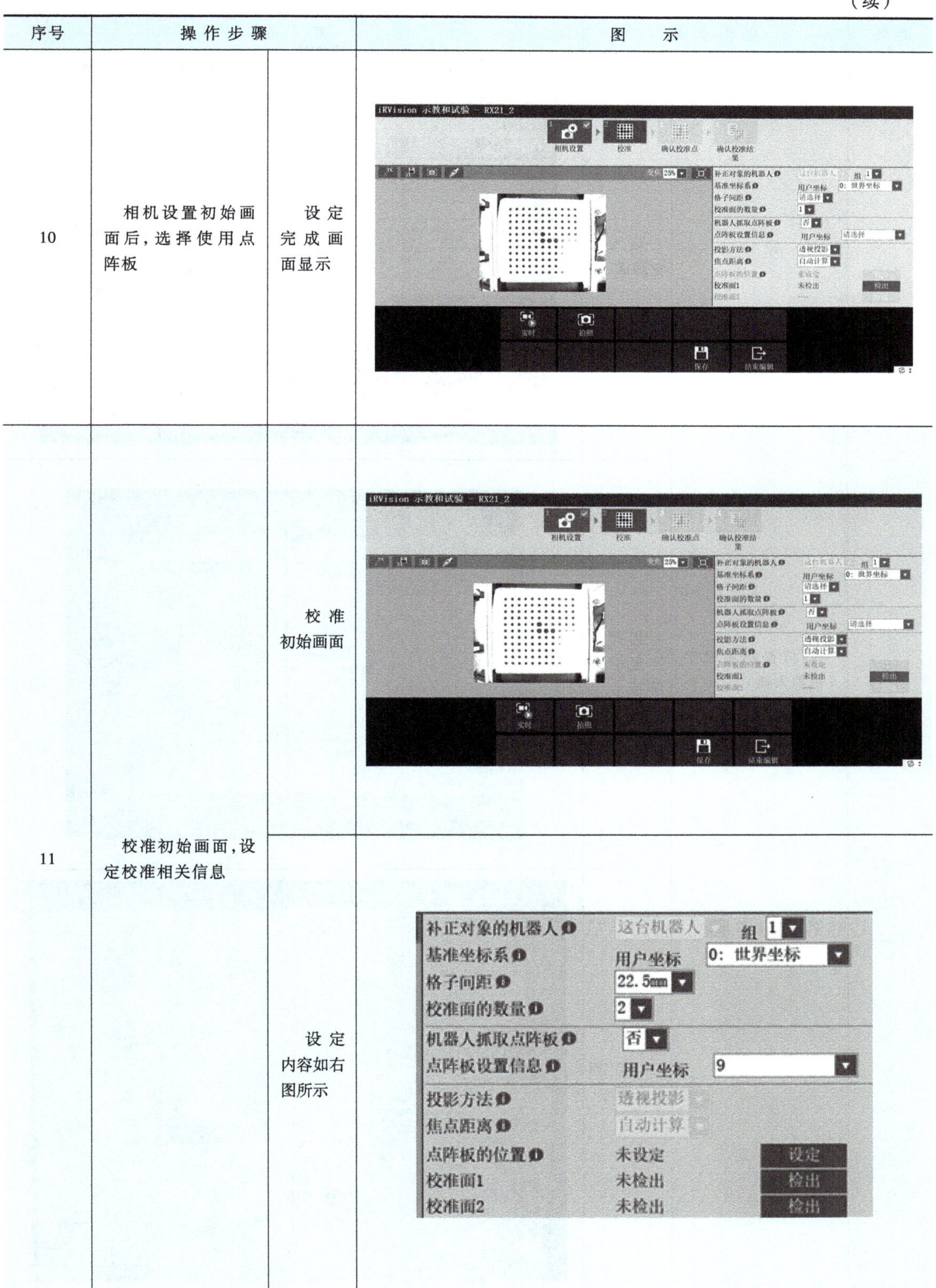

序号	操作步骤		图　　示
10	相机设置初始画面后，选择使用点阵板	设定完成画面显示	
11	校准初始画面，设定校准相关信息	校准初始画面	
		设定内容如右图所示	

（续）

序号	操作步骤		图示
12	点阵坐标系设定（机器人侧）	进入视觉画面	
		选择点阵坐标系设定	
		设定相关参数	

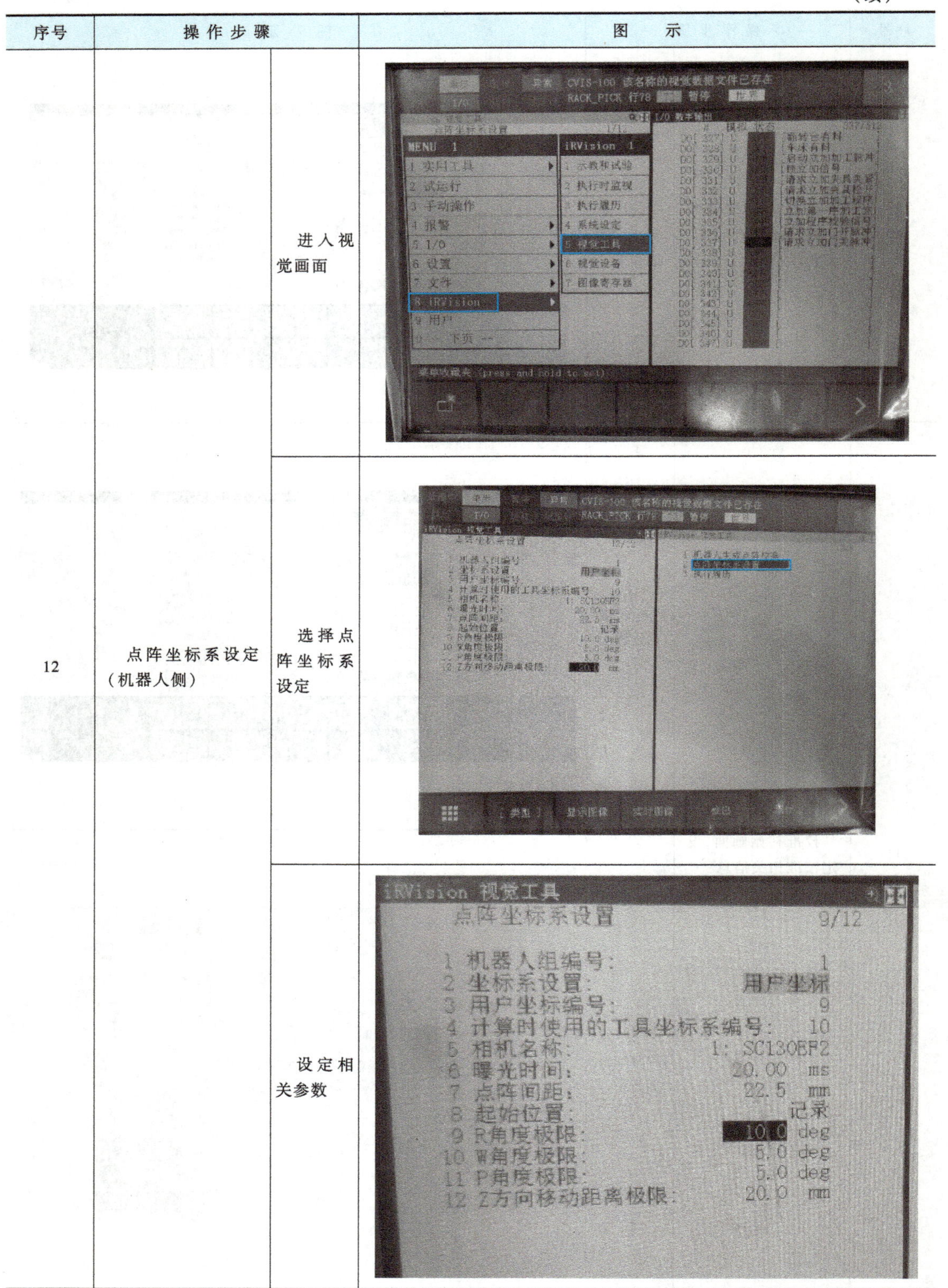

（续）

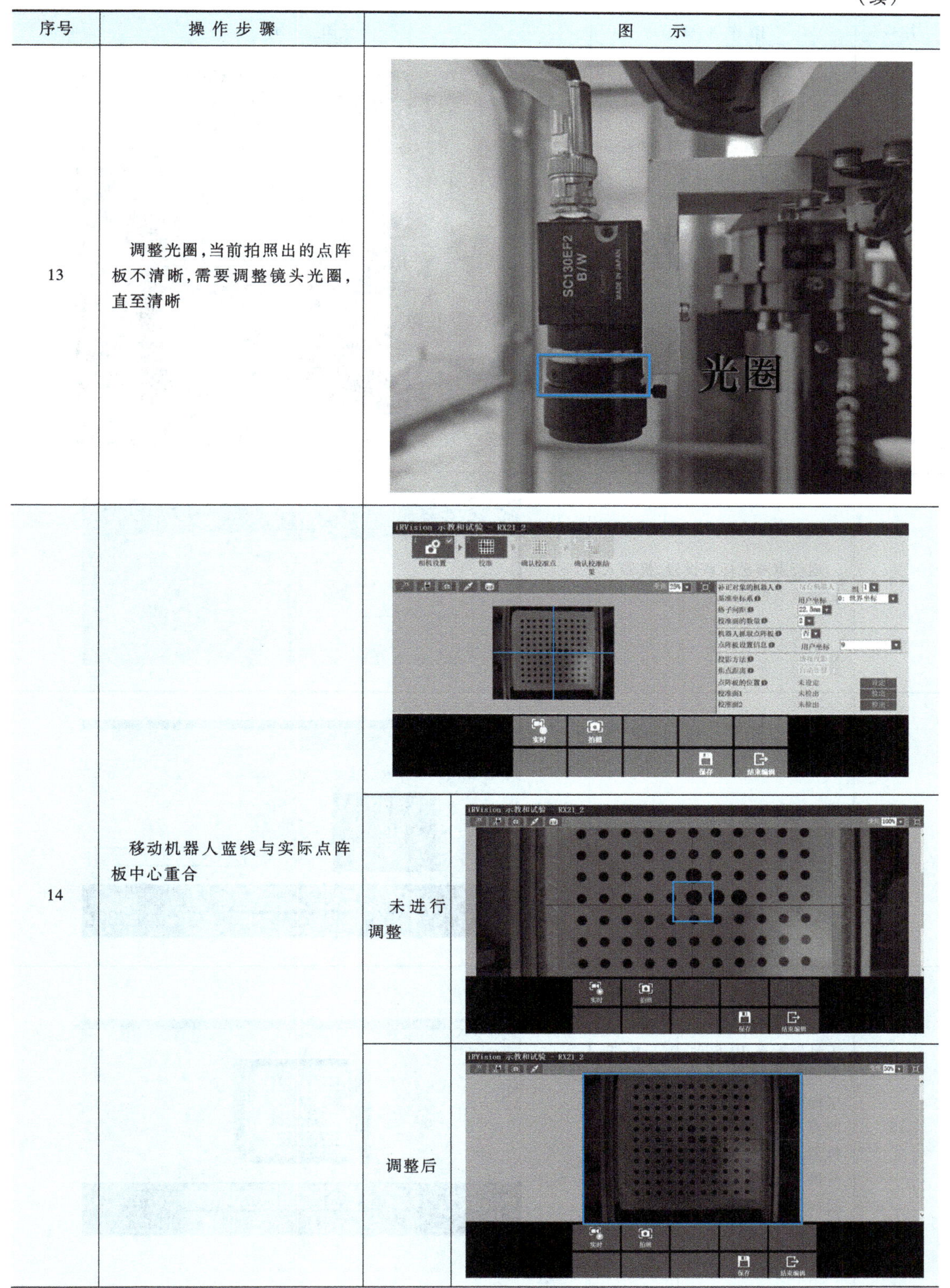

序号	操作步骤	图示	
13	调整光圈，当前拍照出的点阵板不清晰，需要调整镜头光圈，直至清晰		
14	移动机器人蓝线与实际点阵板中心重合		
		未进行调整	
		调整后	

（续）

序号	操作步骤	图示
15	对焦调整，当前拍照出的文字不清晰，调整好焦点距离，直至文字清晰	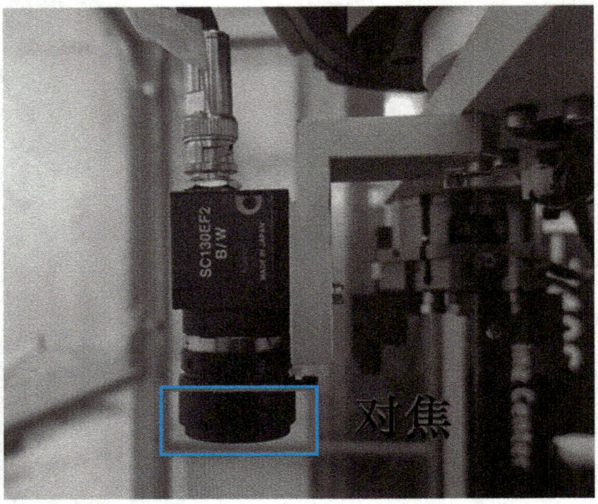 SC130EF2 B/W 对焦
16	运行点阵坐标系设置，机器人记录该点位	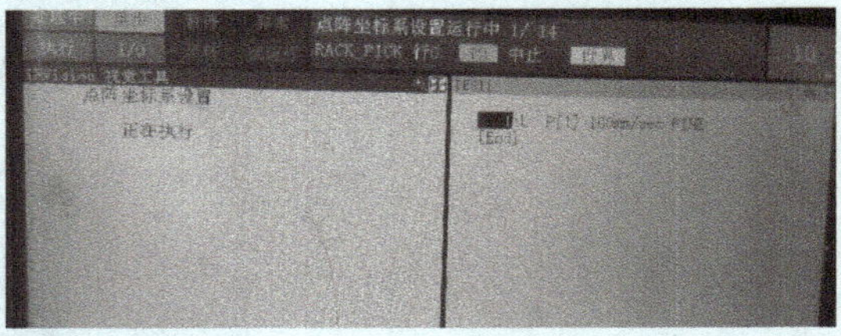 点阵坐标系设置运行中 1/14 RACK_PICK
17	点阵坐标系设置运行完成，记录点阵示教位置	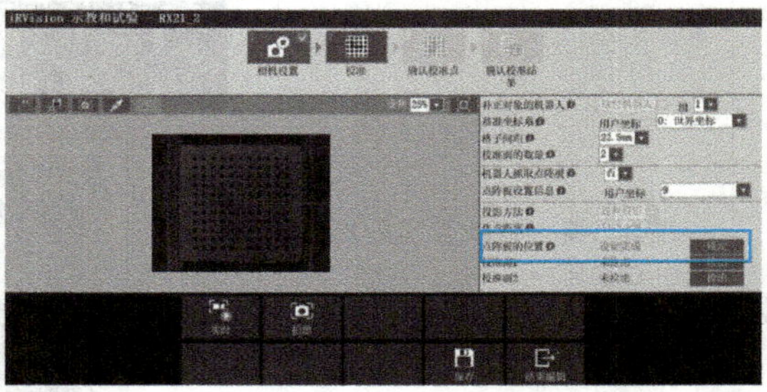 iRVision 示教和试验 - RX21_2
18	用户坐标系 9 和工具坐标系 10 自动生成。调用该工具坐标系时，使用的是两点法示教。移动机器人使上下两个校准面距离加在一起为 100~150mm 之间记录 校准面 1 记录：下移 50mm 左右；先拍照，再检出	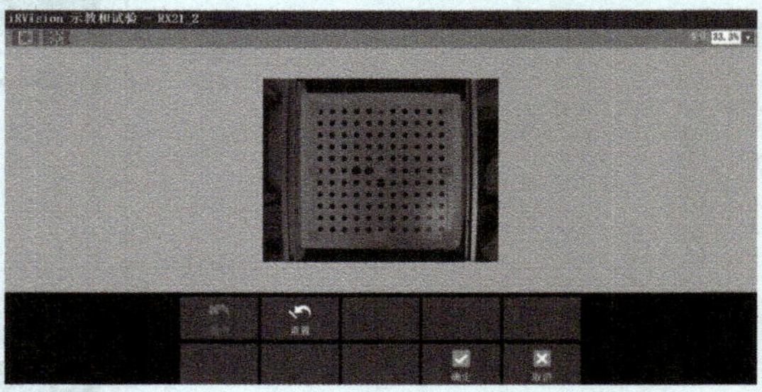 iRVision 示教和试验 - RX21_2

（续）

序号	操作步骤		图示
18	用户坐标系 9 和工具坐标系 10 自动生成。调用该工具坐标系时，使用的是两点法示教。移动机器人使上下两个校准面距离加在一起为 100~150mm 之间记录	单击检出结果	iRVision 示教和试验 - RX21_2 相机设置 校准 确认校准点 确认校准结果 补正对象的机器人 组 1 基准坐标系 用户坐标 0: 世界坐标 格子间距 22.5mm 校准面的数量 2 机器人抓取点阵板 否 点阵板设置信息 用户坐标 9 投影方法 焦点距离 点阵板的位置 设定完成 设定 校准面1 已检出 检出 校准面2 未检出 检出 实时 拍照 保存 结束编辑
		校准面 2 记录：上移 50mm 左右；先拍照，再检出	iRVision 示教和试验 - RX21_2 33.3% 确定 取消
		单击检出结果	iRVision 示教和试验 - RX21_2 相机设置 校准 确认校准点 确认校准结果 补正对象的机器人 组 1 基准坐标系 用户坐标 0: 世界坐标 格子间距 22.5mm 校准面的数量 2 机器人抓取点阵板 否 点阵板设置信息 用户坐标 9 投影方法 焦点距离 点阵板的位置 设定完成 设定 校准面1 已检出 检出 校准面2 已检出 检出 实时 拍照 保存 结束编辑
19	确认校准点，把误差值超过一定值的都删除（本例中将数值大于 1.0mm 的删除）		iRVision 示教和试验 - RX21_2 相机设置 校准 确认校准点 确认校准结果 校准面 2 1 512.2 640.0 -0.0 0.0 -104.7 0.233 2 512.3 573.2 22.5 0.0 -104.7 0.202 3 579.2 640.1 -0.0 22.5 -104.7 0.205 4 512.3 506.5 45.0 0.0 -104.7 0.193 5 182.2 441.9 67.5 -112.5 -104.7 0.197 6 181.7 507.7 45.0 -112.5 -104.7 0.042 7 182.0 837.7 -67.5 -112.5 -104.7 0.069 8 183.1 376.6 90.0 -112.5 -104.7 0.369 9 182.7 903.1 -90.0 -112.5 -104.7 0.254 10 184.1 311.6 112.5 -112.5 -104.7 0.697 11 183.6 967.9 -112.5 -112.5 -104.7 0.524 12 246.8 507.2 45.0 -90.0 -104.7 0.046 13 246.5 573.5 22.5 -90.0 -104.7 0.132 实时 拍照 保存 结束编辑

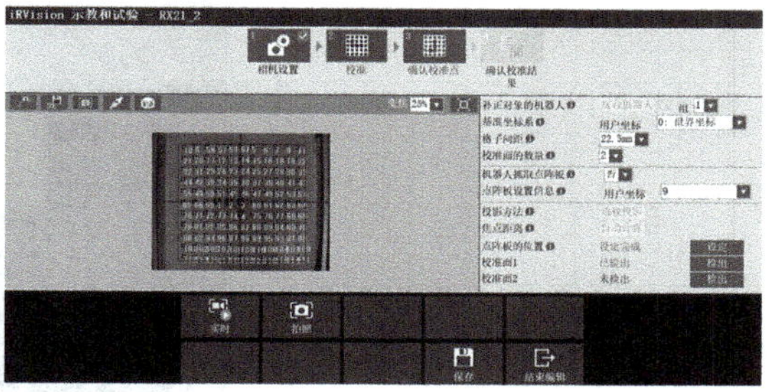

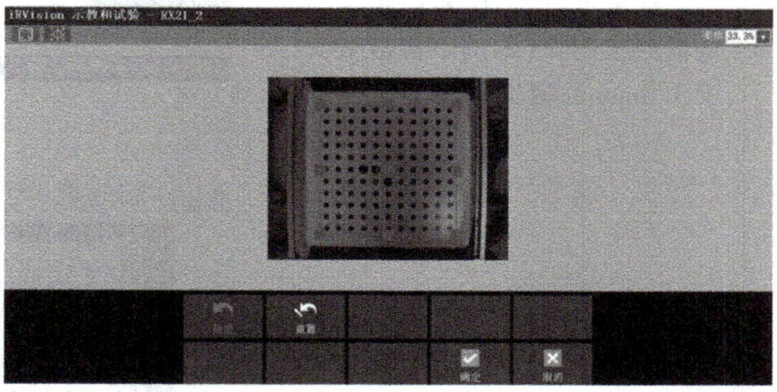

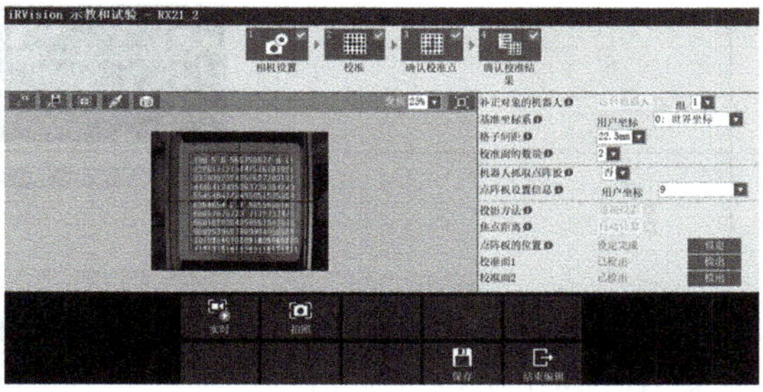

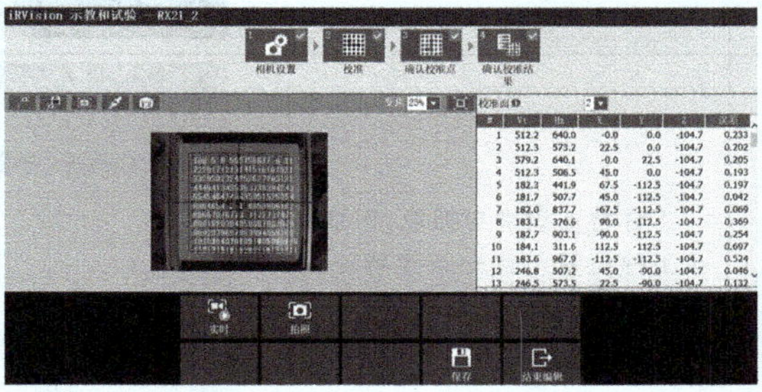

（续）

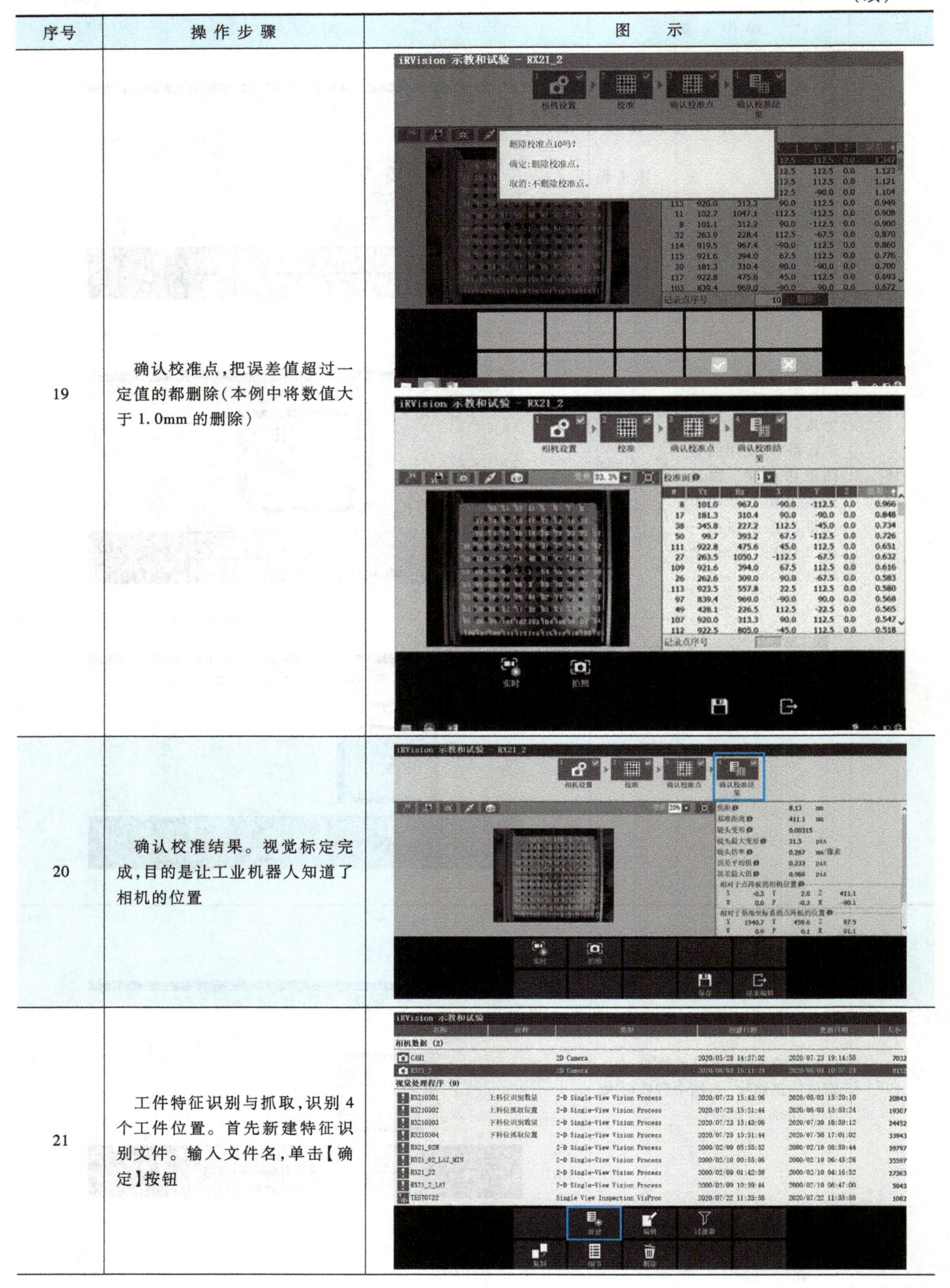

序号	操作步骤	图示
19	确认校准点，把误差值超过一定值的都删除（本例中将数值大于1.0mm的删除）	
20	确认校准结果。视觉标定完成，目的是让工业机器人知道了相机的位置	
21	工件特征识别与抓取，识别4个工件位置。首先新建特征识别文件。输入文件名，单击【确定】按钮	

（续）

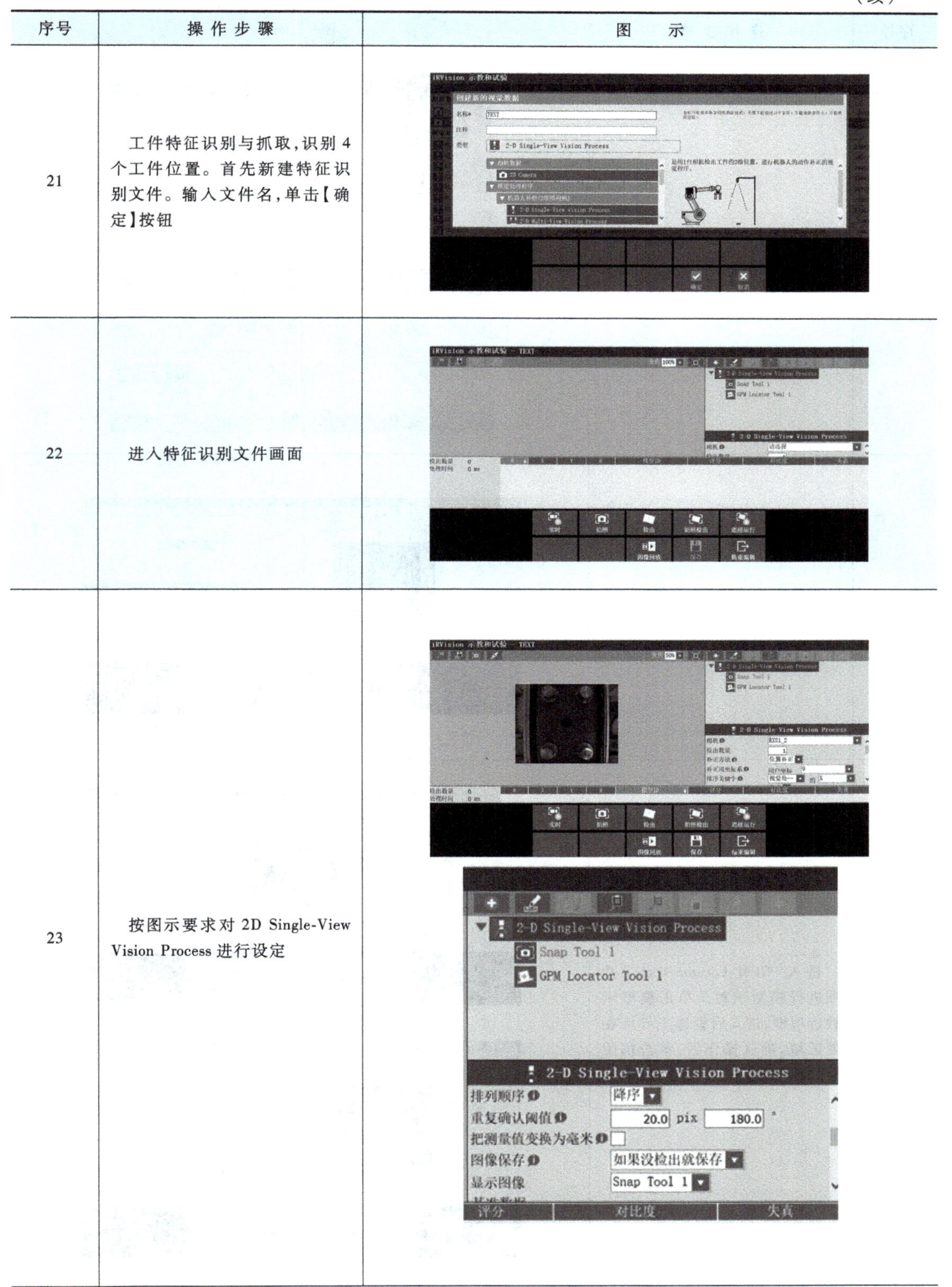

序号	操作步骤	图示
21	工件特征识别与抓取，识别4个工件位置。首先新建特征识别文件。输入文件名，单击【确定】按钮	
22	进入特征识别文件画面	
23	按图示要求对2D Single-View Vision Process进行设定	

（续）

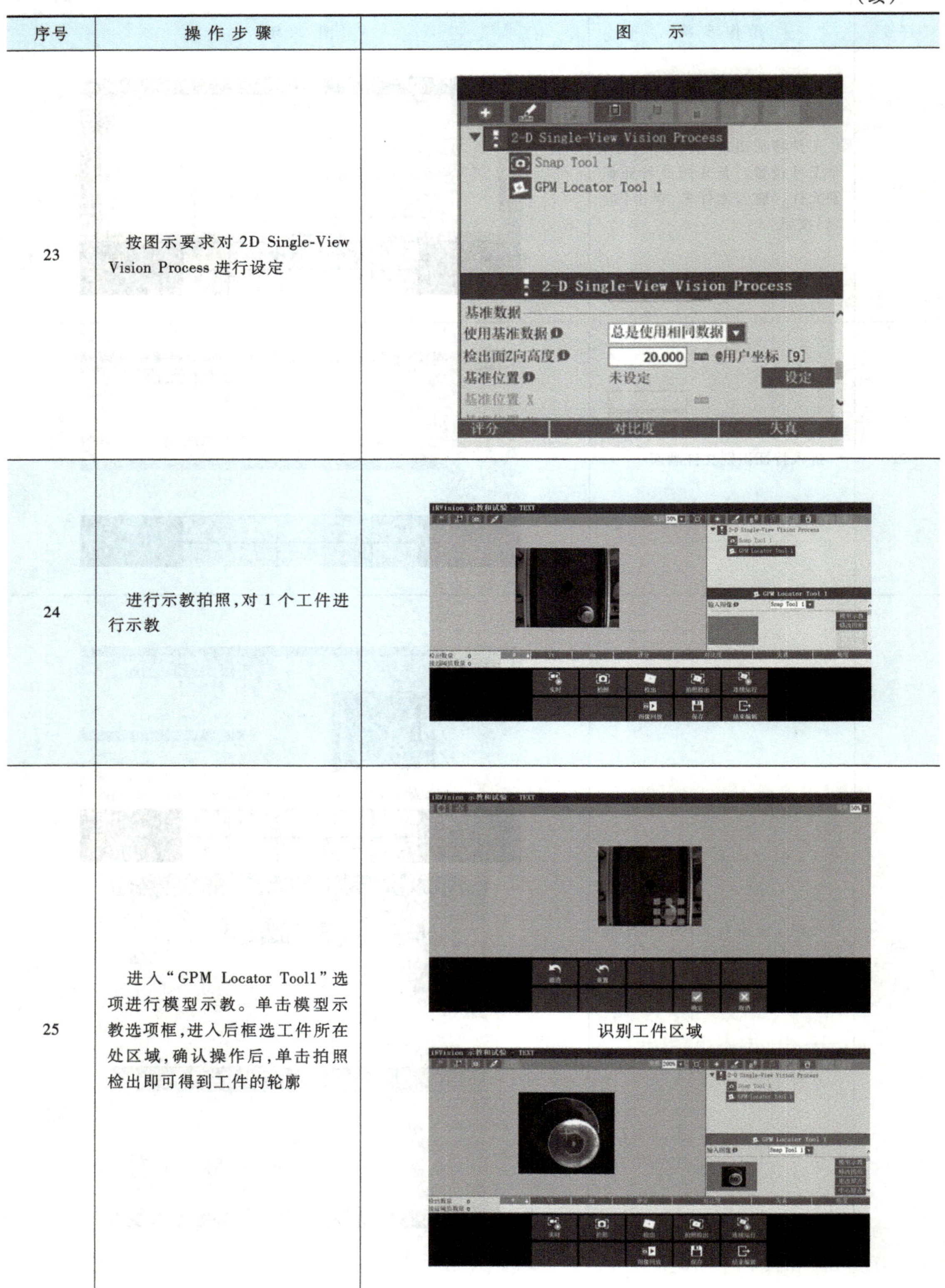

序号	操作步骤	图　　示
23	按图示要求对 2D Single-View Vision Process 进行设定	
24	进行示教拍照，对 1 个工件进行示教	
25	进入“GPM Locator Tool1”选项进行模型示教。单击模型示教选项框，进入后框选工件所在处区域，确认操作后，单击拍照检出即可得到工件的轮廓	识别工件区域

（续）

序号	操作步骤	图示
26	遮蔽识别工件特征。如果工件特征有多余的区域，可以进入“遮蔽”选项框使用工具将多余的绿色特征线去掉	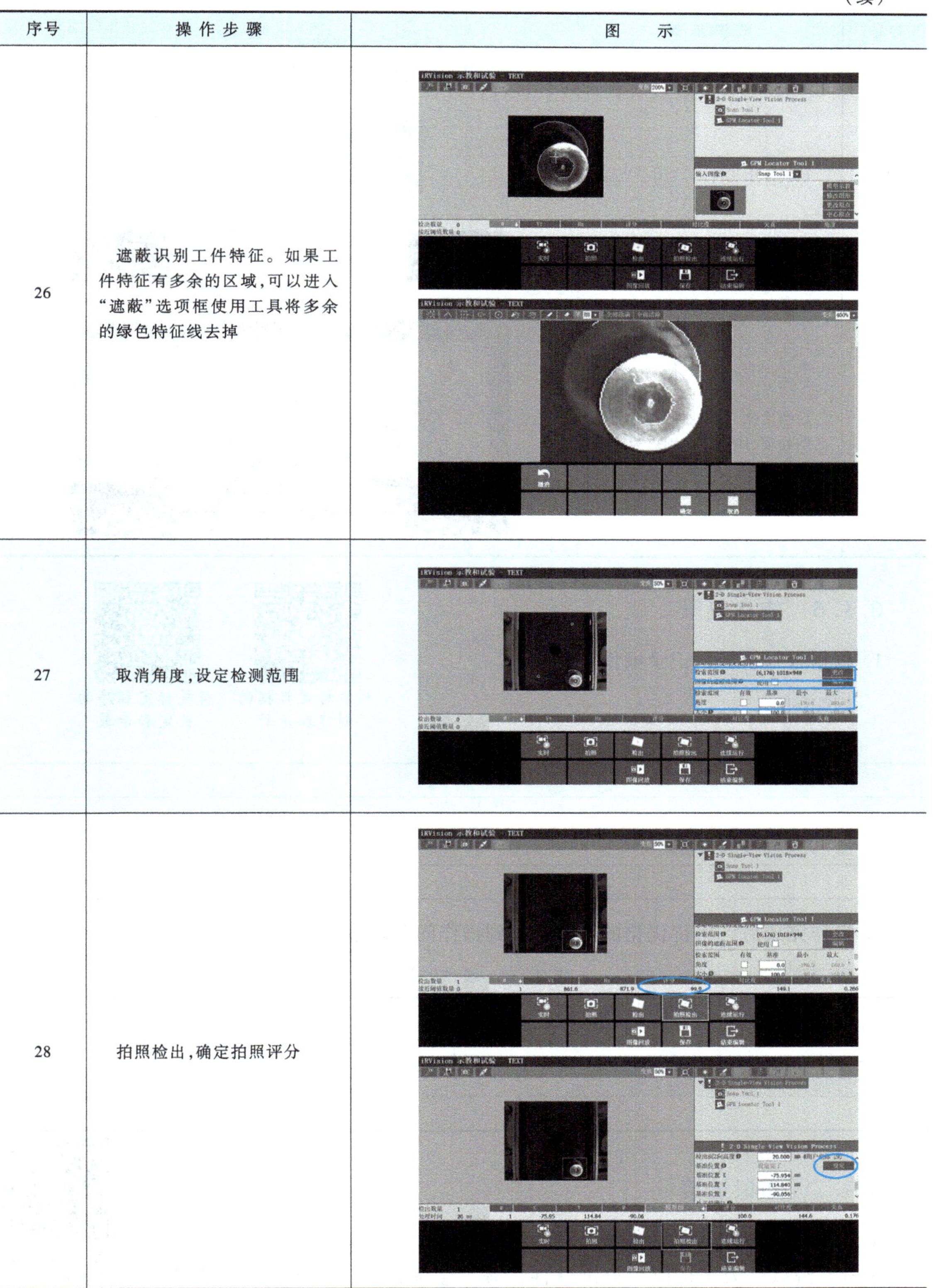
27	取消角度，设定检测范围	
28	拍照检出，确定拍照评分	

（续）

序号	操作步骤	图示
29	识别4个工件	iRVision 示教和试验 - TEXT CPM Locator Tool 1 使用 不使用 拍照 检出 存存
30	后续优化，对拍照的图片进行后期处理，使工件识别更为清晰	iRVision 示教和试验 - TEXT 名称* Image Filter Tool 1 Image Filter Tool Line Locator Tool Combination Locator Tool Flat Field Tool

3.1.6 实施记录

相机标定数据的创建和示教

视觉标定程序的设定和示教

1. 根据教师引导，记录操作过程步骤。

____

____

____

____

2. 操作完成后，将待优化的问题记录到操作问题清单（表3-1-4）中。

表3-1-4 操作问题清单 组别________

问题	改进方法

3.1.7 知识链接

工业机器人2D视觉的组成

3.1.7.1 2D视觉系统概述

视觉系统软件为多传感器检测软件，兼容多款相机以及激光、超声波、红外等传感器，也可导入图像作为数据来源，可以检测点到点、点到线、平行线间距、二交叉线夹角、圆直径、圆心到直线、圆心到圆心、倒角等尺寸。2D 视觉系统可实现物体的二维尺寸测量、颜色识别、字符检测、一维码识别、二维码识别、机器人视觉定位、温度测量、内部无损探伤。系统可以搭载在自动化设备、机器人等硬件上，可自动接收外部信号并触发系统检测，检测完成发送 OK/NG 信号给自动化设备与机器或发送数字量给机器人/PLC，是自动化设备与机器人必不可少的重要环节。检测不同产品只需要示教不同的零件特征，使用者不需要自己编程，操作简易，一般生产员工即可操作使用。视觉系统功能强大，能满足大多工业、农业、医学等行业的检测需要。

2D 视觉系统可应用于工业检测、机器人定位、3D 检测、视觉检测、多传感器检测等领域。2D 视觉系统具有如下功能：

1）增加对象：可以绘制点、直线、矩形、四边形、圆、椭圆、圆环、圆弧、圆弧环等多种检测区域，并且可以控制其显示的颜色、字体，每个对象可以单独控制。

2）提取元素：可以提取边、圆、交点、内外接矩形、轮廓等元素，每个对象可以提取 4 条边、2 个圆、2 个交点、2 个内外接矩形、2 个轮廓，为后面的测量做基础。对以上元素的提取，还设置不同的参数，达到不同的目的。

3）测量：可以测量点到点距离、点到直线距离、二直线距离、二直线夹角、圆半径、面积、点到轮廓距离等。可设定不同的检测项目及设计值、公差，当检测数据满足所有设定规则，检测结果为 OK，否则为 NG。

4）检测：实现对一些非标的、非尺寸或非简单尺寸的项目检测，如字符检测、颜色识别、条形码、二维码检测、紧固件检测等。

5）定位：

① 一点定位：利用提取的元素（点）来定位。

② 二点定位：利用提取的元素（点）来定位。

③ 水平/垂直直线定位：利用提取的元素（直线）来定位。

④ 任意直线定位：利用提取的元素（直线）来定位，可以旋转定位。

⑤ 轮廓定位：利用提取的轮廓（轮廓）来定位，可以旋转定位。

⑥ 图形图案定位：利用提取的元素（图案）来定位，可以旋转定位。

6）图像预处理：对图像进行各种预处理，以得到一个较好、稳定的检测结果。

7）几何：可以构造直线、圆、垂直线、两直线交点、平行线、点等，有些检测项目，不是单一一个检测区域可以处理，必须构造一些对象，以构造的对象作为元素，进行各种测量。

8）标定：包括一维标定、二维标定、三维标定。

9）信号：检测的结果可以 5 种形式发送给 PLC/机器人/运行控制卡，数据格式可以是模拟量或数字量。

10）机器人定位：可以为产品分类（最多 10 类），并计算出各个产品的位置。

11）系统：

① 传感器设置：选择切换不同的传感器进行检测。

② 模板管理：多种产品的模板切换，模板数量动态增加，不受限制。

3.1.7.2　2D 视觉系统的应用

在汽车车身制造的整个工艺流程中，油漆车间内的涂胶是一个重要的环节。一般需要在电泳过后的白车身上涂上一层密封胶、水性隔音胶、PVC 胶等材料，可以起到防水防腐蚀、隔音降噪等作用，有效地提高了汽车的使用寿命并且提供了舒适的驾乘环境。

目前汽车生产厂家的车身涂胶工艺逐渐向机器人自动化作业方向发展，按照流水线生产方式设置多个机器人涂胶工作站，每个站完成不同的涂胶工作，一般工作站的作业流程是：

1）车身被机运系统输送到涂胶工位并停止（此时车身的停止位置存在一定的误差）。

2）通过视觉系统对车身的位置进行 3D 定位。

3）机器人进行涂胶作业，在作业过程中根据车身的位置偏差信息对预先编写好的工艺轨迹进行补偿。

4）机器人作业完成后，车身被输送到下一工位。

FANUC 机器人内置的 iRVision 视觉系统如图 3-1-2 所示。采用此视觉系统可以完成对车身的 3D 定位，具有操作方便、可靠性高的优点。

图 3-1-2　iRVision 视觉系统

iRVision 是 FANUC 机器人内置的视觉功能，iRVision 是 Intelligent Robot Vision 的缩写。iRVision 视觉系统主要由相机、视觉板卡、视觉软件 3 部分组成，其中视觉板卡和视觉软件都集成在机器人电气控制柜内。相机可采用 FANUC 原厂提供的相机，或第三方的以太网接口（gige 接口）相机，可直接连接到机器人电气控制柜。

iRVision 的示教和操作可在机器人的示教器（Teach Pendant）上进行，如图 3-1-3 所示。

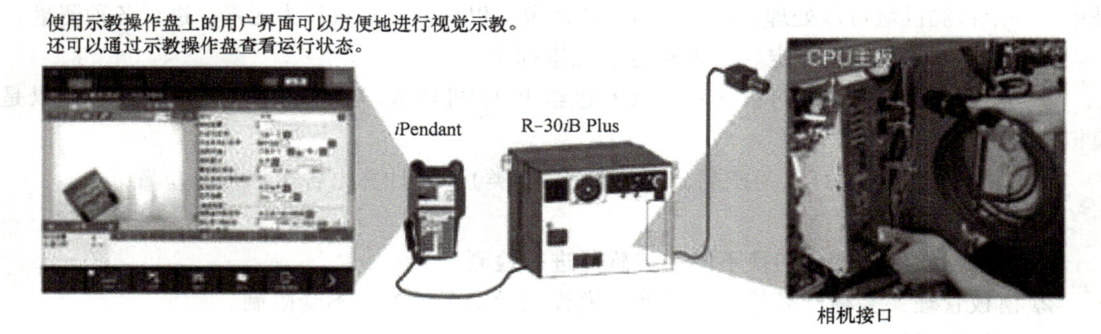

图 3-1-3　利用示教器进行视觉示教

iRVision 视觉系统也可以使用一台笔记本式计算机，通过一根普通以太网线和 IE 浏览器连接到机器人电气控制柜，登录 iRVision 界面进行视觉调试或查看运行状态。

iRVision 视觉系统多才多艺，可以实现多种功能，例如 iRVision 视觉系统的功能、定位原理、实际应用。一般根据不同的应用需要选择不同的软件和硬件配置，如视觉软件选项、视觉板卡、相机型号、镜头焦距、光源等。如图 3-1-4 所示，利用 iRVision 视觉系统对车身进行定位的原理为通过测量车底的 3 个工艺孔实现三维补偿，其功能、定位原理、实际应用的大致实现过程如下：

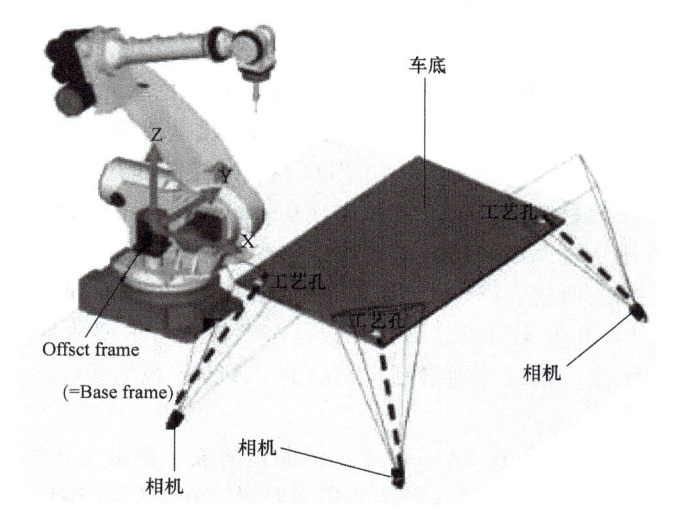

图 3-1-4 iRVision 视觉系统车身定位原理

(1) 在视觉示教阶段 示教确定一个表示车身空间位置的用户坐标系（User Frame）。

示教车身底部 3 个工艺孔的几何特征，对上述 3 个工艺孔进行拍照，计算并保存车身在用户坐标系中的位置，作为基准位置（认为偏差为零），在基准位置时完成机器人涂胶工艺轨迹程序的编写。

(2) 在实际生产阶段 车身进入涂胶工位并停止后，iRVision 视觉系统对车底的 3 个工艺孔进行拍照，如图 3-1-5 所示，并计算车身在用户坐标系中的实际位置，计算车身位置的偏差值=实际位置-基准位置。在涂胶的过程中，机器人根据偏差值对涂胶工艺轨迹程序进行补偿，通常定位时间为 2s，定位精度可达±1mm。

图 3-1-5 视觉系统用于车辆生产过程

在实际应用中，一般还需要考虑以下因素：生产的车型可能有多种，每一种车型的底部工艺孔分布位置不同，因此一般安装 4~6 台相机，根据车型信息自动选取其中 3 台相机进行拍照。为每一台相机配备一套安装支架，相机的安装角度和高度可调节。为每一台相机配备一套 LED 光源，以便拍照时进行补光。色从光来，光照因素对拍照结果有重要影响。由于涂胶工位的工作环境一般存在胶的雾化及飞溅污染，因此相机将被安装在一个保护盒内，并且配备镜头防护盖板，由 PLC 和气缸控制其开/合。

视觉系统可具备降级模式（Degrade Mode）功能，万一视觉系统发生故障，可自动切换到备用系统完成对车身的定位，生产不会中断。

综上所述，iRVision 视觉系统的功能、定位原理、实际应用的过程一般如下：

1）在方案阶段，工程师根据车型信息、车型数量、仿真和测试结果，以及是否需要实现降级生产模式等因素制定相应的 iRVision 视觉系统硬件配置方案，如相机品牌和数量、镜头焦距等。

2）机器人在 FANUC 工厂的制造阶段，根据上述配置方案集成 iRVision 视觉功能。

3）在涂胶机器人系统的集成阶段，在工厂对 iRVision 视觉系统进行预组装和测试。

4）最后，工程师完成 iRVision 视觉系统在客户现场的安装与调试，并且对客户人员进行培训。

3.1.8 任务测评

1.（判断）在智能制造单元 2D 视觉系统调试中，接入网线至 PC 端修改 IP 地址参数是为了使得 PC 与工业机器人实现通信。（ ）

2.（判断）在 2D 视觉系统调试中，点阵面板中心的坐标就是机器人的坐标。（ ）

3.（判断）在 2D 视觉系统调试中，打开浏览器输入机器人 IP 地址，进入机器人调试画面，选择 iRvision 示教和试验，创建视觉标定程序。（ ）

4.（判断）在 2D 视觉系统调试中，点阵坐标系的设定需要调整光圈并移动工业机器人使视觉中心与点阵板中心重合。（ ）

5.（判断）在 2D 视觉系统调试中，点阵坐标系的设定完成后需要调用工具坐标系，采用两点法示教，记录两个校准面上的校准点，把误差 2.0mm 以上的都删除，完成视觉标定。（ ）

3.1.9 考核评价

任务 3.1 的考核评价表见表 3-1-5。

表 3-1-5 任务 3.1 的考核评价表

环节	项目	记录	标准	分值
课前	问题引导		10	
	信息获取		10	
课中	课堂考勤		5	
	课堂参与		10	
	安全意识、事前控制的质量意识		10	
	小组互评		5	
	技能任务考核		40	
课后	任务测评		10	
总评			100	

【素养提升拓展讲堂】为中国兵器制造“眼睛”——大国工匠梁兵

从业30年，梁兵从一名普通技校生成长为中国兵器工业集团河南平原光电有限公司首席技师。梁兵2004年荣获第一届全国数控技能大赛冠军，2005年荣获“全国五一劳动奖章”，2006年9月荣获第八届“中华技能大奖”，2009年享受国务院政府特殊津贴，2015年作为高技能人才代表参加抗战胜利70周年阅兵观礼，2017年荣获首批“中原大工匠”、2018年荣获首批“兵器大工匠”、2019年荣获“中央企业百名杰出工匠”荣誉称号，2020年荣获全国劳动模范荣誉称号。

梁兵所加工零件的精度往往都是微米级，精度能准确控制在0.006mm，合格率均达到100%，被同事们称为“免检产品”。从图样变成实物，需要一线工人一丝不苟，精雕细琢。与兵器打交道近30年，梁兵深知工艺的重要，我们所加工的‘光电零件’，就相当于兵器的“眼睛”。生产过程中出一点儿差错，产品到了战场都可能产生致命的后果。不过，在生产过程中，高误差率一直是行业的痛点。

为了破解这一难题，梁兵几乎尝试了能想到的方法。每次遇到加工复杂度高、难度大的零件，梁兵都当作是钻研学习、破解难题的机会。有一次，他接到薄壁零件数控加工任务，他下定决心啃下这个“硬骨头”。薄壁零件加工工艺的关键是填充材料，为找到合适的填充材料，他先后做了上百种试验，甚至连孩子玩的橡皮泥都试过。经过4个月的探索，他终于成功找到了解决问题的方法，而且薄壁零件的加工周期仅为3D打印的十分之一，成本仅为五十分之一。

如今，该薄壁零件加工特色操作法已运用到了国内整个兵器行业。经过多年实践，梁兵能通过按压来感知零件的平面度误差，还可通过听力判断切削参数是否合适，根据机床振动确认程序编制是否合适。

梁兵感慨地说：“静得下心，耐得住寂寞，甘于吃苦，是技术工人快速成长的必备素质，精益求精的工匠精神永远不会过时。”

任务3.2　工业机器人3D视觉系统的调试

3.2.1　任务引入

散堆工件取出系统和结构示例如图3-2-1所示，散堆分拣视觉相机已安装就绪，工业机器人已就位。现需要对三维广域传感器（3DA相机）进行校准，形成相机校准数据，完成相机示教及避障设置。

3.2.2　实训目标

■　素质目标

1. 培养学生规范操作的职业态度。

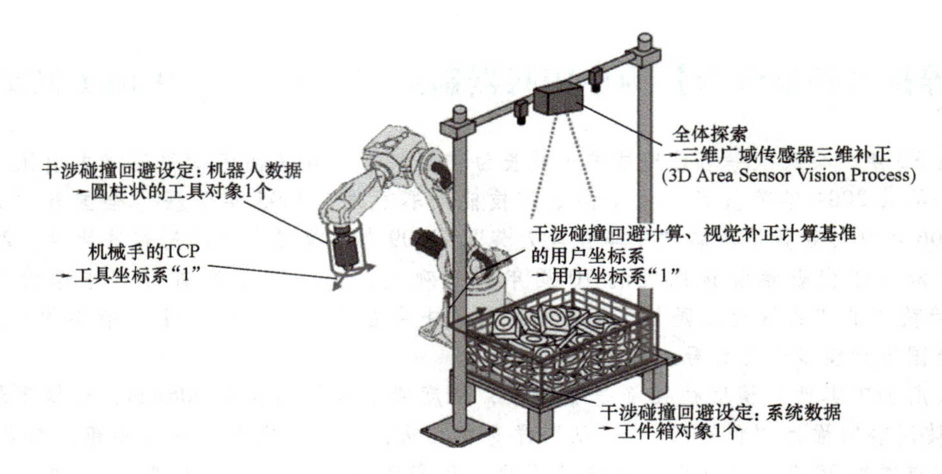

图 3-2-1　散堆工件取出系统的结构示例

2. 培养学生终身学习的意识。

■　知识目标

1. 熟悉机器人 3D 视觉单元的组成。
2. 理解 3D 视觉成像的原理，熟悉 2D 与 3D 视觉的不同之处。
3. 掌握相机、镜头的基础知识。

■　技能目标

1. 掌握三维广域传感器（3DA 相机）的标定。
2. 掌握三维广域传感器（3DA 相机）的示教。
3. 能够设置机器人避障的条件。

3.2.3　问题引导

1. 3D 视觉的应用场景有哪些？

2. 三维广域传感器（3DA 相机）的组成部件包含什么？各部件之间存在什么关系？

3. 3D 视觉的基本原理是什么？

3.2.4　设备确认

1. 观察智能制造单元，确认机械正常。
2. 智能制造单元上电后，确认工业机器人动作正常，无报警。
3. 领取工作任务单（表 3-2-1），明确本次任务的内容。
4. 领取并填写设备确认单（表 3-2-2）。

表 3-2-1　工作任务单

实训任务	3DA 视觉相机的标定、示教与避障设置方法	
序号	工 作 内 容	工 作 目 标
1	3DA 相机的标定	掌握 3DA 相机的标定
2	3DA 相机的示教	掌握 3DA 相机的示教
3	机器人避障的条件设置	能够进行机器人避障的条件设置

表 3-2-2　设备确认单

序号	设备名称	实现功能	实现方式	设备及其功能要求	设备状态是否正常
1	计算机	实现 3D 视觉的仿真	通过机器人程序	ROBOGUIDE	
任务执行时间		年　月　日	执行人		

3.2.5　任务实施

3D 视觉系统调试操作见表 3-2-3。

工业机器人 3D 视觉认知

3DA 散堆拾取

相机校准准备环节

表 3-2-3　3D 视觉系统调试操作

序号	操作步骤	图　示
1	新建三维广域传感器数据 在视觉数据一览画面单击“新建”，显示如右图画面。按照以下步骤创建三维广域传感器数据	

（续）

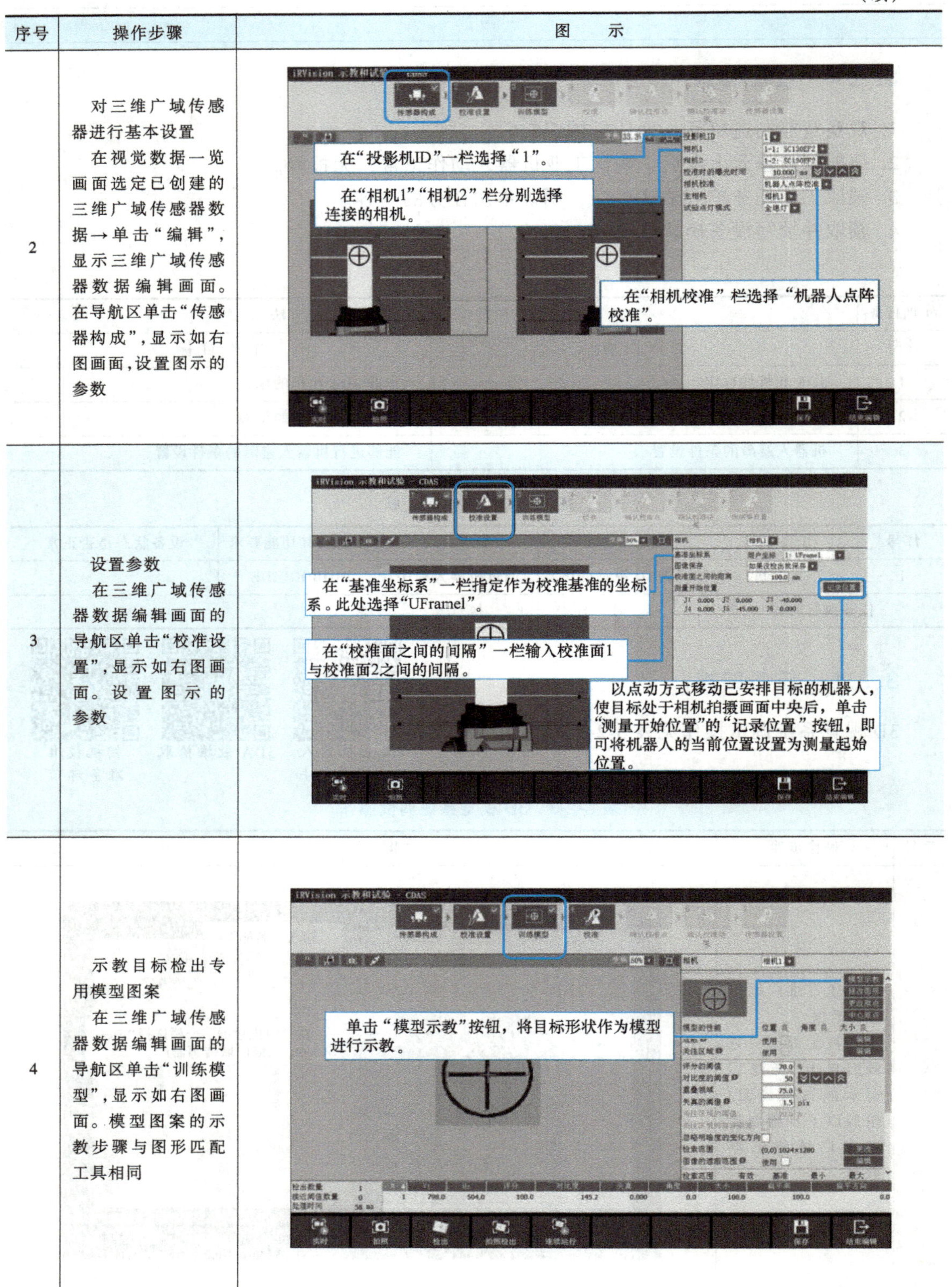

序号	操作步骤	图　示
2	对三维广域传感器进行基本设置 在视觉数据一览画面选定已创建的三维广域传感器数据→单击“编辑”，显示三维广域传感器数据编辑画面。在导航区单击“传感器构成”，显示如右图画面，设置图示的参数	
3	设置参数 在三维广域传感器数据编辑画面的导航区单击“校准设置”，显示如右图画面。设置图示的参数	
4	示教目标检出专用模型图案 在三维广域传感器数据编辑画面的导航区单击“训练模型”，显示如右图画面。模型图案的示教步骤与图形匹配工具相同	

（续）

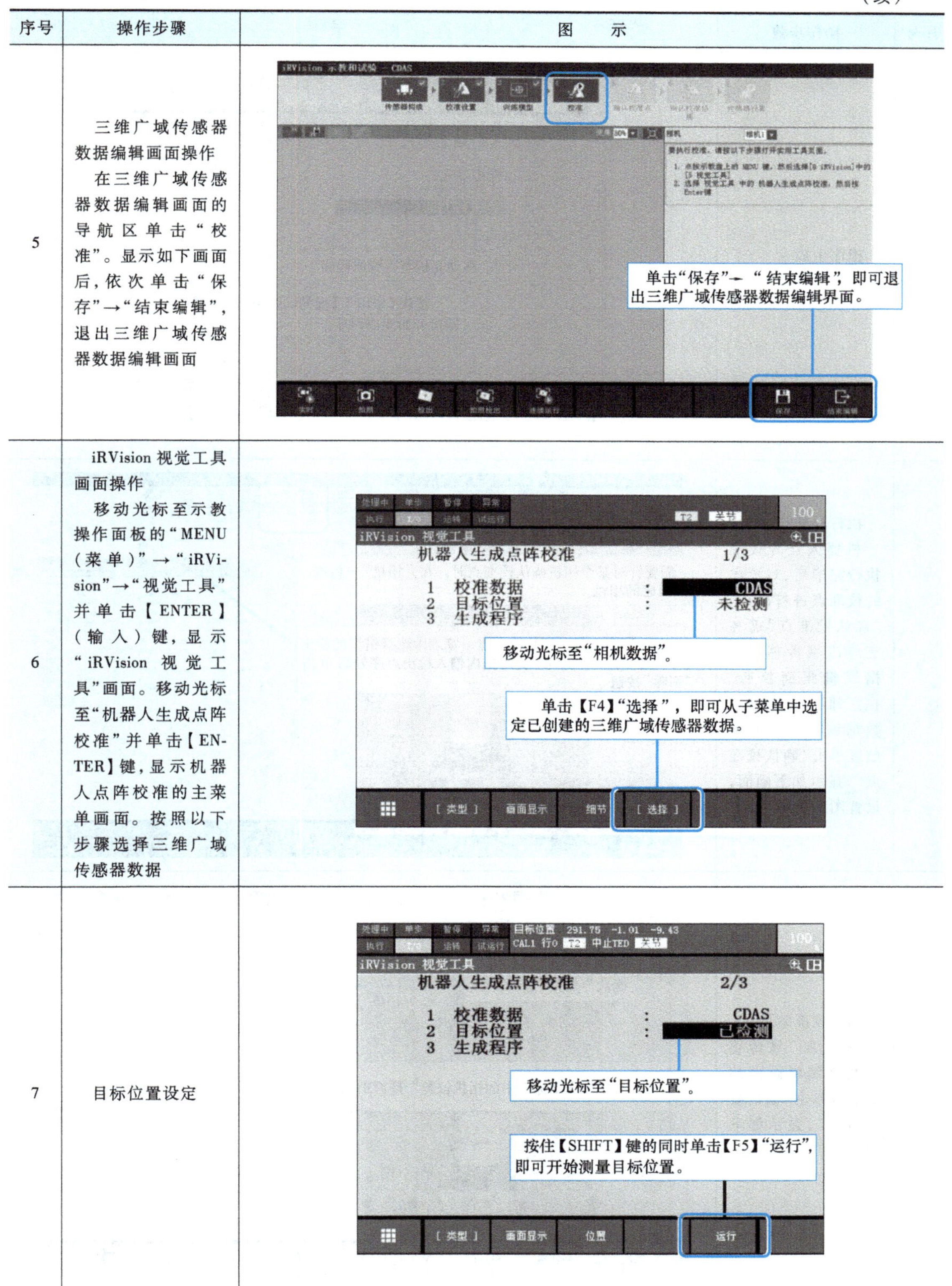

序号	操作步骤	图示
5	三维广域传感器数据编辑画面操作 在三维广域传感器数据编辑画面的导航区单击“校准”。显示如下画面后，依次单击“保存”→“结束编辑”，退出三维广域传感器数据编辑画面	
6	iRVision 视觉工具画面操作 移动光标至示教操作面板的“MENU（菜单）”→“iRVision”→“视觉工具”并单击【ENTER】（输入）键，显示“iRVision 视觉工具”画面。移动光标至“机器人生成点阵校准”并单击【ENTER】键，显示机器人点阵校准的主菜单画面。按照以下步骤选择三维广域传感器数据	
7	目标位置设定	

（续）

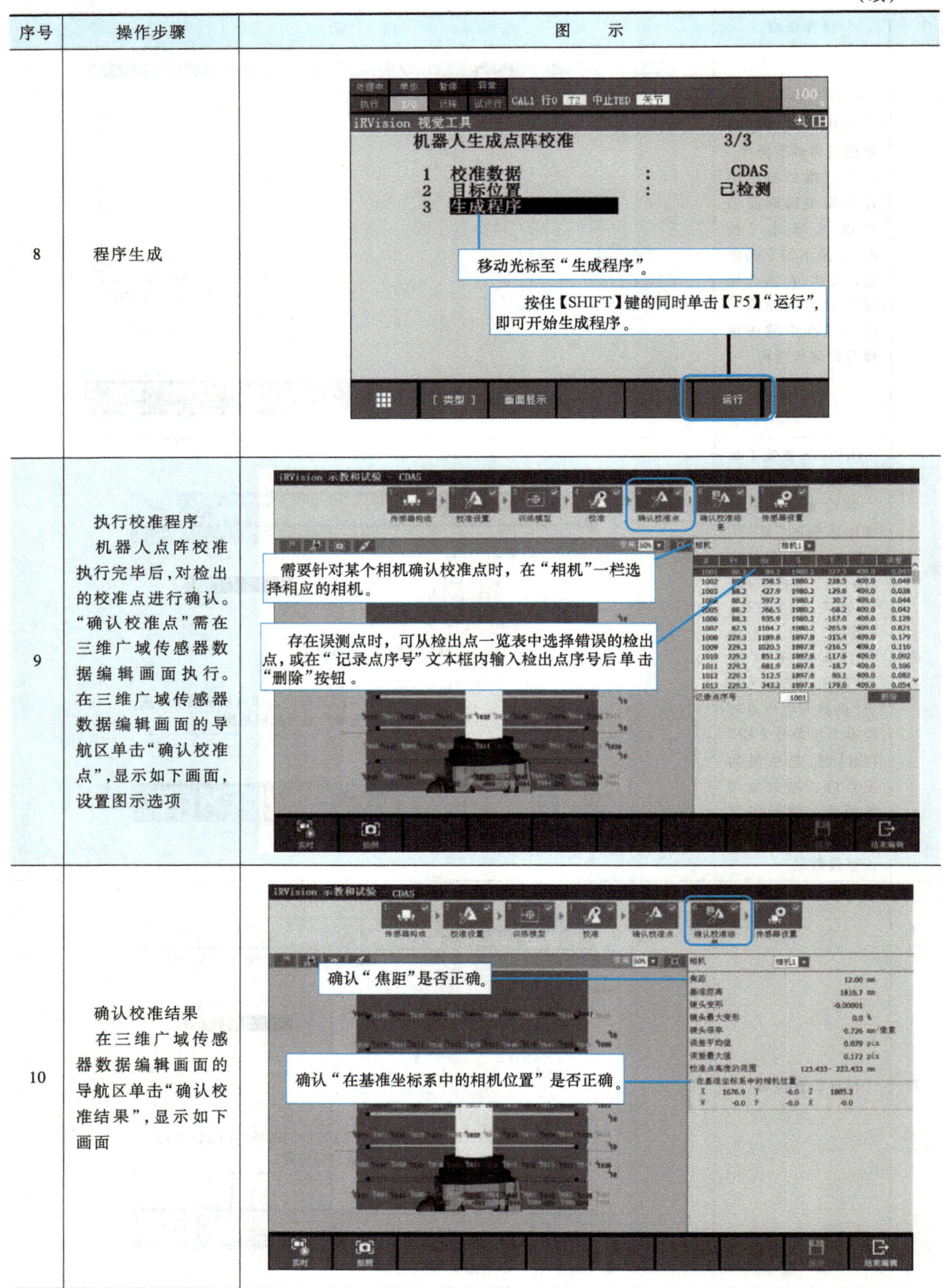

序号	操作步骤	图示
8	程序生成	
9	执行校准程序 机器人点阵校准执行完毕后，对检出的校准点进行确认。“确认校准点”需在三维广域传感器数据编辑画面执行。在三维广域传感器数据编辑画面的导航区单击“确认校准点”，显示如下画面，设置图示选项	
10	确认校准结果 在三维广域传感器数据编辑画面的导航区单击“确认校准结果”，显示如下画面	

（续）

序号	操作步骤	图 示
11	传感器设置 在三维广域传感器数据编辑画面的导航区单击“传感器设置”，设置右图所示的参数	
12	系统数据的生成和设定	

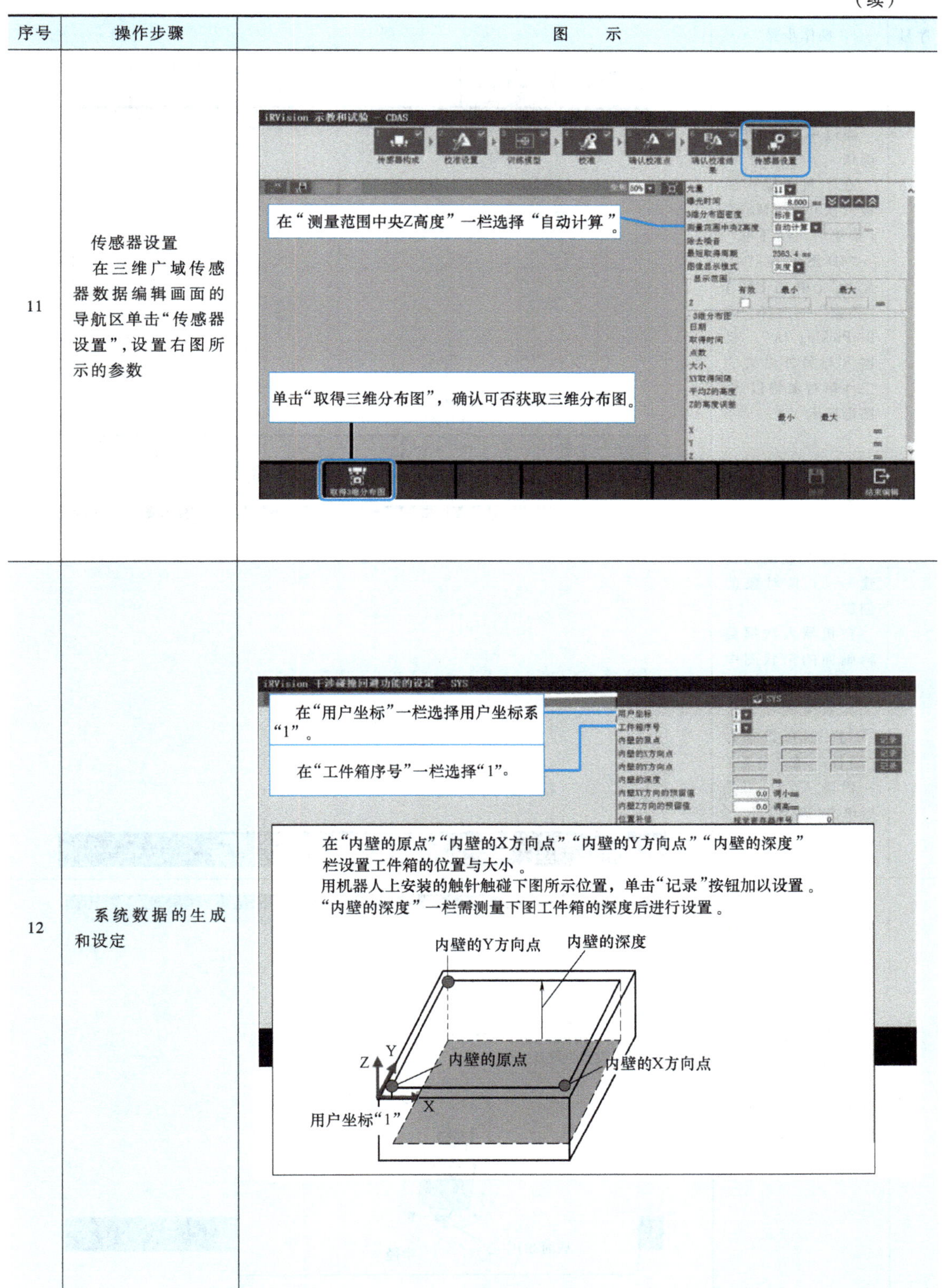

（续）

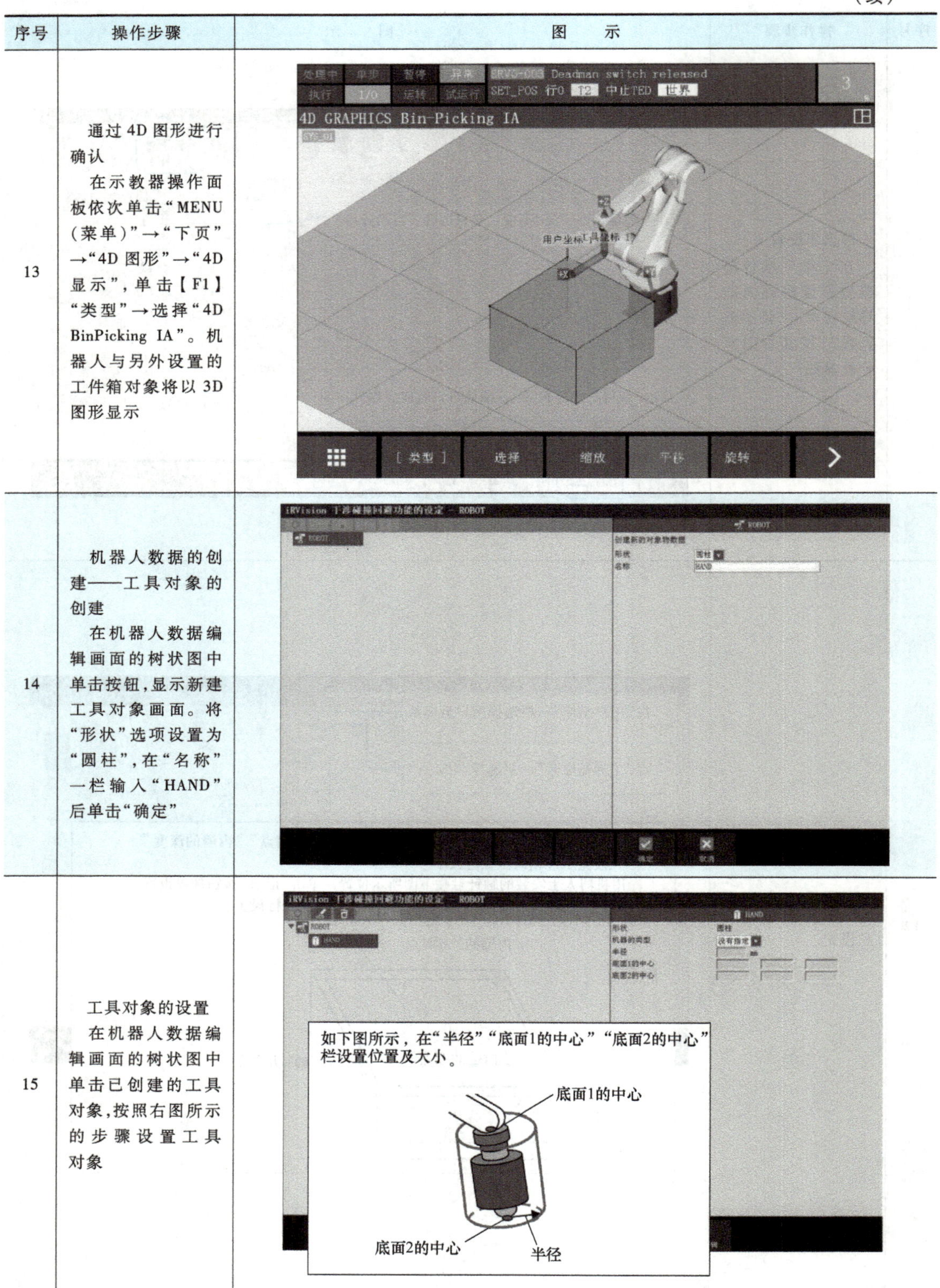

序号	操作步骤	图示
13	通过4D图形进行确认 在示教器操作面板依次单击“MENU（菜单）”→“下页”→“4D图形”→“4D显示”，单击【F1】“类型”→选择“4D BinPicking IA”。机器人与另外设置的工件箱对象将以3D图形显示	
14	机器人数据的创建——工具对象的创建 在机器人数据编辑画面的树状图中单击按钮，显示新建工具对象画面。将“形状”选项设置为“圆柱”，在“名称”一栏输入“HAND”后单击“确定”	
15	工具对象的设置 在机器人数据编辑画面的树状图中单击已创建的工具对象，按照右图所示的步骤设置工具对象	

（续）

序号	操作步骤	图　示
16	通过4D图形进行确认 在示教器操作面板依次单击“MENU（菜单）”→“下页”→“4D图形”→“4D显示”，单击【F1】“类型”→选择“4DBinPicking IA”。机器人与另外设置的工具对象将以3D图形显示	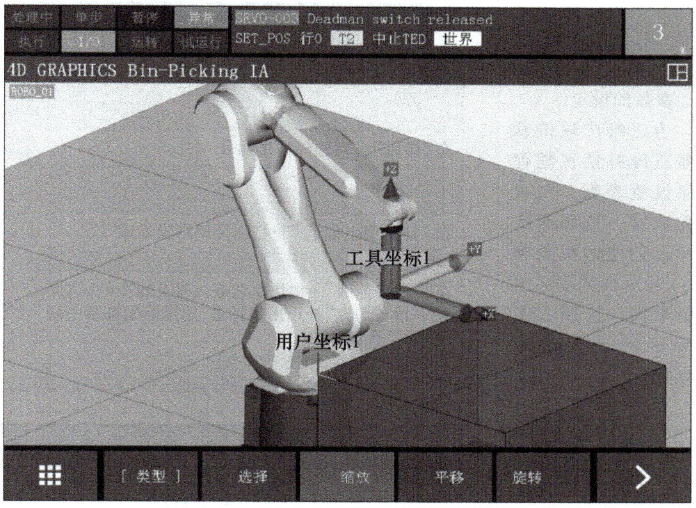
17	回避条件数据的生成和设定 创建并设置用于回避干涉碰撞的回避条件数据 在干涉碰撞回避数据一览画面单击“新建”，并将“类型”设置为“回避条件”，创建回避条件数据。选择已创建的回避条件数据，按照右图所示的步骤设置参数	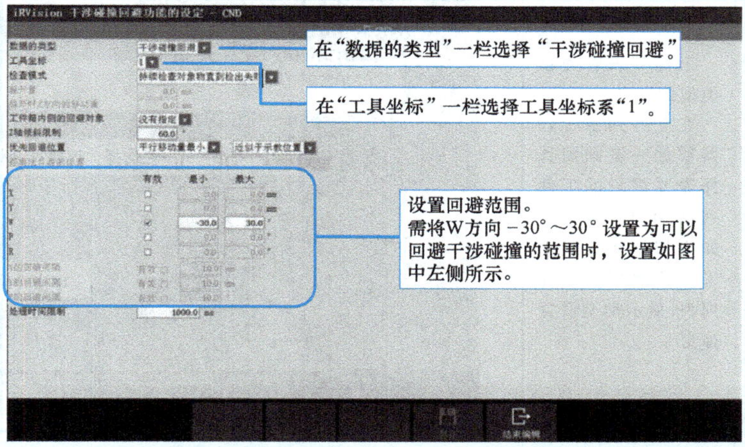
18	视觉处理程序的创建 在视觉数据一览画面单击“新建”，显示新建程序弹窗。按照右图所示的步骤创建三维广域传感器三维补偿视觉程序	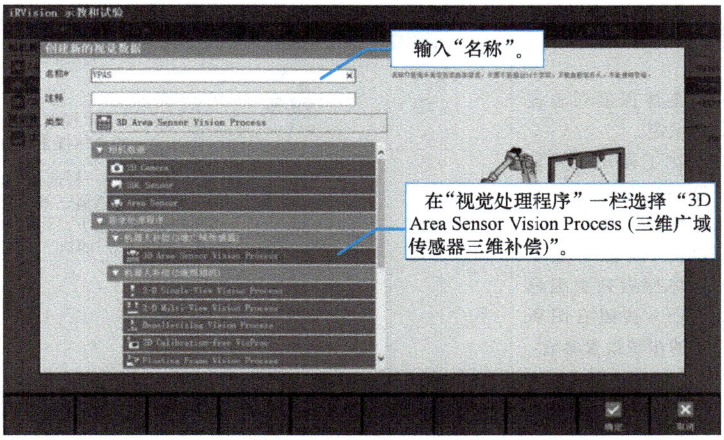

（续）

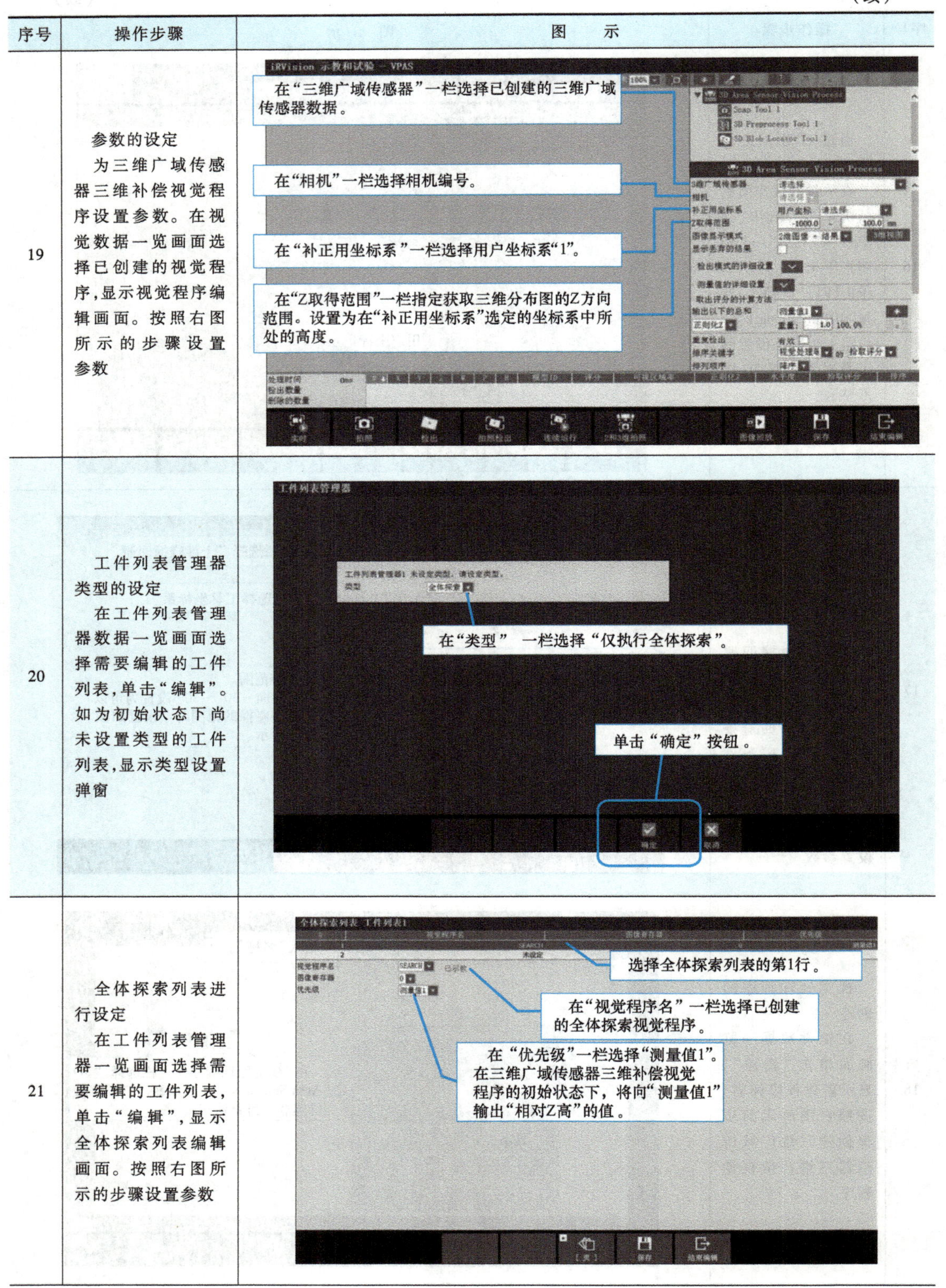

序号	操作步骤	图示
19	参数的设定 为三维广域传感器三维补偿视觉程序设置参数。在视觉数据一览画面选择已创建的视觉程序，显示视觉程序编辑画面。按照右图所示的步骤设置参数	
20	工件列表管理器类型的设定 在工件列表管理器数据一览画面选择需要编辑的工件列表，单击“编辑”。如为初始状态下尚未设置类型的工件列表，显示类型设置弹窗	
21	全体探索列表进行设定 在工件列表管理器一览画面选择需要编辑的工件列表，单击“编辑”，显示全体探索列表编辑画面。按照右图所示的步骤设置参数	

（续）

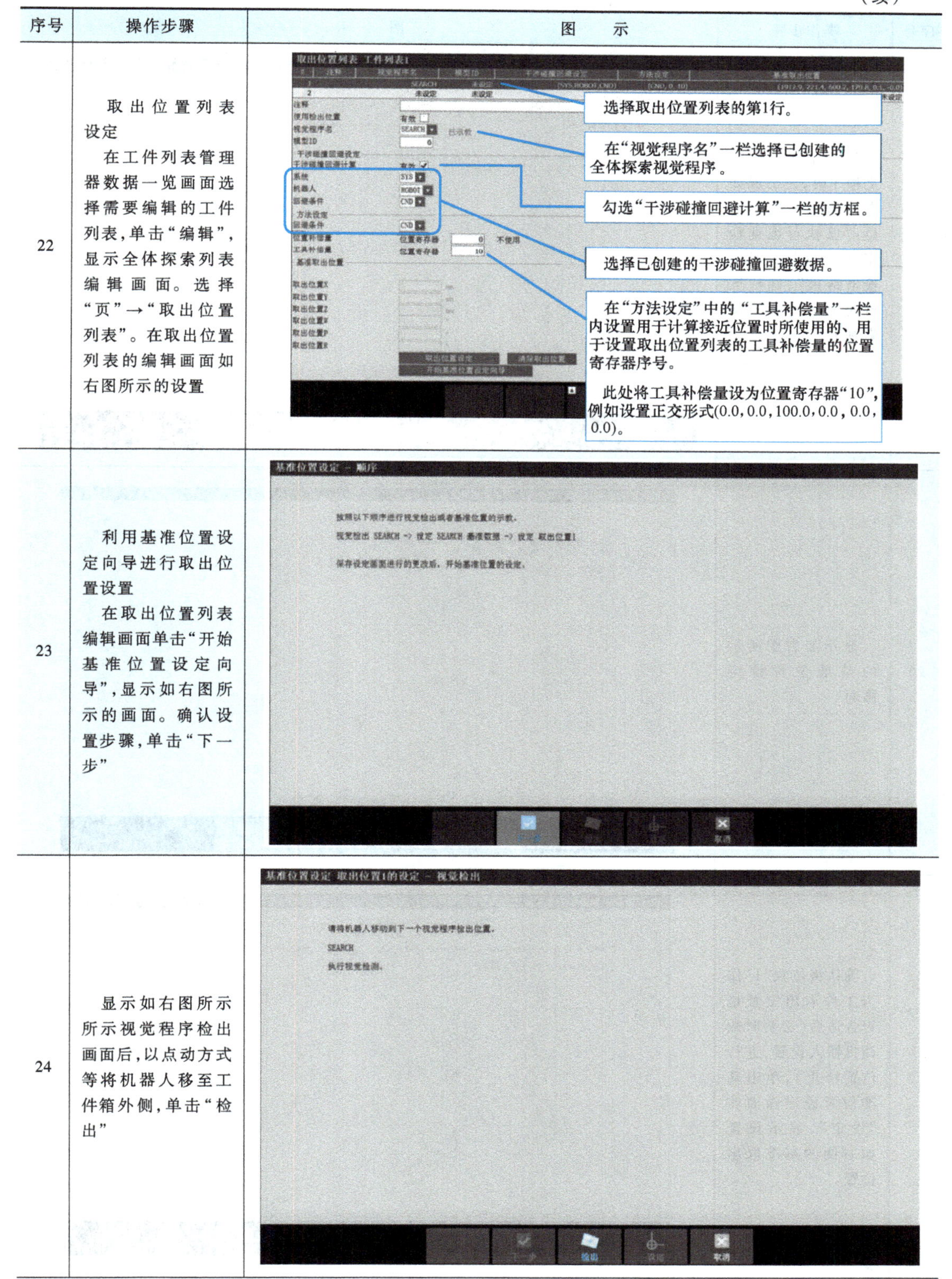

序号	操作步骤	图　　示
22	取出位置列表设定 在工件列表管理器数据一览画面选择需要编辑的工件列表，单击“编辑”，显示全体探索列表编辑画面。选择“页”→“取出位置列表”。在取出位置列表的编辑画面如右图所示的设置	选择取出位置列表的第1行。 在“视觉程序名”一栏选择已创建的全体探索视觉程序。 勾选“干涉碰撞回避计算”一栏的方框。 选择已创建的干涉碰撞回避数据。 在“方法设定”中的“工具补偿量”一栏内设置用于计算接近位置时所使用的、用于设置取出位置列表的工具补偿量的位置寄存器序号。 此处将工具补偿量设为位置寄存器“10”，例如设置正交形式(0.0，0.0，100.0，0.0，0.0，0.0)。
23	利用基准位置设定向导进行取出位置设置 在取出位置列表编辑画面单击“开始基准位置设定向导”，显示如右图所示的画面。确认设置步骤，单击“下一步”	
24	显示如右图所示所示视觉程序检出画面后，以点动方式等将机器人移至工件箱外侧，单击“检出”	

（续）

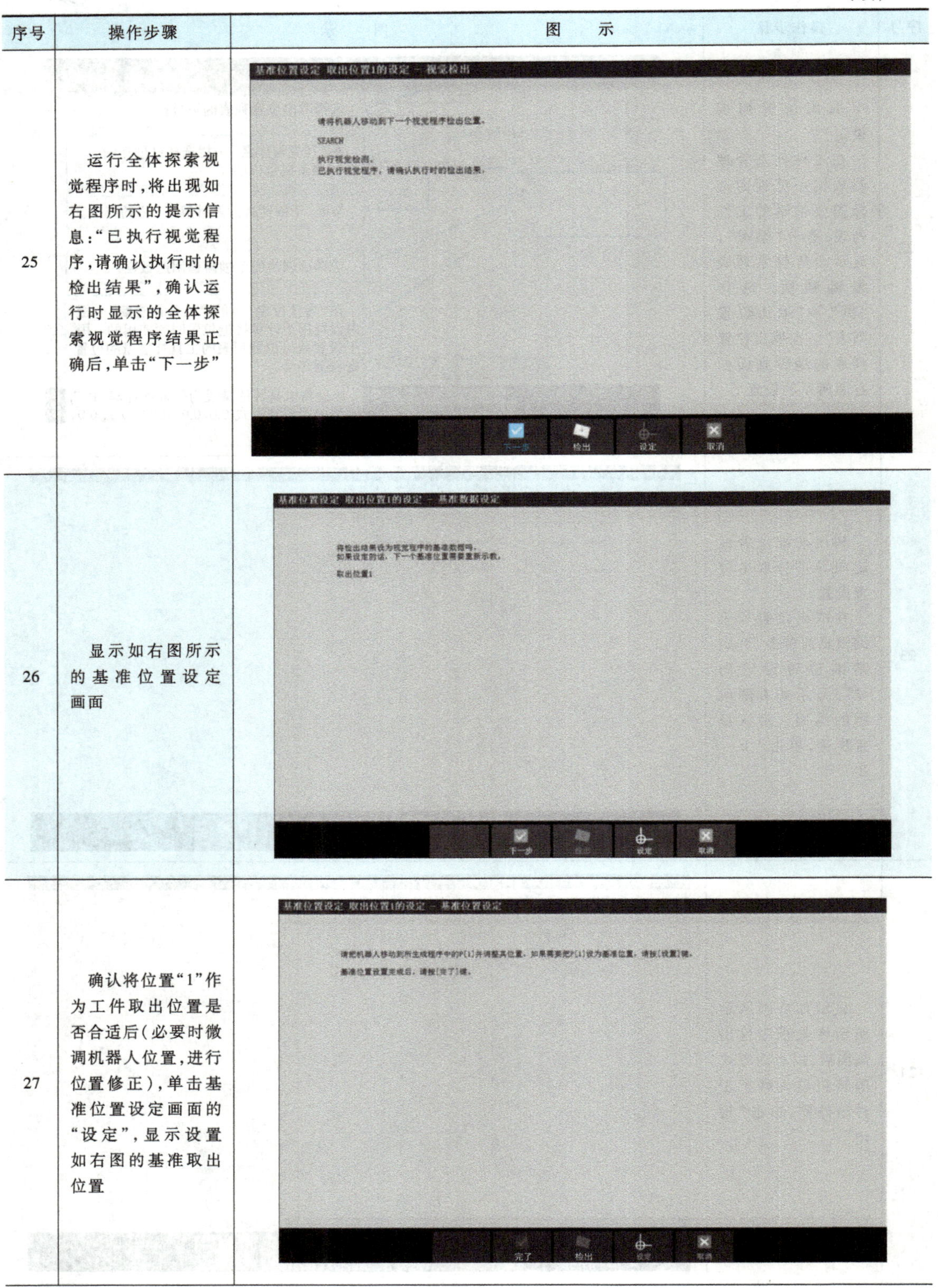

序号	操作步骤	图　　示
25	运行全体探索视觉程序时，将出现如右图所示的提示信息：“已执行视觉程序，请确认执行时的检出结果”，确认运行时显示的全体探索视觉程序结果正确后，单击“下一步”	
26	显示如右图所示的基准位置设定画面	
27	确认将位置“1”作为工件取出位置是否合适后（必要时微调机器人位置，进行位置修正），单击基准位置设定画面的“设定”，显示设置如右图的基准取出位置	

（续）

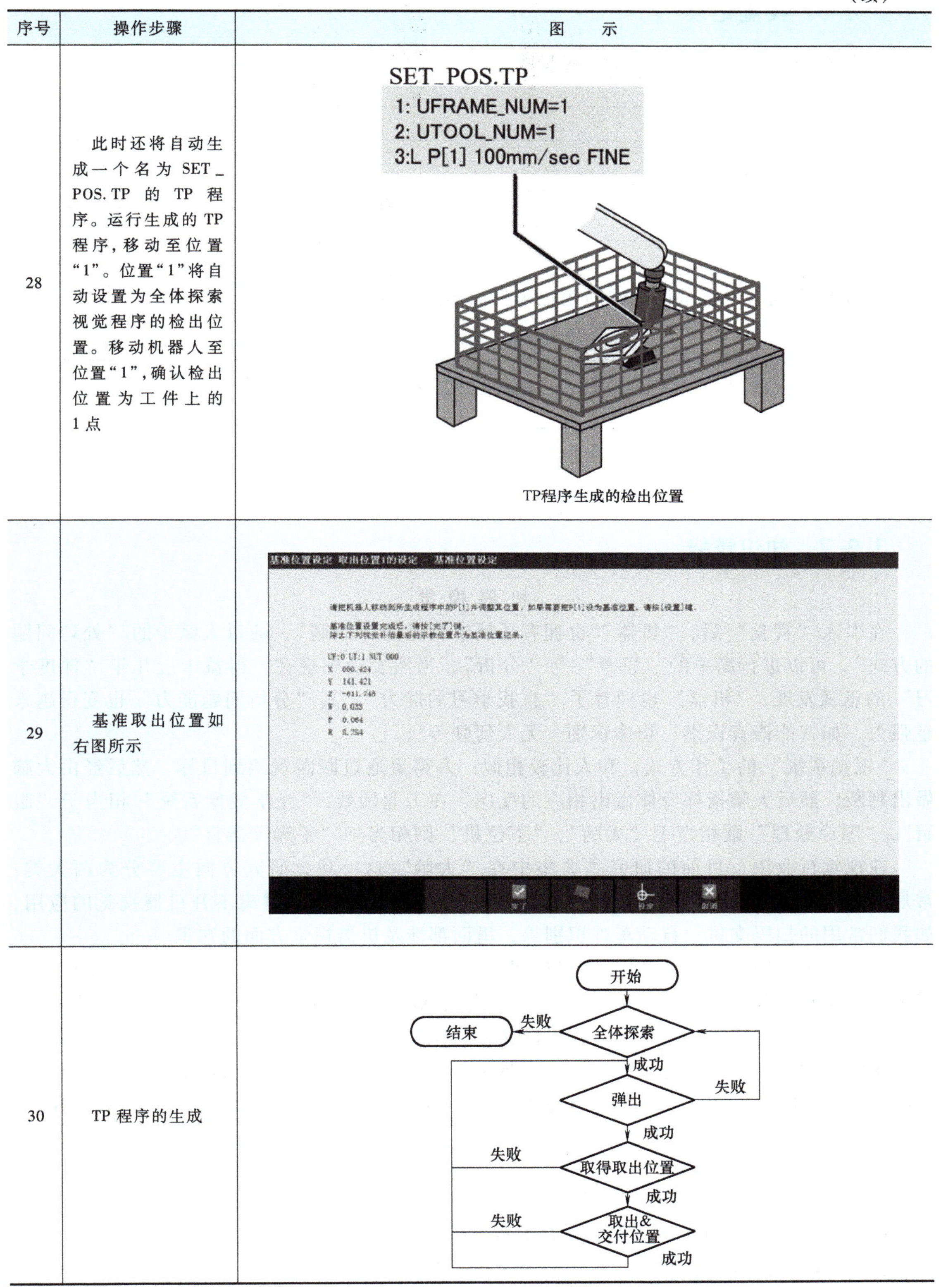

序号	操作步骤	图　　示
28	此时还将自动生成一个名为 SET_POS.TP 的 TP 程序。运行生成的 TP 程序，移动至位置“1”。位置“1”将自动设置为全体探索视觉程序的检出位置。移动机器人至位置“1”，确认检出位置为工件上的 1 点	TP程序生成的检出位置
29	基准取出位置如右图所示	
30	TP 程序的生成	

3.2.6 实施记录

1. 根据教师引导，记录操作过程步骤。

____

____

____

____

____

2. 操作完成后，将待优化的问题记录到操作问题清单（表3-2-4）中。

表3-2-4 操作问题清单 组别________

问　题	改进方法

3.2.7 知识链接

机器视觉

在引入“视觉”后，“机器”也拥有了属于自己的“眼睛”，通过人赋予的“处理问题的方式”，可以进行简单的“思考”与“分析”。当然发展到现在，得益于近几年“深度学习”的迅猛发展，“机器”也拥有了“自我学习的能力”，其“分析问题能力”也变得越来越强大，如智能语音识别、物体识别、无人驾驶等。

“视觉系统”的工作方式，和人比较相似：人需要通过眼睛观测到目标，然后经由大脑做出判断，然后大脑指挥身体做出相应的反应。在工业领域，“光学成像系统”相当于“眼睛”，“图像处理”则相当于“大脑”，“下位机”则相当于“手脚等器官”。

在视觉行业中，目前的研究主要集中在“大脑"这一块，研究方向主要分为两大类：常规的图像处理和深度学习。在我们现有的日常生活中，也越来越离不开机器视觉的应用，如我们常用的扫码支付、自动车牌识别等，里面都涉及机器视觉方面的知识。

图像处理有四个方面的应用：定位、测量、识别和缺陷检测。常规图像处理的主要优点集中在定位和测量等应用；深度学习的主要优点则集中在识别分类等应用；对于缺陷的处理，二者则互有优缺点，需要根据实际情况来选择。

图像处理方面，目前有许多成熟的工具来协助开发者进行开发，如OpenCV、LabView、VisionPro、MIL、Halcon等。深度学习方面也有很多成熟的工具，如TensorFlow、CNTK、Cafe、Keras等。

3.2.8 知识测评

1. （判断）3DA视觉的组成部件有3个。（　）

2. （判断）3DA的示教以示教板为参照物。（　）

3. （判断）机器人的避障功不能实现。（ ）

4. （多选）机器人运动模式有（ ）。

A. L B. J C. C D. WAIT

5. （判断）3DA视觉示教后才能识别目标物体。（ ）

3.2.9 考核评价

任务3.2的考核评价表见表3-2-5。

表3-2-5 任务3.2的考核评价表

环节	项 目	记 录	标准	分值
课前	问题引导		10	
	信息获取		10	
课中	课堂考勤		5	
	课堂参与		10	
	规范操作的职业态度、终身学习的意识		10	
	小组互评		5	
	技能任务考核		40	
课后	任务测评		10	
总评			100	

【素养提升拓展讲堂】二维平面重现三维艺术——高浮雕传拓工匠李仁清

李仁清的拓印手艺是在二维平面上重现三维艺术，无论是照相技术，还是3D扫描技术，都无法像拓印一样与文物零距离的接触。拓印能够将碑文石刻上的线刻、纹理、风化程度对等呈现在拓片上，许多已经消失或被毁坏的文物正是通过拓片得以复原与传承。

李仁清的工作就是走遍大江南北，对高浮雕和圆雕造像文物进行抢救性拓印，留下宝贵的档案，而且成为中国申遗的重要依据。

北魏时期雕塑的立姿释迦牟尼雕像坐落在河南省巩义市的一个石窟里，佛像高近6米，当时的能工巧匠倚崖就势，精心雕刻，尽管经历了1500年风剥雨蚀，依然法相丰腴，实属中古时代的雕塑艺术经典。如果能够使用高浮雕拓印术予以表现的话，会造就经典性的立体拓印艺术杰作。但这对于李仁清却是很大的挑战。

经过两天一夜的紧张工作，李仁清即将完成这幅“巨”作。与平面拓印不同，由于立体拓印需要随着拓体凹凸而把纸面剪开，这使得拓印后的宣纸是碎片状的。李仁清的最后一项工作就是要把上千张的碎片状拓纸拼接在一起，才能形成一整幅拓片。

经过了精确的测量之后，拓印正式开始。将湿度合适的宣纸一一铺到大佛的脸上和身上，对凸起部位的拓纸，李仁清都需要确认合适的位置，用剪刀仔细地剪开，用打刷把宣纸与佛体完全贴敷在一起。拼接碎片需要结合考古测绘、绘画、雕刻等多方面知识。上千碎片、繁多的操作步骤，不能出现一个差错，否则就会一错而引发百错，这真叫作“错一片而动全身”。经过三天的接片拼纸，拓片上的大佛像不仅毕肖原雕，而且浓淡相间的拓印墨色似乎光影浮动，让大佛像产生了衣袂飘然之感，历史经典变得灵动可亲。这种感觉是现代科技复制术中找不到的。

李仁清说：“除了各类知识的积累，这项技艺还需要平静的心态，任何一点浮躁性急，都会功亏一篑。”

项目4

机床的基础操作与自动化改造

任务4.1 数控机床的数据备份与恢复

4.1.1 任务引入

接到一批液压缸套筒零件的生产任务，由切削加工智能制造单元进行零件的生产：立式加工中心、数控车床进行加工，机器人进行工件的搬运、定位、装夹。

切削加工智能制造单元已经安装调试完成。现要求熟练掌握数控机床数据的备份及恢复方法。

4.1.2 实训目标

■ 素质目标

1. 培养专注耐心的精神。
2. 培养严谨认真的态度。

■ 知识目标

1. 熟悉数控机床备份文件的类型。
2. 熟悉数控机床数据备份及恢复的流程。

■ 技能目标

1. 能够独立完成数控机床数据的备份。
2. 能够独立完成数控机床数据的恢复。

4.1.3 问题引导

1. 什么情况下需要进行数控机床的 PMC 数据备份？

____

____

____

2. 什么情况下需要进行数控机床加工程序的备份？

____

____

____

4.1.4 设备确认

1. 观察智能制造单元，确认机械正常。
2. 智能制造单元上电后，确认数控车床、立式加工中心正常，无报警。
3. 领取工作任务单（表 4-1-1），明确本次任务的内容。
4. 领取并填写设备确认单（表 4-1-2）。

表 4-1-1 工作任务单

实训任务	数控机床的数据备份与恢复	
序号	工作内容	工作目标
1	加工程序的备份与恢复	掌握系统正常画面下对加工程序的备份与恢复
2	PMC 梯形图的备份与恢复	掌握系统正常画面下对 PMC 梯形图的备份与恢复
3	NC 数据输出功能	了解全数据备份方法

表 4-1-2 设备确认单

序号	设备名称	实现功能	实现方式	设备及其功能要求	设备状态是否正常
1	数控车床	机床数据备份与恢复	能够对机床数据进行备份与恢复		
2	U 盘	数据备份与恢复	通过 U 盘备份与恢复数据	存储空间不小于 10GB	
任务执行时间		年 月 日	执行人		

4.1.5 任务实施

加工程序的备份与恢复

1. 加工程序的备份与恢复。

在所有 I/O 画面下，对程序文件进行备份/恢复。

1）在“OFFSET”画面下，打开写参数开关。

2）使用 CF 卡进行备份与恢复，插入 CF 卡，参数 20 设为 4。

3）按下【EDIT】按键，系统处于编辑模式下。

4）在“SYSTEM”画面下，扩展键直至找到“所有 IO”，进入该画面。

5）按下【程序】键，再按下【(操作)】键，选择“读取”还是“输出”。

6）如图 4-1-1 所示，选择【F 读取】或【N 读取】为程序文件的恢复。

“F 读取”：输入恢复程序的文件号，如：文件号 22。

“N 读取”：输入恢复程序的文件名，如：文件名 ALL-POG. TXT。

7）选择【输出】为程序文件的备份，进行“P 设定”与“F 名称”设定。

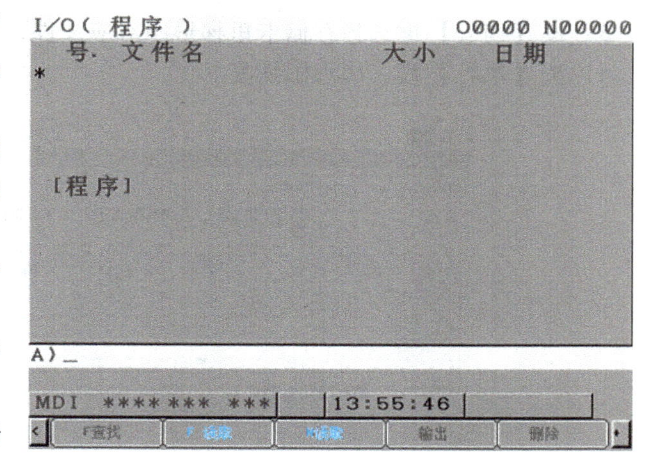

图 4-1-1 加工程序备份

“P 设定”：指定要进行备份的程序文件名称，如：备份 O6666 文件。

“F 名称”：备份文件保存至存储设备显示的文件名称，如：BFM2。

2. PMC 梯形图的备份。

1）进入梯形图备份画面，按功能键【SYSTEM】→拓展键至【PMC 维护】→【I/O】。

PMC 维护画面介绍及数据备份与恢复

2）使用存储卡进行梯形图备份，按如图 4-1-2 所示的画面设定。

3）新建文件名，系统检索存储卡后生成文件名。

4）按【执行】键，在存储卡中会保存梯形图文件，例如“PMC1_LAD. 009”。

注：① 梯形图文件名称可以自定义。

② 梯形图文件默认名称 PMC1_LAD. XXX，XXX 可以累加。

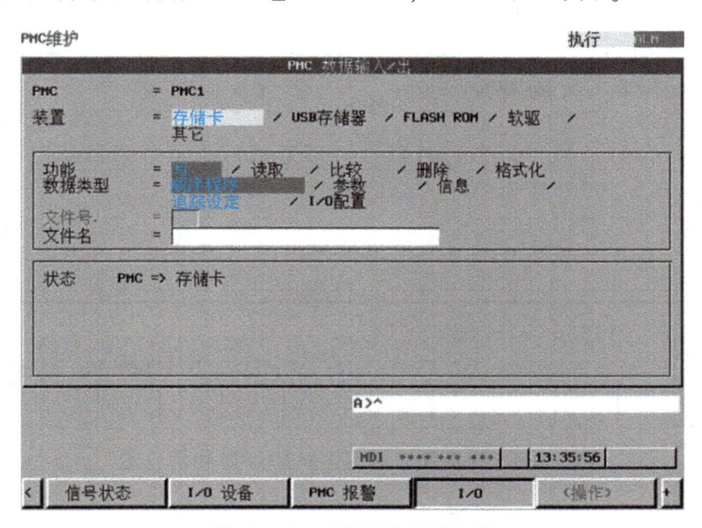

图 4-1-2 PMC 梯形图备份

3. PMC 梯形图的恢复。

1）进入梯形图备份画面，按功能键【SYSTEM】→拓展键至【PMC 维护】→【I/O】。

2）使用存储卡进行梯形图恢复，功能选择“读取”，按图 4-1-3 所示的画面设定。

3）按【列表】键选择存储卡里梯形图对应文件，文件名“PMC1.000”。

4）按【执行】键，梯形图恢复。

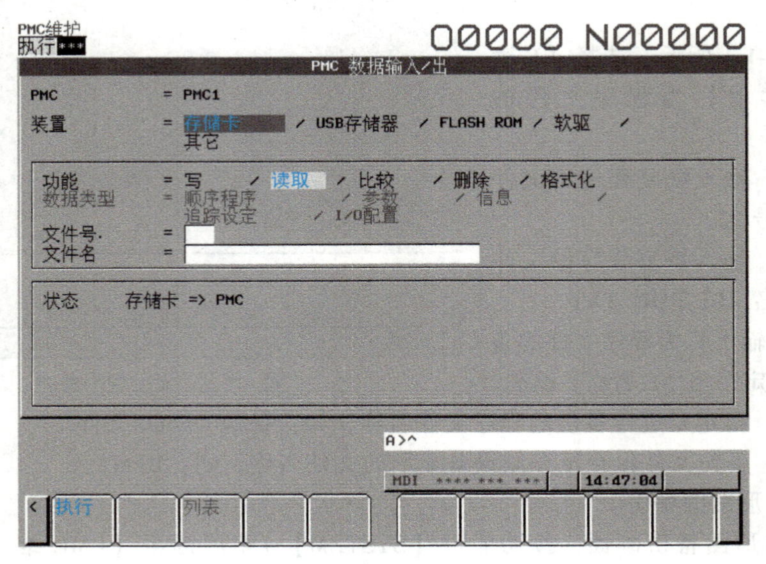

图 4-1-3 利用存储卡恢复梯形图的设定

5）将梯形图文件固化到 FROM 中。装置选择“FLASH ROM”，功能选择“写”，如图 4-1-4 所示。

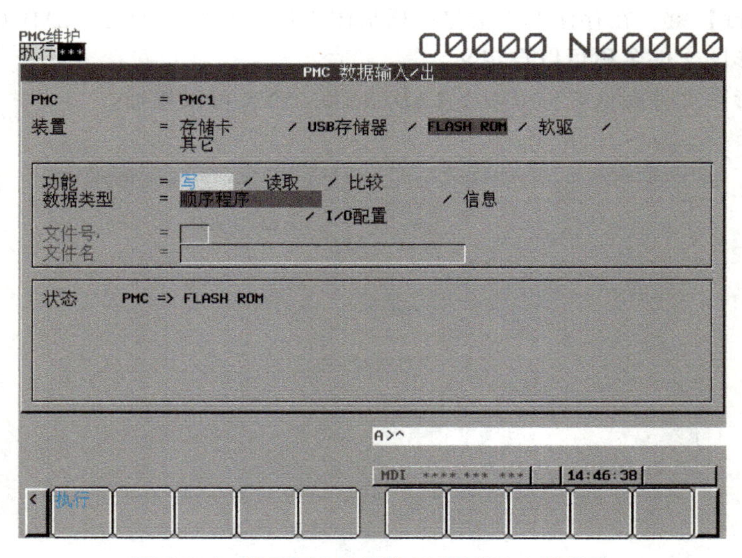

图 4-1-4 梯形图文件固化到 FROM 中的设定

6）按【执行】键，梯形图固化完成。

7）断电重启，梯形图生效。

4. NC 数据输出功能。

1）打开系统，在“OFFSET”画面下，打开写参数开关。

2）使用 CF 卡进行备份与恢复。插入 CF 卡，参数 20 设为 4。

3）修改参数 313 #0＝1，#1＝0。

4）解除急停状态，NC 置于 EDIT 方式。

5）【SYSTEM】→【所有 I/O】→【全部数据】→【（操作）】→【输出】，如图 4-1-5a 所示。

6）文本数据输出中，进展条上显示进展状况，如图 4-1-5b 所示。

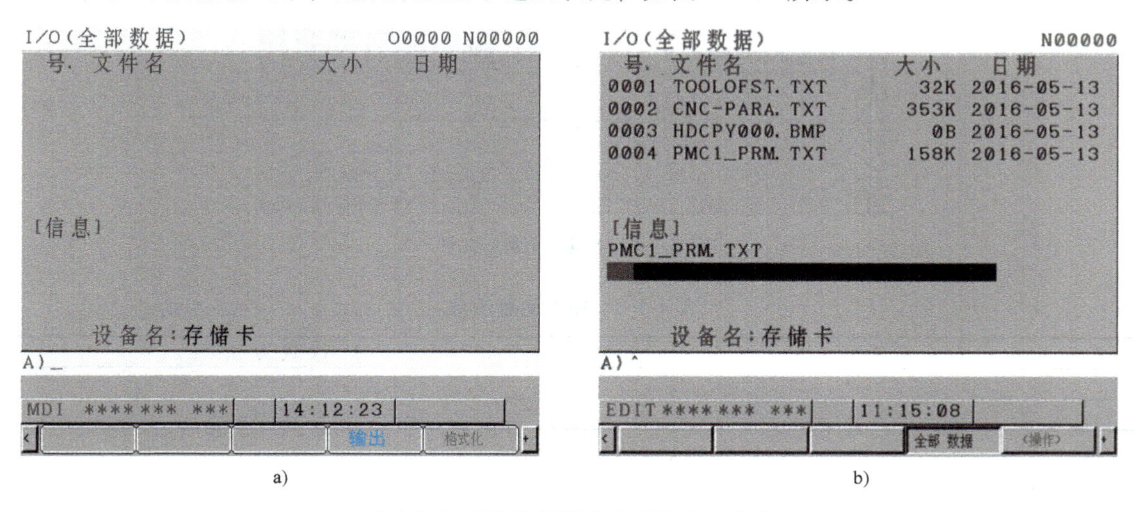

图 4-1-5　NC 数据输出功能的设定步骤

7）文本数据输出完成后，信息栏显示断电重启，如图 4-1-6 所示。

8）重启后，开始执行输出 SRAM 数据和用户文件，如图 4-1-7 所示。

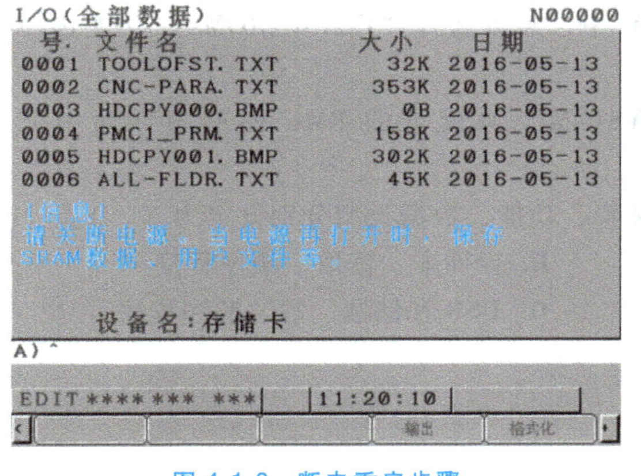

图 4-1-6　断电重启步骤

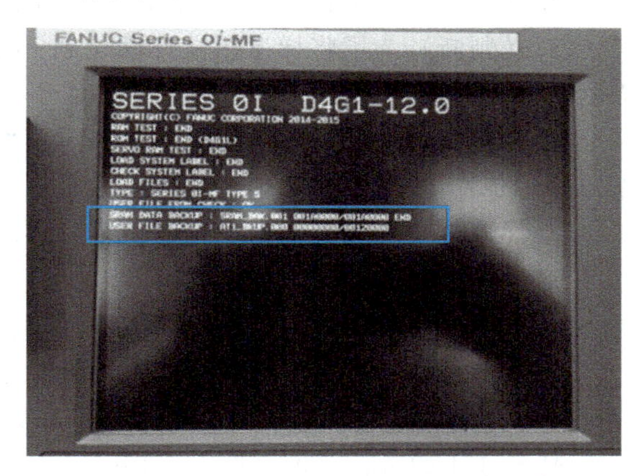

图 4-1-7　输出 SRAM 数据和用户文件

9）输出全部完成，查看存储卡里文件，如图 4-1-8 所示。

4.1.6　实施记录

1. 根据教师引导，记录操作过程步骤。

____

____

____

2. 操作完成后，将待优化的问题记录到操作问题清单（表 4-1-3）中。

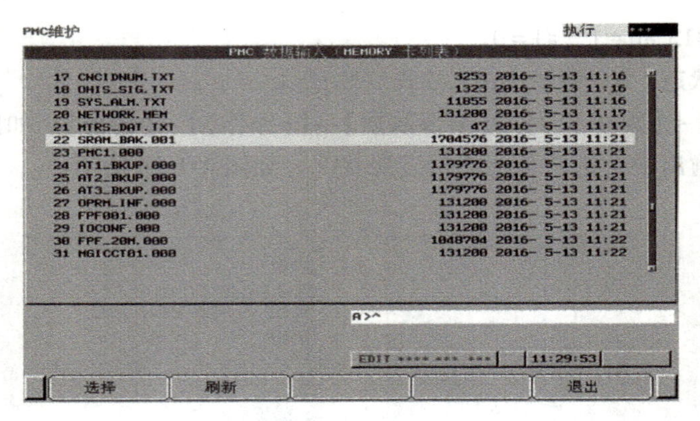

图 4-1-8 查看存储卡文件

表 4-1-3 操作问题清单　　　　组别________

问　题	改进方法

4.1.7 任务测评

1. （判断）为了进入梯形图备份画面，需要按功能键【SYSTEM】，拓展键至 PMC 梯形图的信号状态画面。（　）

2. （判断）在进行 NC 数据输出时，需要在 OFFSET 画面下，打开写参数开关。（　）。

3. （判断）为了将梯形图文件固化到 FROM 中，装置选择“FLASH ROM”，功能选择“读取”。（　）。

4. （判断）PMC 梯形图的备份是在“SYSTEM”画面下的 PMC 梯形图界面中完成的。（　）

5. （单选）使用存储卡进行备份梯形图，装置、功能、数据类型分别设定为（　）。

A. 存储卡、写、顺序程序　　　B. 存储卡、读取、顺序程序

C. USB 存储器、读取、参数　　D. USB 存储器、写、顺序程序

4.1.8 考核评价

任务 4.1 的考核评价表见表 4-1-4。

表 4-1-4 任务 4.1 的考核评价表

环节	项　目	记　录	标准	分值
课前	问题引导		10	
	信息获取		10	
课中	课堂考勤		5	
	课堂参与		10	
	专注耐心的精神、严谨认真的态度		10	
	小组互评		5	
	技能任务考核		40	
课后	任务测评		10	
总评			100	

【素养提升拓展讲堂】坚持自主创新精神——国产高端机床有突破

数控机床是打造高端制造业核心竞争力的关键，被《中国制造2025》列入“加快突破的战略必争领域”，且关系到基础制造产业安全与国家战略安全。即使在全球一体化的今天，欧美等西方国家和日本仍对我国实行关键设备和数控系统出口限制和监督使用，并且越发严格。振兴民族产业，提升国产数控复合制造装备整体竞争力势在必行。

由华中科技大学张海鸥教授率领团队自主研制的铸锻铣一体化3D打印数控机床，破解了在复杂曲面构建上同时进行打印增材、等材变形与铣削减材在同一装备上集成制造的核心难题，将过去必须由工业“大象”完成的任务，轻松地交由智能化的工业“蚂蚁”操作完成。

“传统工艺的铸造、锻造、铣削是分别完成的，直到用了这台机器，才实现了一体化。”张海鸥介绍，“我们可以把制作精密复杂零部件想象成包饺子。和面、擀皮、包饺子等各个环节都不能出问题，否则可能一煮就破。破了的饺子还能吃，但零件‘露馅’了只能也必须报废。”

中航飞机股份有限公司作为应用单位，在验收报告中评价：智能微铸锻快速制造技术在飞机复合材料成形制造方面具有明显的周期和成本优势。现有的制造技术尚难以满足飞机研制中气密、复杂、大型复合材料模具快速制造的要求。采用华中科技大学张海鸥团队的金属零件微铸锻合一快速制造新技术，一次成功试制了飞机复合材料成形模具。克服了制造气密、复杂、大型模具制造难度大、成品率低、周期长的瓶颈问题，制造周期缩短至原来的1/2~1/3，是此类高性能模具的发展方向。

这个故事带给我们这样的启示：我们要具有爱国精神，攻坚克难、不懈探索、勇于创新，不断实现核心技术突破，为我国成为工业强国不断努力。而对于将来走上工作岗位的我们来说，爱岗敬业是最好的爱国奉献。

任务4.2 PMC信号的跟踪显示

4.2.1 任务引入

接到一批液压缸套筒零件的生产任务，由切削加工智能制造单元进行零件的生产：立式加工中心、数控车床进行加工，机器人进行工件的搬运、定位、装夹。该单元已经调试完成。

切削加工智能制造单元已经调试完成。现要求熟练使用CNC GUIDE软件并掌握PMC程序仿真的方法。

4.2.2 实训目标

■ 素质目标

1. 培养学生清洁及节约的意识。

2. 培养学生敢于尝试的精神。

■ 知识目标

1. 熟悉 CNC GUIDE 软件操作及适用范围。
2. 了解 PMC 程序仿真的内容。

■ 技能目标

1. 能够熟练使用 CNC GUIDE 软件并完成基本操作。
2. 掌握梯形图的编辑步骤。

4.2.3 问题引导

1. 什么是 CNC GUIDE?

2. CNC GUIDE 软件功能介绍，总结软件适用范围。

3. PMC（可编程机床控制器）程序仿真主要包括哪些内容?

4.2.4 设备确认

1. 观察仿真区计算机有无损坏，开机后确保软件能正常打开。
2. 领取工作任务单（表 4-2-1），明确本次任务的内容。
3. 领取并填写设备确认单（表 4-2-2）。

表 4-2-1 工作任务单

实训任务	PMC 程序仿真	
序号	实训内容	实训目标
1	CNC GUIDE 认知	熟悉 CNC GUIDE 软件画面
2	PMC 梯形图编辑的步骤及思路	完成 PMC 梯形图编辑后的仿真

表 4-2-2 设备确认单

序号	设备名称	实现功能	实现方式	设备及其功能要求	设备状态是否正常
1	计算机	实现机器人的仿真	通过机器人程序	CNC GUIDE	
任务执行时间		年 月 日	执行人		

4.2.5 任务实施

1. 梯形图的地址分配。

使用 I/O LINK i 通道将操作面板【AUTO】自动方式选择键地址定义为 X10.0，Y0.0。自动方式选择键 X 输入地址硬件接线为 CB106 02A，Y 输出地址硬件接线为 CB104 16A。地址分配操作见表 4-2-3。

表 4-2-3 地址分配操作

序号	操作步骤	图示
1	按下软键【I/O LINK i】，进入 I/O LINK i 地址分配页面	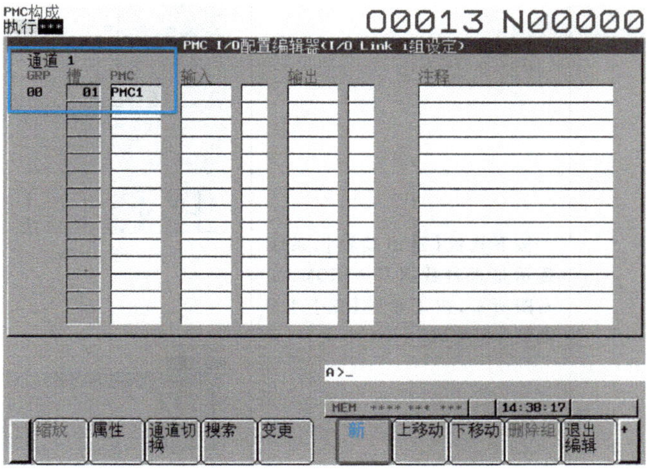 PMC构成 执行 00013 N00000 PMC I/O配置编辑器(I/O Link i组设定) 通道 1 GRP 槽 PMC 输入 输出 注释 00 01 PMC1 A>_ MEM **** *** *** 14:38:17 缩放 属性 通道切换 搜索 变更 新 上移动 下移动 删除组 退出编辑
2	按下软键【操作】，按下软键【编辑】，按下软键【新】，出现第 00 组，然后对输入、输出进行地址分配	
3	将显示光标移动到输入，输入“X6”，按下 MDI 面板上【INPUT】键，输入 X 地址为 12 个字节。将显示光标移动到输出，输入“Y0”，按下 MDI 面板上【INPUT】键，输入 Y 地址为 8 个字节。注释区域可以不填写  	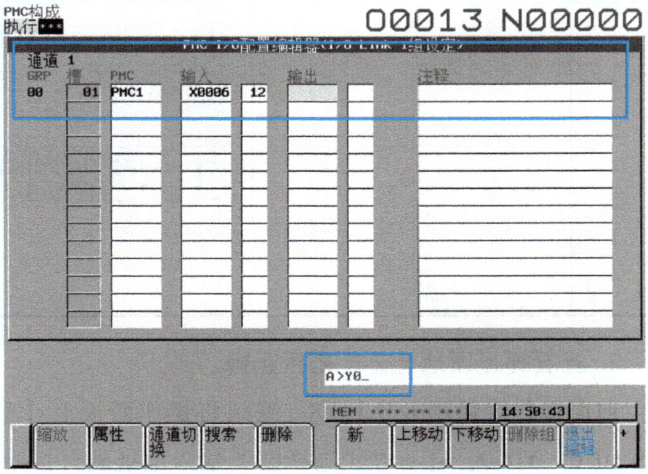 PMC构成 执行 00013 N00000 PMC I/O配置编辑器(I/O Link i组设定) 通道 1 GRP 槽 PMC 输入 输出 注释 00 01 PMC1 X0006 12 A>Y0_ MEM **** *** *** 14:50:43 缩放 属性 通道切换 搜索 删除 新 上移动 下移动 删除组 退出编辑

（续）

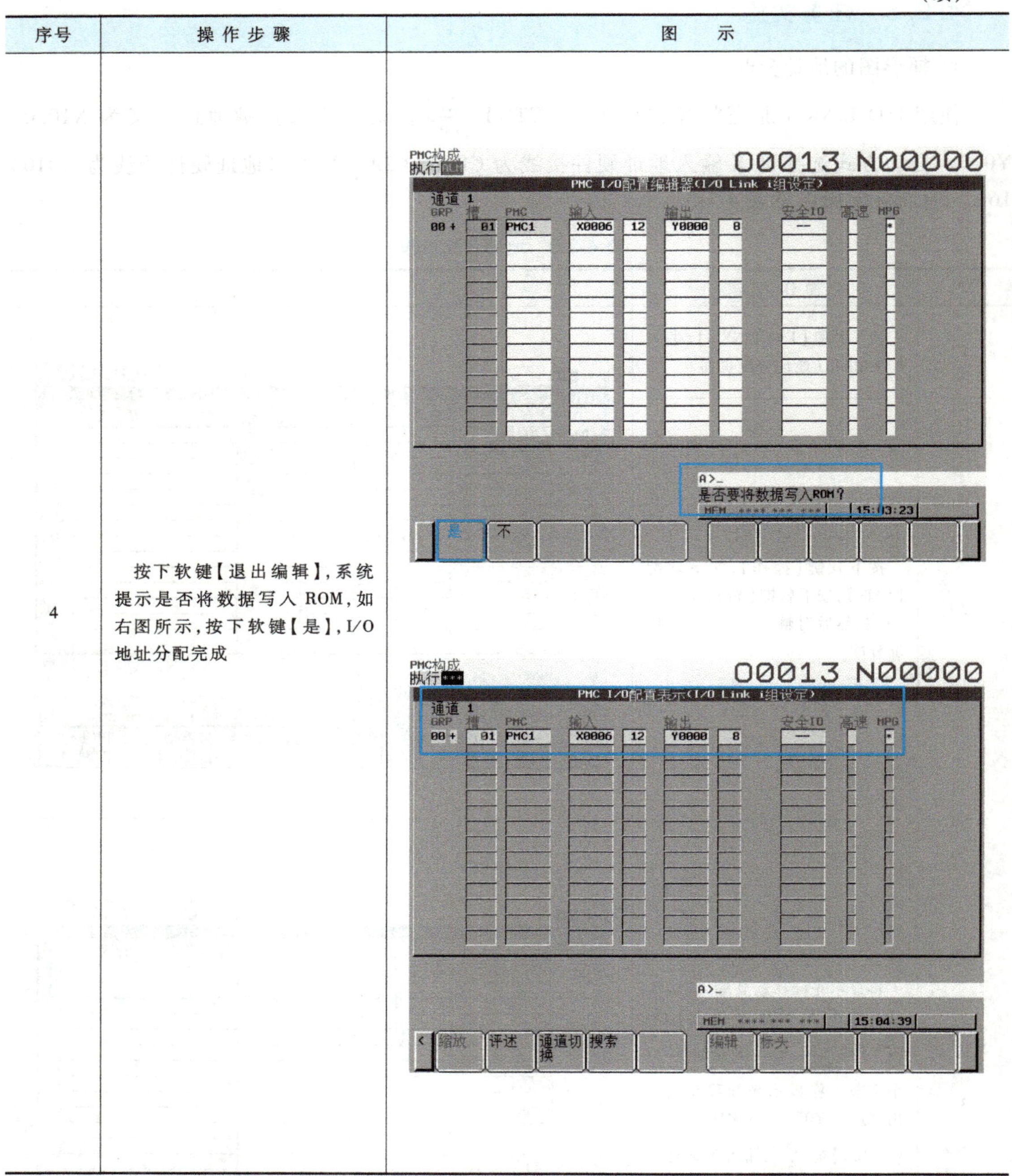

序号	操作步骤	图　示
4	按下软键【退出编辑】，系统提示是否将数据写入ROM，如右图所示，按下软键【是】，I/O地址分配完成	

2. 查看梯形图地址分配是否正确。

前面操作中使用I/O LINK i通道将操作面板上【AUTO】自动方式选择键地址定义为X10.0，Y0.0，自动方式选择键X输入地址硬件接线为CB106 02A，Y输出地址硬件接线为CB104 16A，分配首地址为X6与Y0。现在查看分配首地址是否正确，操作步骤见表4-2-4。

表 4-2-4　查看地址分配操作

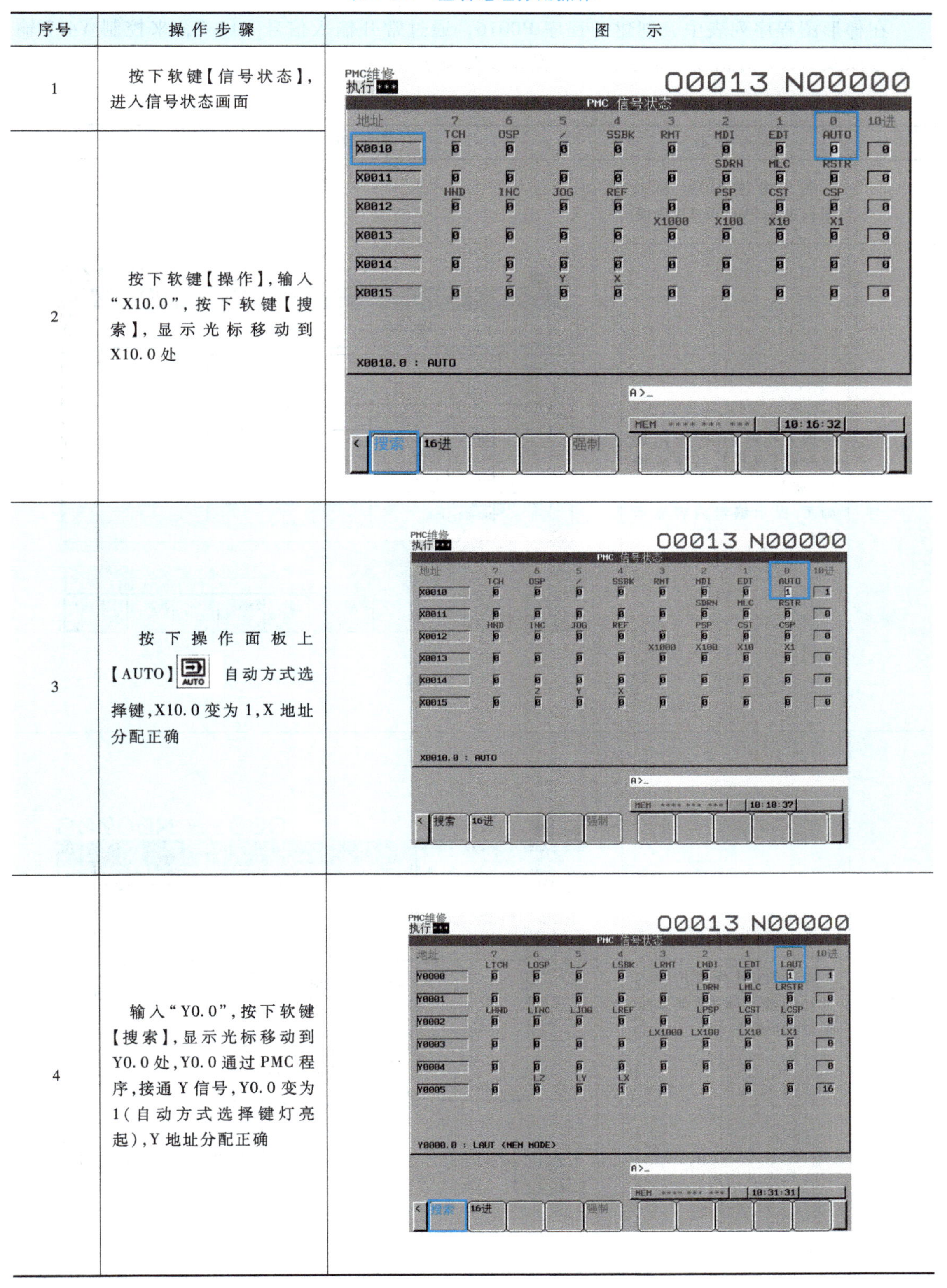

序号	操作步骤	图示
1	按下软键【信号状态】，进入信号状态画面	
2	按下软键【操作】，输入“X10.0”，按下软键【搜索】，显示光标移动到 X10.0 处	
3	按下操作面板上【AUTO】自动方式选择键，X10.0 变为 1，X 地址分配正确	
4	输入“Y0.0”，按下软键【搜索】，显示光标移动到 Y0.0 处，Y0.0 通过 PMC 程序，接通 Y 信号，Y0.0 变为 1（自动方式选择键灯亮起），Y 地址分配正确	

3. 编辑梯形图。

在梯形图程序列表中，创建子程序 P0016，通过常开输入信号 X14.7，来控制 Y4.7 输出信号以及 A1.7 信息显示请求信号。操作步骤见表 4-2-5。

表 4-2-5 编辑梯形图操作

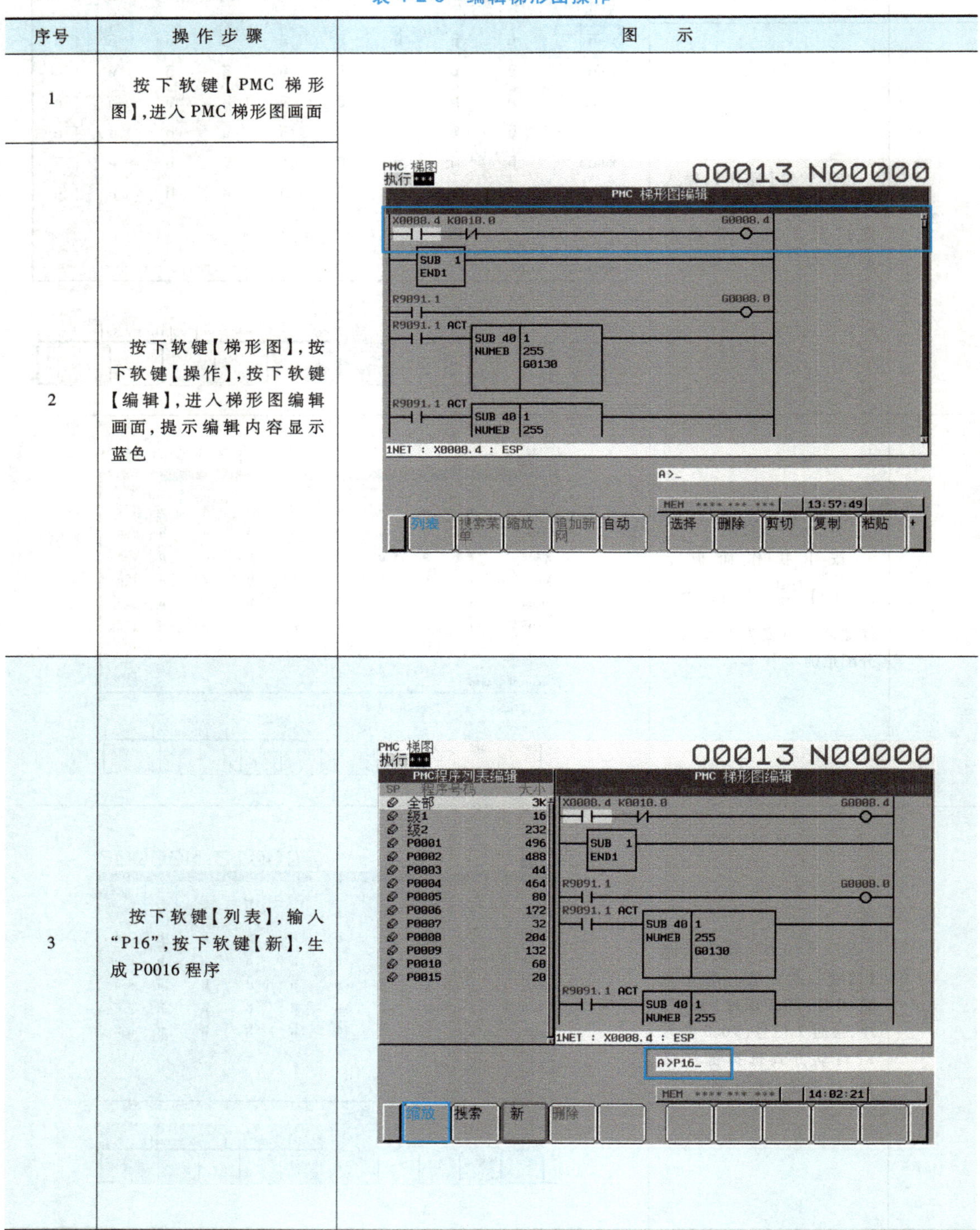

序号	操作步骤	图示
1	按下软键【PMC 梯形图】，进入 PMC 梯形图画面	
2	按下软键【梯形图】，按下软键【操作】，按下软键【编辑】，进入梯形图编辑画面，提示编辑内容显示蓝色	
3	按下软键【列表】，输入“P16”，按下软键【新】，生成 P0016 程序	

（续）

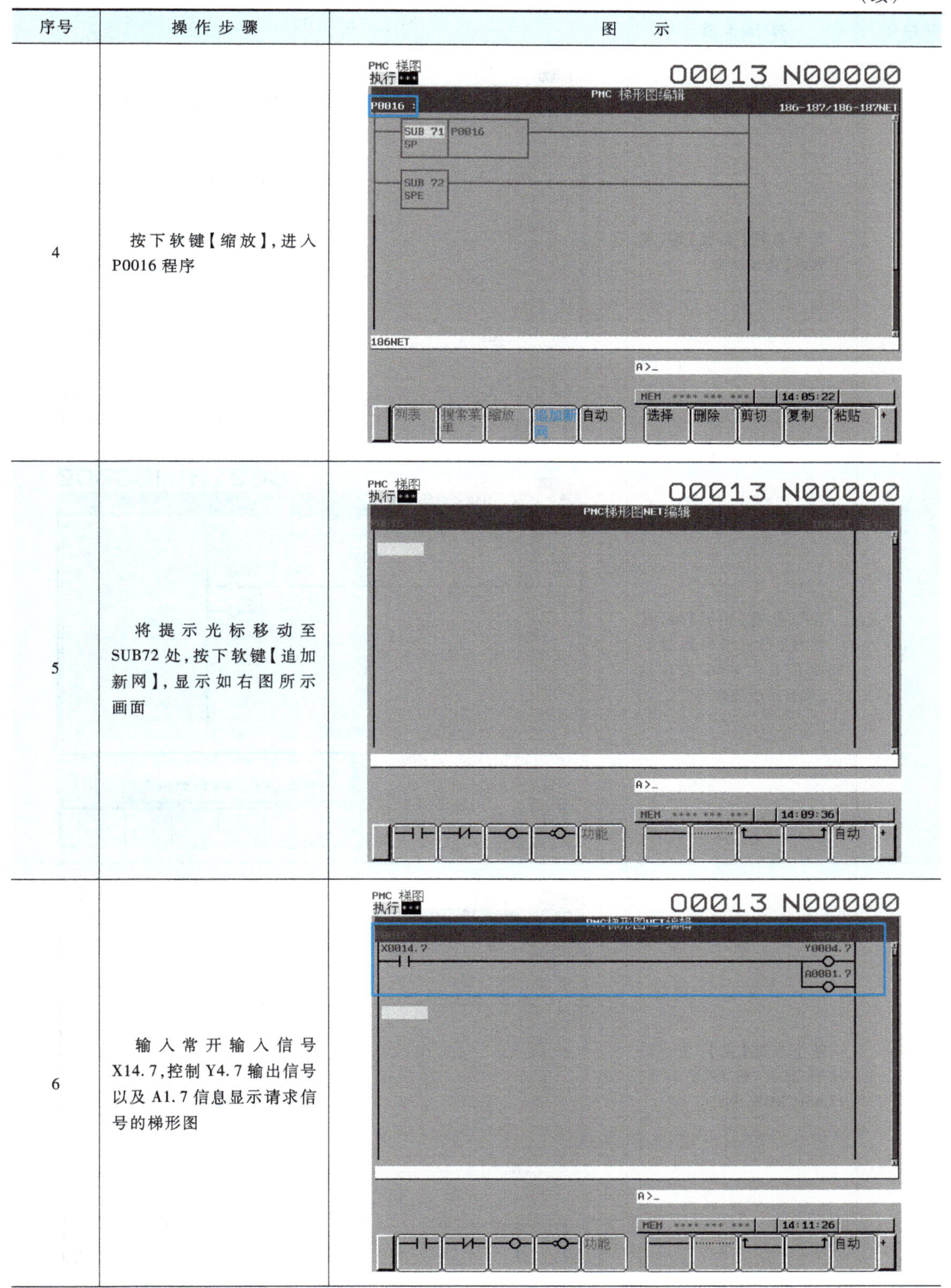

序号	操作步骤	图示
4	按下软键【缩放】，进入P0016程序	
5	将提示光标移动至SUB72处，按下软键【追加新网】，显示如右图所示画面	
6	输入常开输入信号X14.7，控制Y4.7输出信号以及A1.7信息显示请求信号的梯形图	

（续）

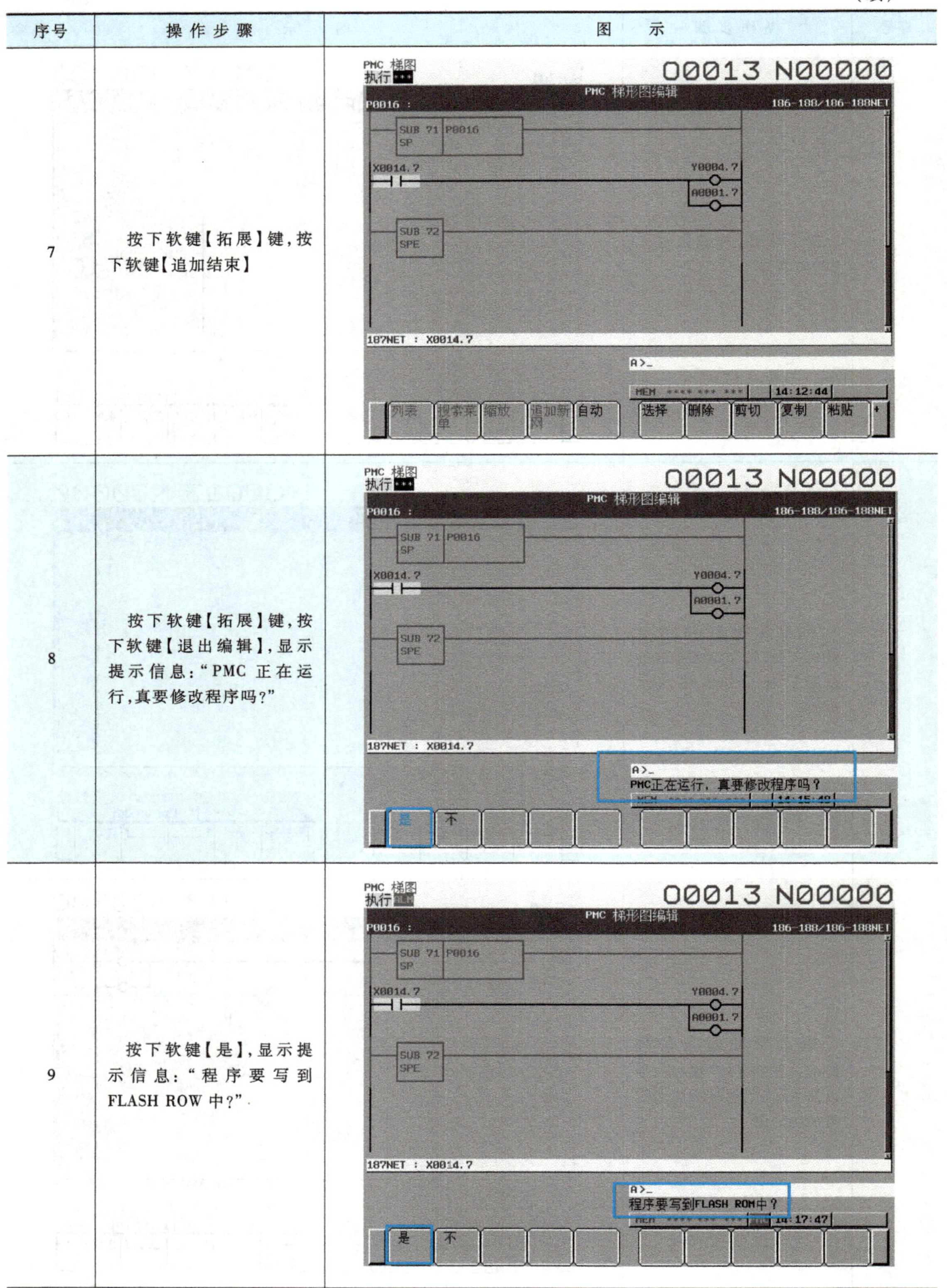

序号	操作步骤	图示
7	按下软键【拓展】键，按下软键【追加结束】	
8	按下软键【拓展】键，按下软键【退出编辑】，显示提示信息：“PMC 正在运行，真要修改程序吗？”	
9	按下软键【是】，显示提示信息：“程序要写到 FLASH ROW 中？”	

（续）

序号	操作步骤	图　示
10	按下软键【是】，编程程序保存，程序编辑完成	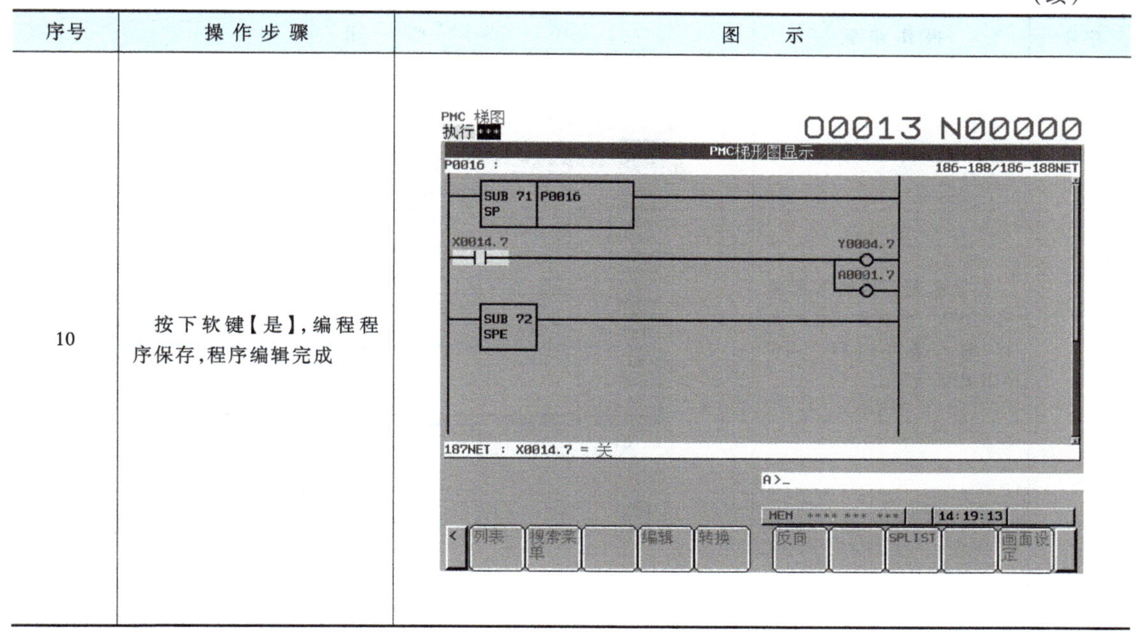

4. 编写梯形图外部报警信息。

编写报警号为：1001号，报警内容为“LOW AIR PRESS”（气压压力不足）的报警信息。通过触发输入信号X14.7，接通线圈Y4.7，用Y4.7控制A0.1，将报警信息显示在MESSAGE画面上。操作步骤见表4-2-6。

表4-2-6　编写报警信息操作

序号	操作步骤	图　示
1	按下软键【信息】，进入信息画面	
2	按下软键【操作】，按下软键【编辑】，提示“要停止此程序吗?”，按下软键【是】，将显示光标移动到A0.1处，按下软键【缩放】，出现右图所示界面	

（续）

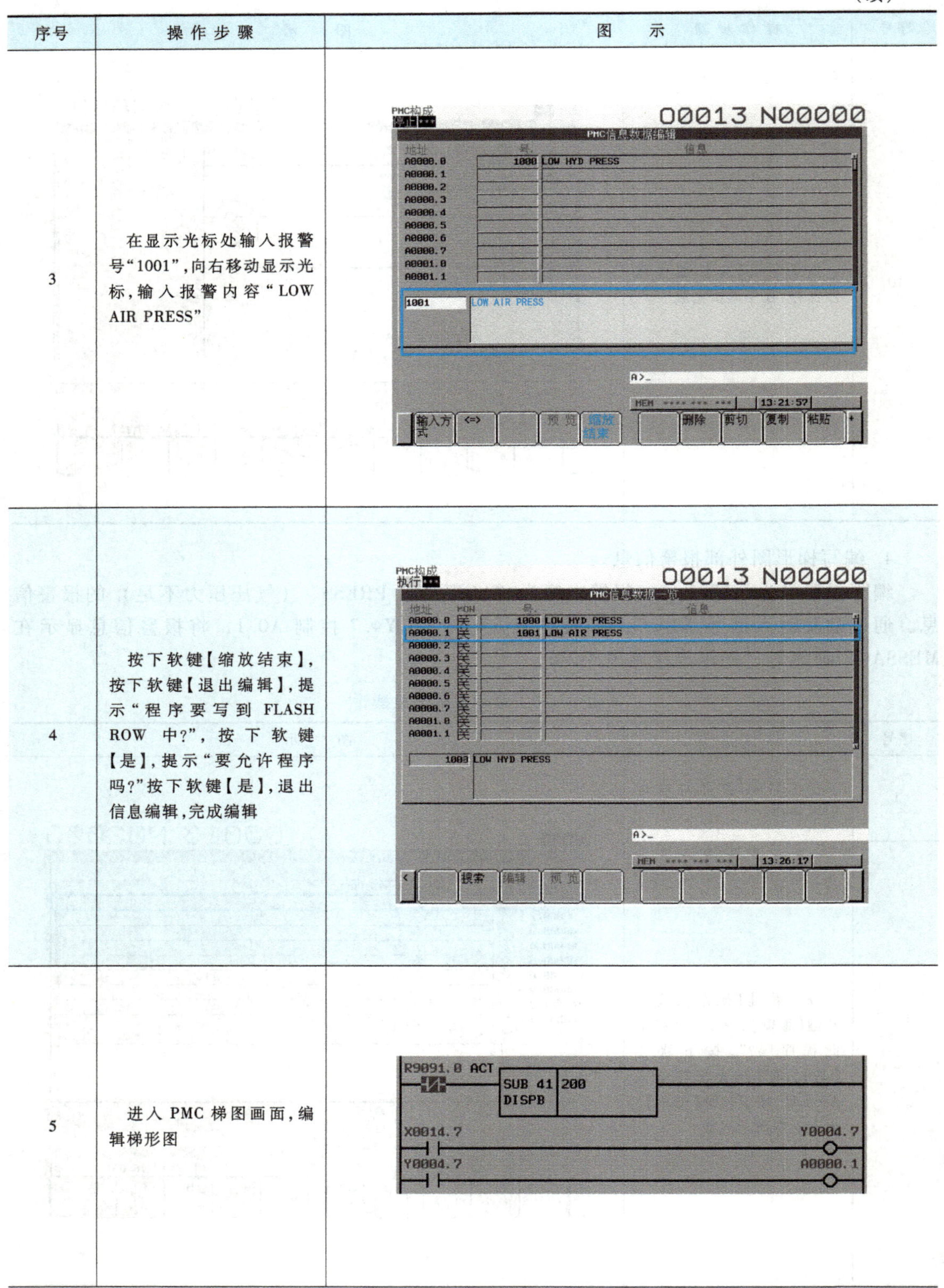

序号	操作步骤	图示
3	在显示光标处输入报警号“1001”，向右移动显示光标，输入报警内容“LOW AIR PRESS”	
4	按下软键【缩放结束】，按下软键【退出编辑】，提示“程序要写到 FLASH ROW 中?”，按下软键【是】，提示“要允许程序吗?”按下软键【是】，退出信息编辑，完成编辑	
5	进入 PMC 梯图画面，编辑梯形图	

（续）

序号	操作步骤	图 示
6	当外部输入信号 X14.7 被触发时，MESSAGE 画面显示的报警信息 EX1001 LOW AIR PRESS（气压压力不足），外部报警信息编辑完成	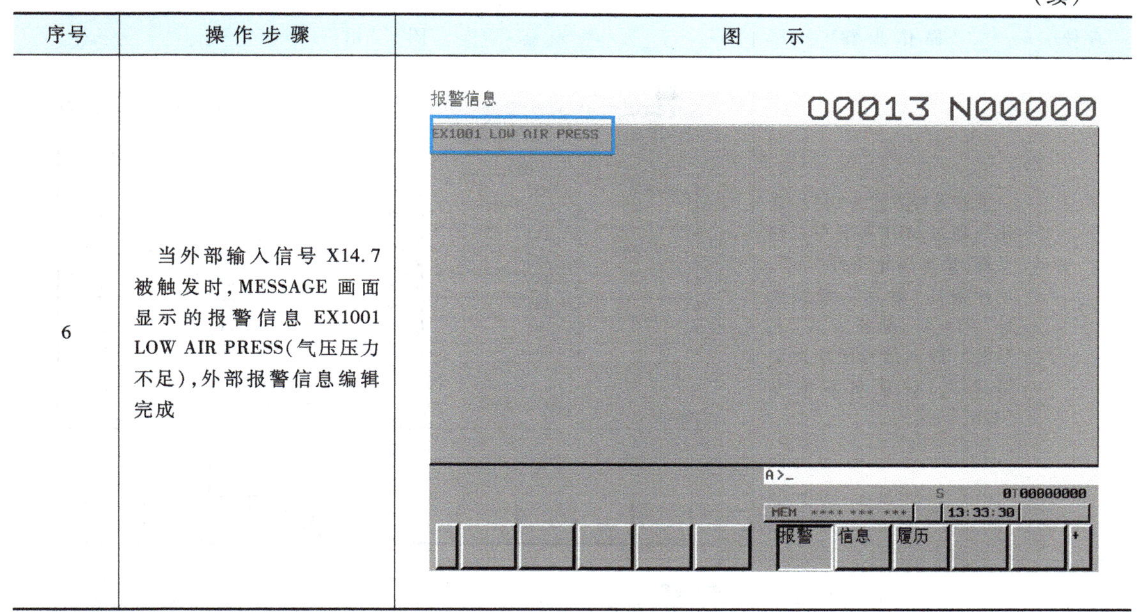

5. 完成信号跟踪。

使用信号跟踪功能，跟踪信号 Y4.6。采样方式选择“信号变化”，停止条件选择“无”，采样条件选择“触发”，通过触发地址为 X14.4 的上升沿，查看 Y4.6 的信号变化。操作步骤见表 4-2-7。

表 4-2-7　加入信号跟踪功能操作

序号	操作步骤	图 示
1	按下软键【跟踪设定】，进入跟踪设定画面	
2	设置采样方式为“信号变化”，通过 MDI 上下左右移动键，输入停止条件“无”，采样条件“触发”，触发地址“X14.4”，触发方式“上升沿”，进入信号跟踪设定第 2 页，设置跟踪信号“4.6”	

（续）

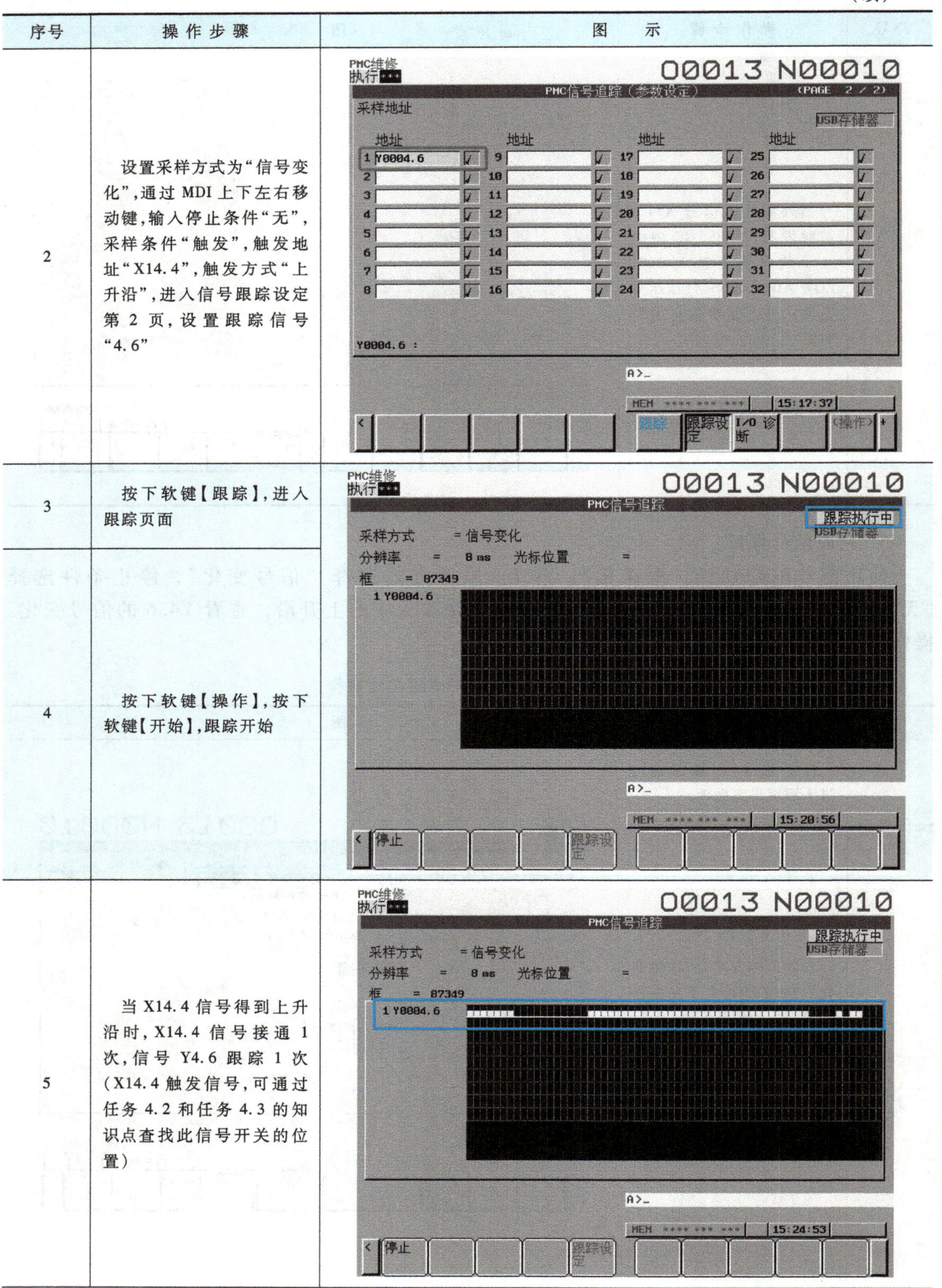

序号	操作步骤	图示
2	设置采样方式为“信号变化”，通过 MDI 上下左右移动键，输入停止条件“无”，采样条件“触发”，触发地址“X14.4”，触发方式“上升沿”，进入信号跟踪设定第 2 页，设置跟踪信号“4.6”	
3	按下软键【跟踪】，进入跟踪页面	
4	按下软键【操作】，按下软键【开始】，跟踪开始	
5	当 X14.4 信号得到上升沿时，X14.4 信号接通 1 次，信号 Y4.6 跟踪 1 次（X14.4 触发信号，可通过任务 4.2 和任务 4.3 的知识点查找此信号开关的位置）	

（续）

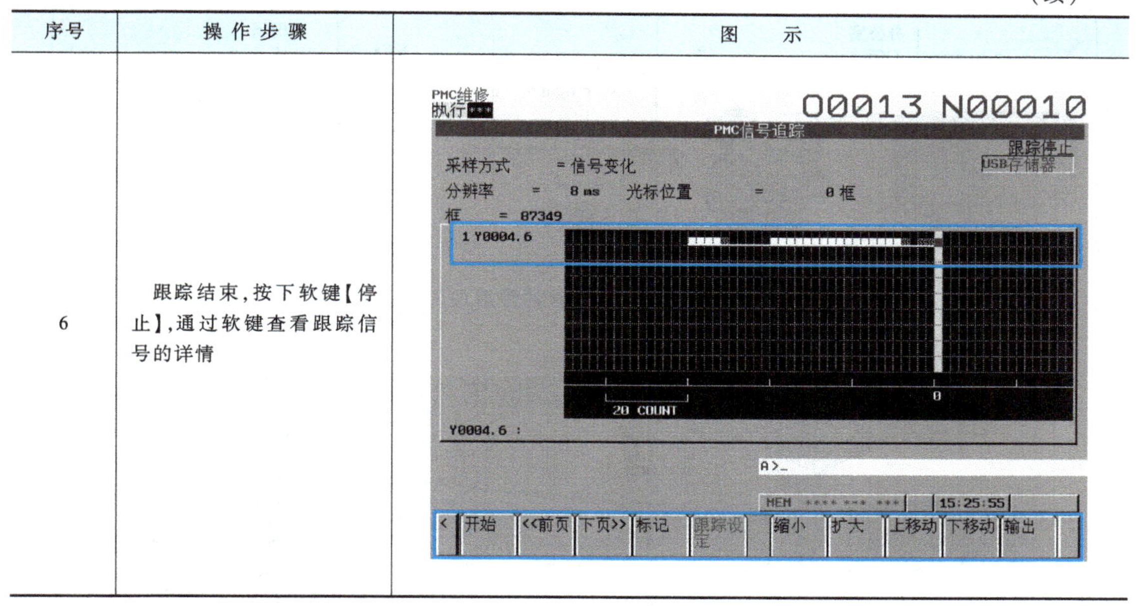

序号	操作步骤	图示
6	跟踪结束，按下软键【停止】，通过软键查看跟踪信号的详情	

4.2.6 实施记录

1. 根据教师引导，记录操作过程步骤。

____

____

____

2. 操作完成后，将待优化的问题记录到操作问题清单（表 4-2-8）中。

表 4-2-8 操作问题清单 组别________

问题	改进方法

4.2.7 知识链接

CNC GUIDE 软件

1. CNC GUIDE 软件概述

CNC GUIDE 是专门针对 FANUC CNC 数控系统开发的一个模拟仿真软件。该软件是可以在个人计算机上学习以及操作运行的 CNC 模拟仿真软件，它可以在不需要专用附加硬件的情况下使用。

2. CNC GUIDE 软件功能介绍

CNC GUIDE 软件功能非常强大，可实现产业应用无缝连接。图 4-2-1 所示为利用 CNC GUIDE 软件模拟加工程序的原理。

CNC GUIDE 软件支持如下功能的仿真：

1）系统显示与模拟操作。图 4-2-2 所示为 CNC 显示与操作画面。

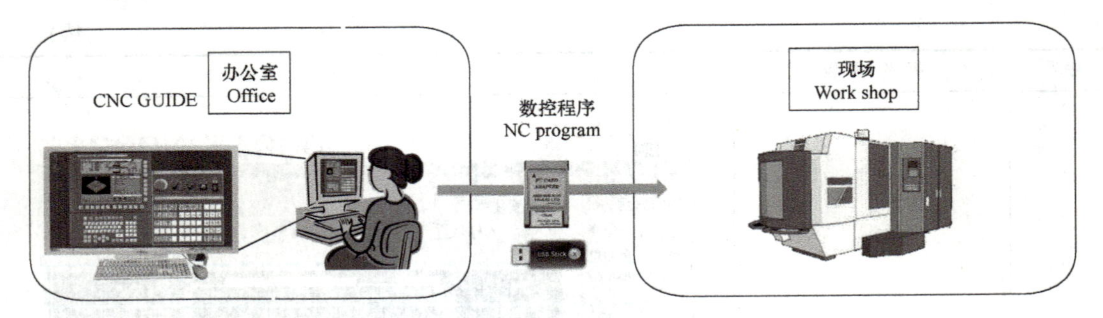

图 4-2-1　CNC GUIDE 软件模拟加工程序原理

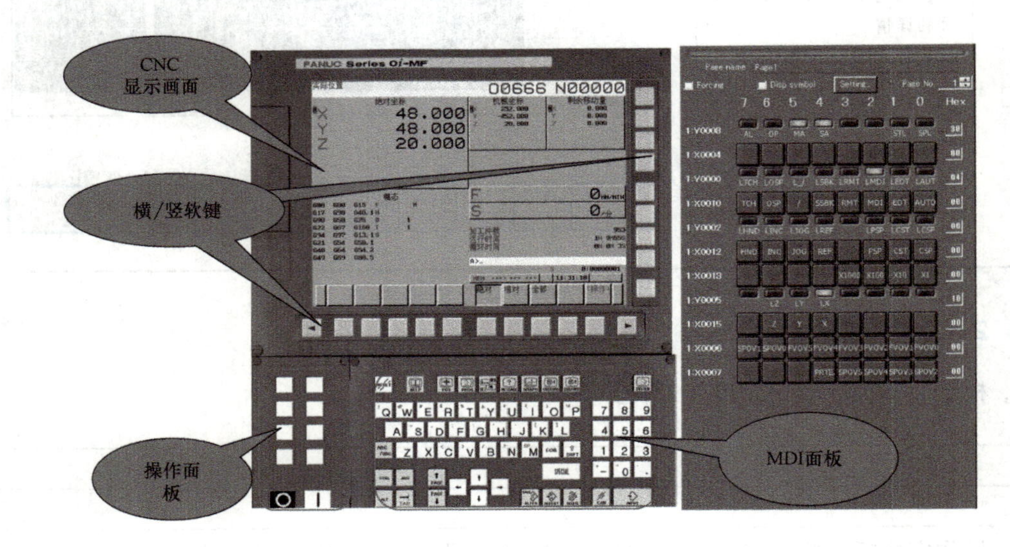

图 4-2-2　CNC 显示与操作画面

2）加工程序的编辑和运行仿真。

3）FANUC PMC 程序的编辑和运行仿真。图 4-2-3 所示为 CNC 加工程序与 PMC 程序编辑画面。

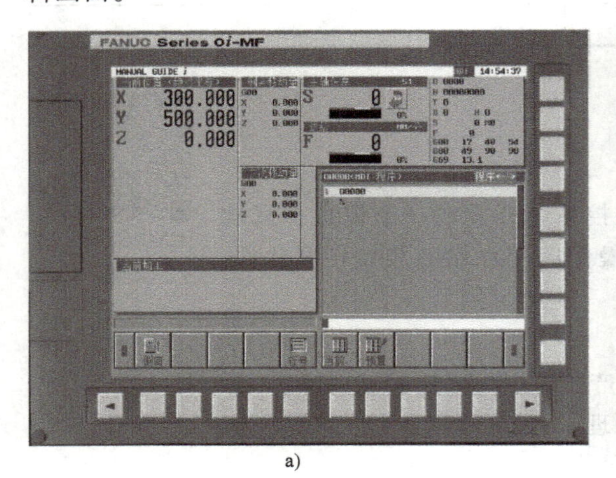

a)

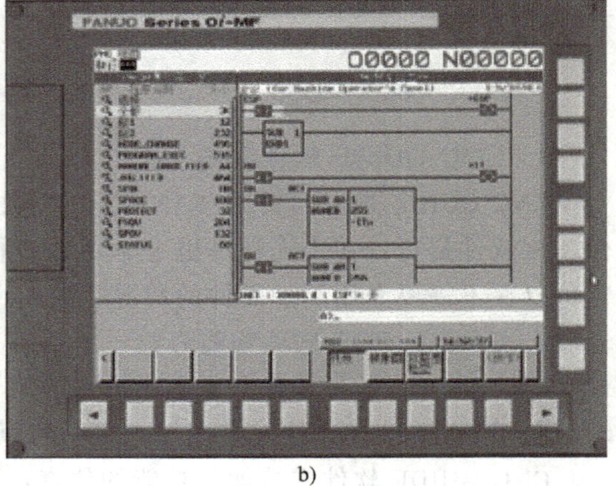

b)

图 4-2-3　CNC 加工程序与 PMC 程序编辑画面

4）支持 FANUC 二次开发的仿真，比如 PICTURE、宏执行器、C 执行器等，可以在计算机上很好地进行代码的测试。支持 FANUC FOCAS2 函数的仿真，这对于设备开发人员有很大的帮助，可测试自己编写的软件是否可以正常与系统通信等。图 4-2-4 所示为二次开发界面。

图 4-2-4　二次开发界面

CNC GUIDE 仿真软件与真机操作相同，更加安全方便，对于数控加工操作人员、数控维修人员、机床连接与调试人员能够提供很大的帮助。该软件也适用于职业院校数控加工、数控维修、机床连接与调试、PMC 设计与应用、机床二次开发类的相关课程的教学。

3. PMC 基本认知

PMC 基本概念

PLC（可编程逻辑控制器）简介

PMC 是利用内置在 CNC 的可编程控制器执行机床顺序控制的可编程机床控制器。顺序控制是按照事先确定的顺序或逻辑，对控制的每一个环节依次进行的控制，例如主轴旋转、换刀、冷却系统等的控制。按照预先规定的顺序逻辑对机床进行控制的程序叫作顺序程序。通常顺序程序使用梯形图编程。

PMC 的基本结构如图 4-2-5 所示。顺序程序按照预定的顺序读入输入信号，执行一系列指令，然后输出结果。

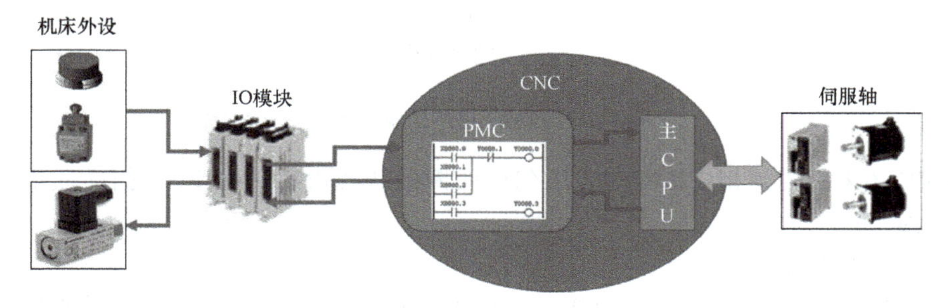

图 4-2-5　PMC 的基本结构

PMC 的输入信号包括来自 CNC 的输入信号（如 M 功能、T 功能信号等）和来自机床的输入信号（如循环启动按钮、进给暂停按钮信号等）。PMC 的输出信号包括输出到 CNC 的信号（如循环启动命令、进给暂停命令等）和输出到机床侧的信号（如主轴起动、冷却起动等）。

4. PMC 扫描

PMC 程序一般分为 2 级，PMC 程序的分级如图 4-2-6 所示。

第 1 级程序主要处理急停、跳转、超程等紧急动作。不使用第 1 级时，只编写 END1 命令。

第 2 级程序是普通的顺序程序。

子程序是重复执行的处理或模块化的程序。子程序只有被调用的情况下才参与 PMC 的扫描，若不调用则不占用 PMC 扫描时间。需在 2 级程序中调用子程序，调用功能指令为 CALL 和 CALLU。子程序可以提高梯形图的可维护性及编写的灵活性。

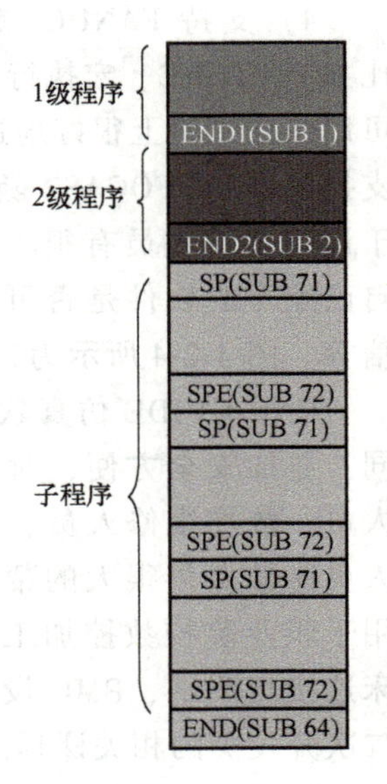

图 4-2-6　PMC 程序的分级

PMC 扫描周期为 8ms 或 4ms，PMC 程序的执行顺序如图 4-2-7 所示。

第 1 级程序每 8ms 执行 1 次。第 2 级程序每 8×n ms 执行 1 次。n 为 2 级程序的分割。

PMC 采用循环扫描方式，从程序开头顺序执行到结尾称为一个循环处理周期，循环处理周期等于扫描周期×n，它的长短决定于 PMC 步数，循环处理周期越短信号的响应性越好。

循环处理周期同时也受到 1 级程序语句数的影响，1 级程序语句数越多则 2 级程序的分隔数越多，循环处理周期越长。所以 1 级程序编制要尽量短，可以把一些需要快速响应的程序放在 1 级程序中。

PMC 扫描规则如下：

1）循环扫描，顺序执行，从上到下，从左到右。

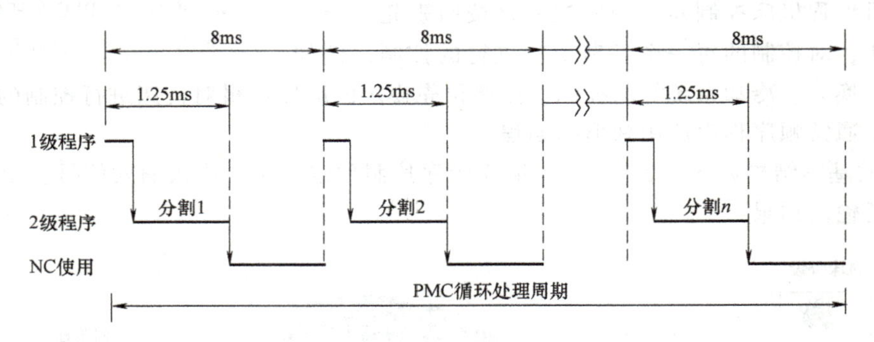

图 4-2-7　PMC 程序的执行顺序

2）PMC 还未扫描到相应语句时，语句中线圈的状态由上一次 PMC 扫描此语句时线圈的状态所决定。

5. PMC 的信号地址

PMC 信号地址由地址号和位号（0~7）组成，如图 4-2-8 所示。地址号的首字符代表信号类型。如果在功能指令中指定字节单位的地址，位号忽略，如 X127。

信号地址是用来区分信号。PMC 的信号地址包括与机床侧之间的输入/输出信号、与 CNC 之间的输入/输出信号、内部继电器、PMC 参数等，如图 4-2-9 所示。

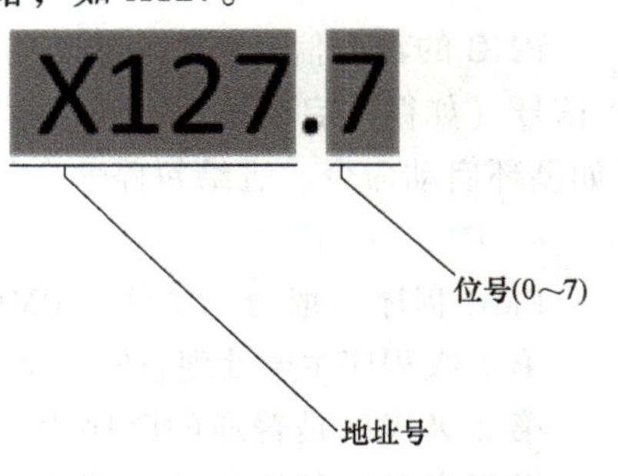

图 4-2-8　PMC 地址格式

X 信号地址：来自机床侧的输入信号，如接近开关、操作按钮等的输入信号。PMC 接收从机床侧各装置的输入信号，在梯形图中进行逻辑运算，作为机床动作的条件及对外围设备进行诊断的依据。

Y 信号地址：由 PMC 输出到机床侧的信号。在

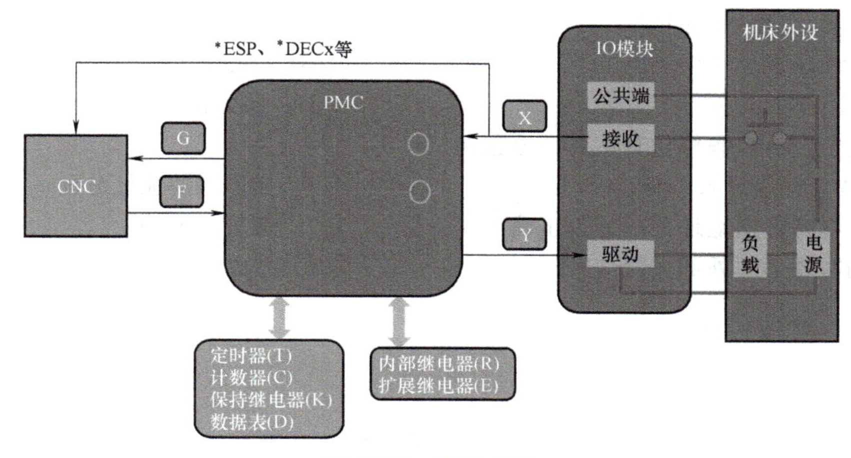

图 4-2-9　PMC 地址

PMC 控制程序中，输出信号控制机床侧的电磁阀、接触器、信号灯等动作，满足机床运行的需要。

G 信号地址：由 PMC 侧输出到系统部分的信号。对系统部分进行控制和信息反馈（如轴互锁信号、M 代码执行完毕信号等）。

F 信号地址：由控制伺服电动机与主轴电动机的系统部分侧输入到 PMC 的信号。系统部分就是将伺服电动机和主轴电动机的状态，以及请求相关机床动作的信号（如移动中信号、位置检测信号、系统准备完成信号等），反馈到 PMC 中去进行逻辑运算，作为机床动作的条件及进行自诊断的依据。

R/E 信号地址：内部继电器 R 和扩展继电器 E，在顺序程序执行处理中使用于运算结果的暂时存储的地址。

内部继电器 R 的地址包含有 PMC 的系统软件所使用的预留区，R9000 及以后的地址为预留区的信号，不能在顺序程序中写入。

内部继电器 R 和扩展继电器 E 的区别在于，在多 PMC 的系统中各 PMC 均有单独的 R 地址而 E 地址则为各 PMC 共用。

直接读取信号是部分 X 信号，可由 CNC 直接读取，不需要 PMC 处理，因此即时响应性更好。这些 X 信号是 CNC 软件确定的，如急停信号（＊ESP）、跳转信号（SKIP）、参考点减速信号（＊DECx）等均为此类信号。

4.2.8　任务测评

1. （判断）CNC GUIDE 软件是一种既可实现单人操作又可实现多人同时操作的仿真软件。（　）

2. （判断）PMC 即数控机床内置式 PLC 控制技术。在数控机床中，CNC 是整个数控系统的核心装置，机床作为最终的执行机构，PMC 是 CNC 与机床之间的纽带和信息交换平台。（　）

3. （判断）CNC GUIDE 仿真软件可实现 PMC 程序仿真功能，从程序的创建、模拟、修改，到信号的追踪等，以及验证程序的正确性，最后把调试好的 PMC 程序导出。（　）

4. （多选）PMC 程序包括（　）。

A. 1 级程序　　B. 2 级程序

C. 3 级程序　　D. 子程序

5. （多选）PMC 程序仿真主要内容包括（　）。

A. PMC 程序导入、导出　　B. 梯形图的地址分配

C. 查看梯形图地址分配是否正确　　D. 编辑梯形图

E. 编写梯形图外部报警信息　　F. 完成信号追踪

4.2.9 考核评价

任务 4.2 的考核评价表见表 4-2-9。

表 4-2-9　任务 4.2 的考核评价表

环节	项　目	记　录	标准	分值
课前	问题引导		10	
	信息获取		10	
课中	课堂考勤		5	
	课堂参与		10	
	清洁及节约的意识、敢于尝试的精神		10	
	小组互评		5	
	技能任务考核		40	
课后	任务测评		10	
总评			100	

【素养提升拓展讲堂】扎根轨道一线三十余载——“信号工”孙树旗

对许多人来说，地铁是“最靠谱”的交通工具之一，“准时发车、精准停靠”，而这些依靠的是地铁的中枢神经——信号系统。为了地铁的正常运行，信号工件不分寒冬酷暑地忙碌着，孙树旗是其中之一，他坚守一线岗位 33 年，本着敬业奉献的工匠精神，坚持“0.1 毫米误差也不放过”的理念，在岗位上默默奉献。

1984 年 12 月，孙树旗中专毕业后正式成为天津地铁的一名信号工。30 多年来，他历经了新老地铁的变迁，2001 年以来，随着天津地铁网络的初步形成，运营组织的后台设备设施在功能上富有多样性，在管理上具备复杂性。“原来的信号设备以机电系统为主，而新型设备则更多依靠自动化、网络通信为主，科技含量更高。”作为为数不多的从老系统转到新系统的信号工，这对孙树旗来说是一个全新的挑战。

在他的努力下，全新的设备终于被他攻克，并开始创新。他凭借丰富的实操经验，将实践心得分享给大家，并先后参与编写了《折返站道岔故障处理规程》等 12 项关键作业指导书和故障查找手册，共逾 23 万字，以及《信号专业职工职级评定初、中、高三级题库》，成为天津地铁信号工的学习手册。

作为信号工区长，孙树旗带领着 23 名 80 后年轻人的团队。孙树旗总对他们说：“我的能力有限，只想教会你们两样东西：一是做一个好工人，二是存一颗工匠心。”孙树旗就是这样一名朴实的信号工，他这种时刻坚守，追根溯源的精神值得每个人的学习。

任务4.3 气动门的自动化改造

4.3.1 任务引入

现接到一批液压缸套筒零件的生产任务，由切削加工智能制造单元进行零件的生产：立式加工中心、数控车床进行加工，机器人进行工件的搬运、定位、装夹。

切削加工智能制造单元已经调试完成。现需要设计数控车床自动门开关的PMC顺序程序并对车床气动门进行强制操作。

4.3.2 实训目标

■ 素质目标

1. 培养学生知行合一的实践精神。
2. 提高学生爱岗敬业的职业精神。

■ 知识目标

1. 熟悉数控车床信号追加的原理。
2. 熟悉I/O信号的类型及含义。

■ 能力目标

能够编写数控车床自动门开关的PMC顺序程序。

4.3.3 问题引导

1. 什么是PMC？PMC与机床的动作有什么关系？

2. 数控车床为什么会自动开关门？

3. M代码的含义是什么？

4.3.4 设备确认

1. 观察智能制造单元，确认机械正常。
2. 智能制造单元上电后，确认系统无急停，无报警。
3. 领取工作任务单（表 4-3-1），明确本次任务的内容。
4. 领取并填写设备确认单（表 4-3-2）。

表 4-3-1 工作任务单

实训任务	气动门自动化改造	
序号	工 作 内 容	工 作 目 标
1	编写机床自动门开关梯形图	掌握 M 代码的译码，自动门开关 M 代码的信号处理，完成辅助功能信号的处理

表 4-3-2 设备确认单

序号	设备名称	实现功能	实现方式	设备及其功能要求	设备状态是否正常
1	计算机	实现机器人的仿真	通过机器人程序	CNC GUIDE	
任务执行时间		年 月 日	执行人		

4.3.5 任务实施

气动门自动化改造程序编程

1. 自动门开关的 PMC 顺序程序设计思路。

(1) 开关门 PMC 程序的逻辑流程

① M 代码译码：利用 SUB25 DECB 功能指令进行 M 代码的译码（选用 M61 控制门开，M62 控制门关）；

② 开关门相关信号处理：用 M61、M62 的译码输出地址处理开关门相关信号；

③ 完成信号 G4.3 的处理：用译码输出地址与自动门开关条件结合来处理辅助功能完成信号。

(2) 与自动门开关相关的输入和输出信号

① 输入信号：门开到位信号：X1.2　门关到位信号：X1.3
　　　　　　门开按键：X27.2　　门关按键：X27.3

② 输出信号：门开气动阀：Y1.0　门关气动阀：Y1.1
　　　　　　门开指示灯：Y27.2　门关指示灯：Y27.3

2. 编写数控车床门开、门关梯形图以及自动门开关 M 代码完成信号处理步骤如下。

(1) M 代码的译码　M 代码选通信号 F7.0，触发译码功能模块 SUB25 DECB 功能指令进行 M 代码的译码，选用 M61 控制门开，M62 控制门关，也可选择没有用过的 M 代码。操作步骤见表 4-3-3。

(2) 开关门相关信号处理　开关门相关信号处理的操作步骤见表 4-3-4。

表 4-3-3　M 代码译码的操作步骤

序号	操作步骤	图　示
1	如右图梯形图所示，当 F7.0 为 1 时，DECB 指令完成译码。R630 为 M60 译码输出地址。那么 M61 代码经译码后 R630.1 内部继电气地址为 1，M62 代码经译码后 R630.2 内部继电气地址为 1	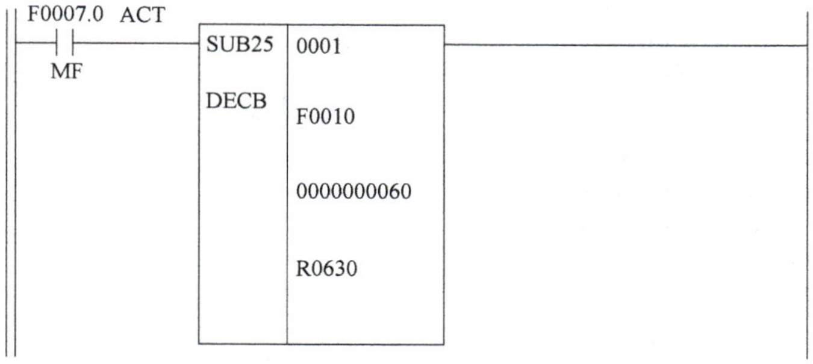 F0007.0 ACT MF SUB25 DECB 0001 F0010 0000000060 R0630
2	M61、M62 译码输出地址处理开、关门中间信号分别为 R1475.0 和 R1475.1 其中输入信号： 门开到位信号：X1.2 门关到位信号：X1.3 门开按键：X27.2 门关按键：X27.3 输出信号： 门开气动阀：Y1.0 门关气动阀：Y1.1 门开指示灯：Y27.2 门关指示灯：Y27.3	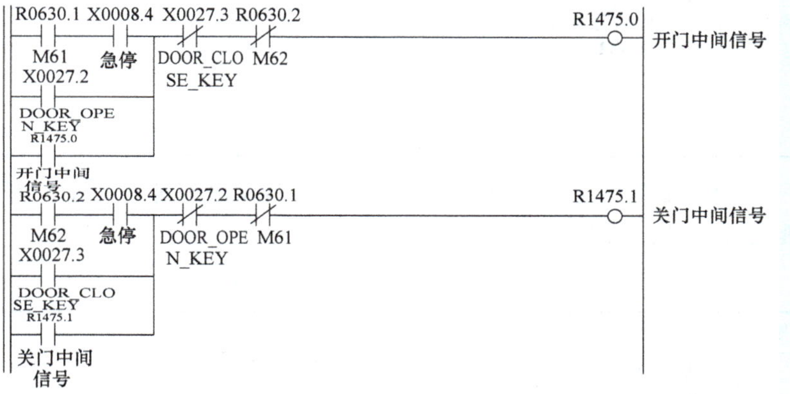 R0630.1 X0008.4 X0027.3 R0630.2 R1475.0 M61 急停 DOOR_CLOSE_KEY M62 开门中间信号 X0027.2 DOOR_OPEN_KEY R1475.0 开门中间信号 R0630.2 X0008.4 X0027.2 R0630.1 R1475.1 M62 急停 DOOR_OPEN_KEY M61 关门中间信号 X0027.3 DOOR_CLOSE_KEY R1475.1 关门中间信号
3	开、关门中间信号分别导通开们电磁阀 Y1.0、关门电磁阀 Y1.1 及相应的指示灯，实现 M 代码自动开关门	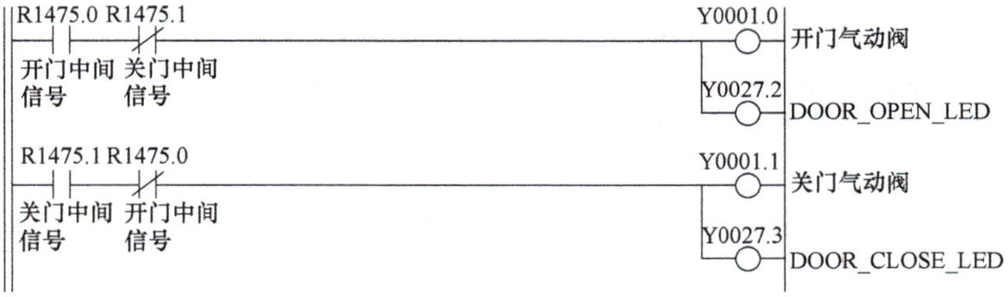 R1475.0 R1475.1 Y0001.0 开门气动阀 开门中间信号 关门中间信号 Y0027.2 DOOR_OPEN_LED R1475.1 R1475.0 Y0001.1 关门气动阀 关门中间信号 开门中间信号 Y0027.3 DOOR_CLOSE_LED

表 4-3-4　开关门相关信号处理的操作步骤

序号	操作步骤	图　示
1	当指令为 M61 开门，开门中间信号 R1475.0 输出为 1，门开气动阀 Y1.0 动作，门开到位信号 X1.2 自动代码完成信号为 1，自动门开 M 代码完成	 R1475.0 X0001.2 X0001.3 R0311.0 自动门开_M代码完成 开门中间信号 门开到位信号 门关到位信号 R1475.1 X0001.2 X0001.3 R0311.1 自动门关_M代码完成 关门中间信号 门开到位信号 门关到位信号 R0311.0 R0520.0 自动门M代码 自动门开_M代码完成 R0311.1 自动门关_M代码完成

（续）

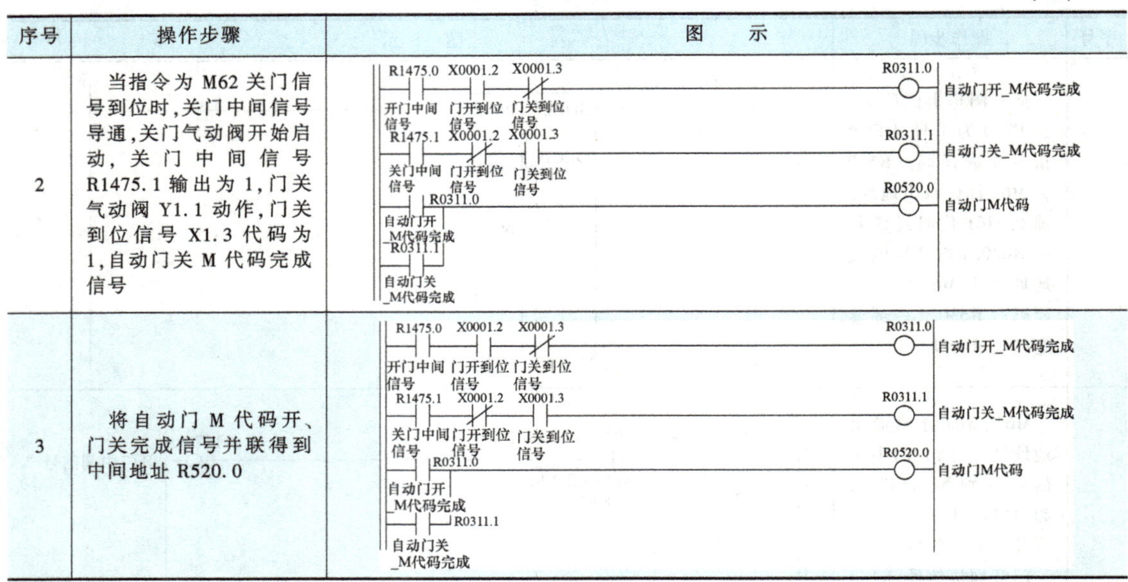

序号	操作步骤	图　示
2	当指令为 M62 关门信号到位时，关门中间信号导通，关门气动阀开始启动，关门中间信号 R1475.1 输出为 1，门关气动阀 Y1.1 动作，门关到位信号 X1.3 代码为 1，自动门关 M 代码完成信号	R1475.0 开门中间信号　X0001.2 门开到位信号　X0001.3 门关到位信号　R0311.0 自动门开_M代码完成 R1475.1 关门中间信号　X0001.2 门开到位信号　X0001.3 门关到位信号　R0311.1 自动门关_M代码完成 R0311.0 自动门开_M代码完成　R0311.1 自动门关_M代码完成　R0520.0 自动门M代码
3	将自动门 M 代码开、门关完成信号并联得到中间地址 R520.0	R1475.0 开门中间信号　X0001.2 门开到位信号　X0001.3 门关到位信号　R0311.0 自动门开_M代码完成 R1475.1 关门中间信号　X0001.2 门开到位信号　X0001.3 门关到位信号　R0311.1 自动门关_M代码完成 R0311.0 自动门开_M代码完成　R0311.1 自动门关_M代码完成　R0520.0 自动门M代码

（3）辅助功能信号 G4.3 处理　用译码输出地址与自动门开关条件结合来处理辅助功能完成信号，见表 4-3-5。

表 4-3-5　辅助功能信号 G4.3 处理

序号	操作步骤	图　示
1	将自动门 M 代码开、门关完成信号并联得到中间地址 R520.0 给到辅助功能结束信号 G4.3，也是 FIN 信号，告诉 CNC 自动化 M 代码的外部动作已经完成	F0007.0 MF　F0007.0 MF　F0007.3 TF　F0007.2 SF　G0004.3 M/S/T_FINISH F0007.3 TF　R0545.0　R0533.4　G0029.4 F0007.2 SF　R0520.0 自动门M代码　R0341.0 NOT_TURRET

数控机床安全操作警示-动画

3. 开关门信号强制方法（表 4-3-6）。

表 4-3-6　开关门信号强制方法

序号	操作步骤	图　示
1	按键【MENU】→【5. I/O】→【3. 数字】→【ENTER】，进入组地址设定画面。找到对应车床气动门的 DO 地址	

（续）

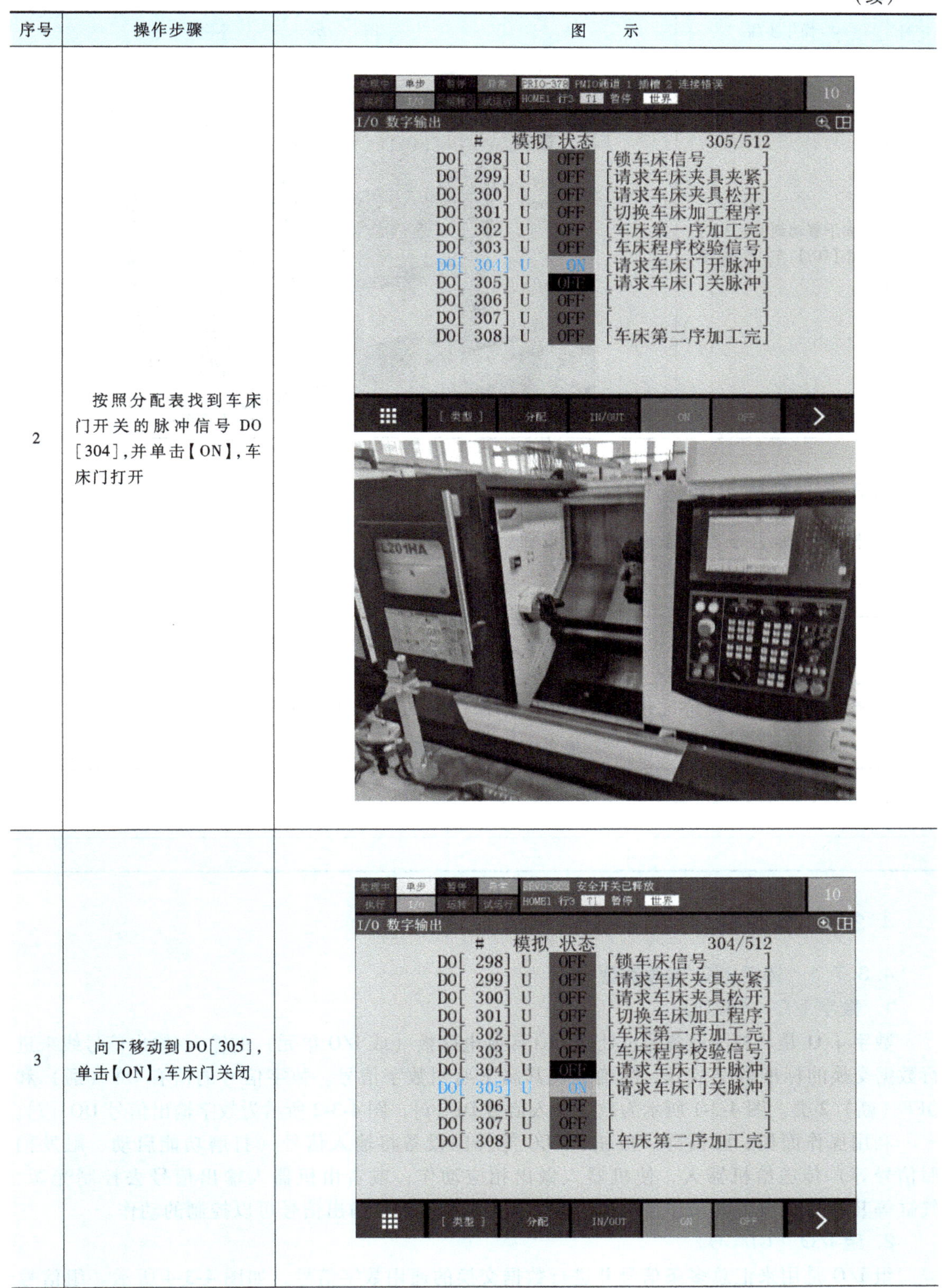

序号	操作步骤	图　示
2	按照分配表找到车床门开关的脉冲信号DO[304]，并单击【ON】，车床门打开	
3	向下移动到DO[305]，单击【ON】，车床门关闭	

（续）

序号	操作步骤	图　示
3	向下移动到 DO[305]，单击【ON】，车床门关闭	

4.3.6　实施记录

1. 根据教师引导，记录操作过程步骤。

____

____

____

____

2. 操作完成后，将待优化的问题记录到操作问题清单（表 4-3-7）中。

表 4-3-7　操作问题清单　　组别________

问　题	改进方法

4.3.7　知识链接

4.3.7.1　通用 I/O 信号类型

1. 数字 I/O（DI/DO）

数字 I/O 是从外围设备通过处理 I/O 印制电路板（或 I/O 单元）的输入/输出信号线来进行数据交换的标准数字信号，准确地说其属于通用数字信号。数字信号的值有 ON（通）和 OFF（断）2 类。图 4-3-1 所示为数字输入信号 DI［i］，图 4-3-2 所示为数字输出信号 DO［i］。

利用操作面板、触摸屏、按钮、PLC 等外围设备将输入信号（打磨功能启动、触发拍照信号等）传送给机器人，使机器人做出相应动作；或者由机器人输出信号去控制光源、气缸等其他外围设备的动作。图 4-3-3 所示为数字输入及输出信号可以控制的动作。

2. 组 I/O（GI/GO）

组 I/O 是用来汇总多条信号并进行数据交换的通用数字信号，如图 4-3-4 所示。组信号

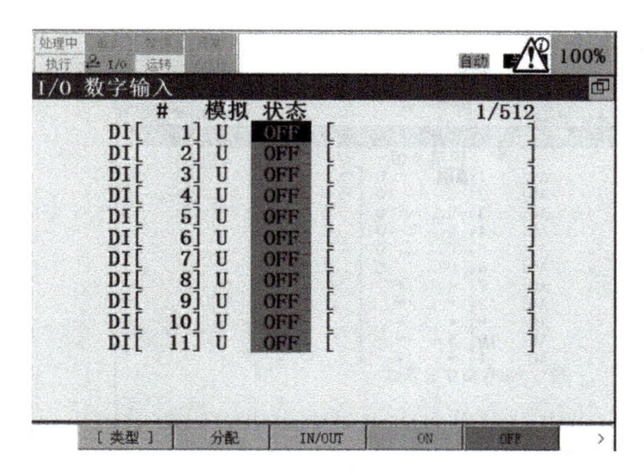

图 4-3-1　数字输入 DI［i］

图 4-3-2　数字输出 DO［i］

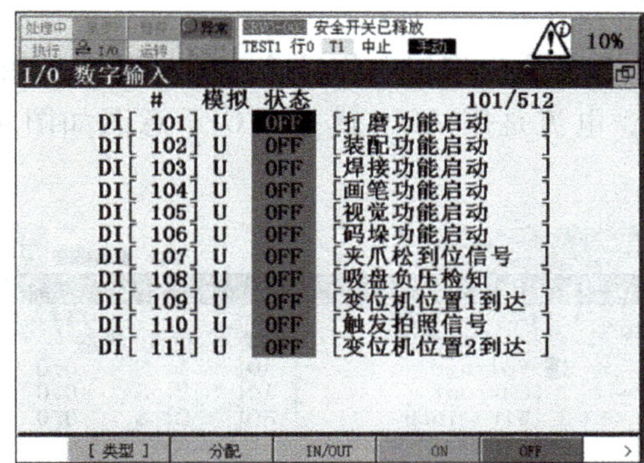

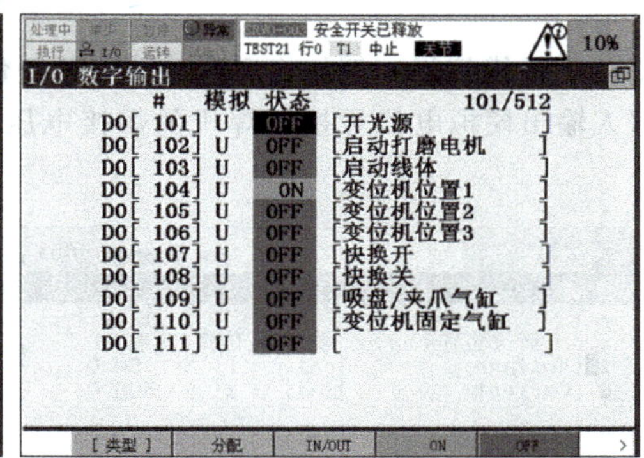

图 4-3-3　数字 I/O 示意图

的值用数值（十进制数或十六进制数）来表达，转变或逆转变为二进制数后通过信号线交换数据。

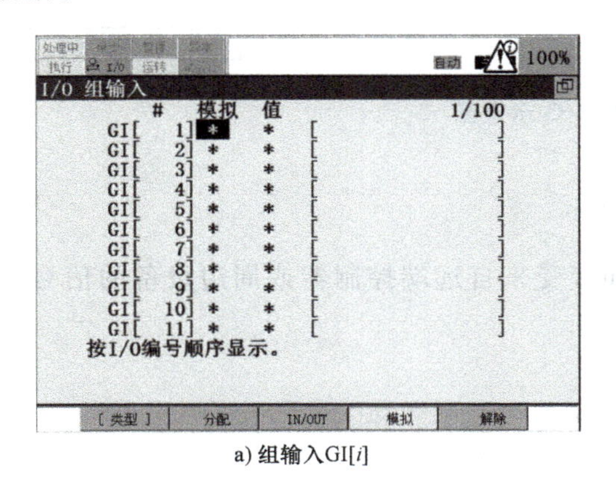

a) 组输入GI[i]

b) 组输出GO[i]

图 4-3-4　组 I/O

3. 模拟 I/O（AI/AO）

模拟 I/O 从外围设备通过处理 I/O 印制电路板（或 I/O 单元）的输入/输出信号线而进行模拟输入/输出电压值的交换，如图 4-3-5 所示。进行读写时，将模拟输入/输出电压转换为数字值。因此，值不见得与输入/输出电压值完全一致。

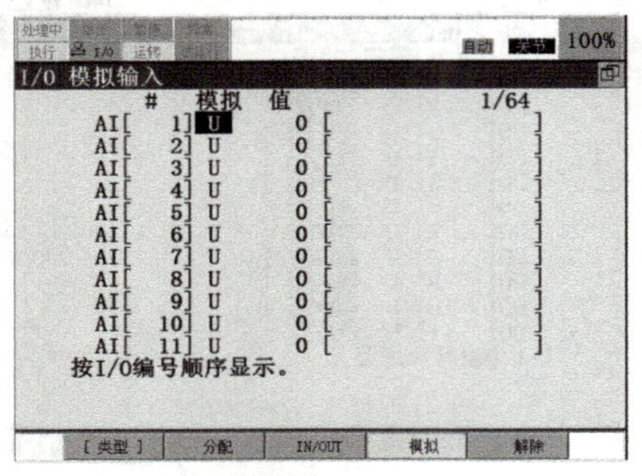

a) 模拟输入AI[*i*]

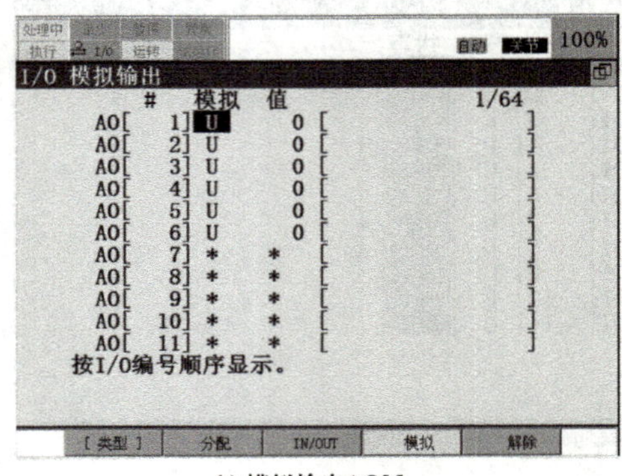

b) 模拟输出AO[*i*]

图 4-3-5 模拟 I/O

AI/AO 是模拟量，例如将温度传感器的变化量转化为模拟电信号输入给机器人是用 AI；由机器人输出模拟电信号控制焊机的焊接电压、电流是用 AO。模拟 I/O 示意图如图 4-3-6 所示。

I/O 焊接输入 1/12

	信号名称	形式	#	仿真	状态
1	[Voltage]	AI[	1]	S	50.0
2	[Current]	AI[	2]	S	500.0
3	[ ]	WI[	1]	U	关
4	[电弧检查]	WI[	2]	S	开
5	[气体异常]	WI[	3]	S	关
6	[线材异常]	WI[	4]	S	关
7	[冷却水异常]	WI[	5]	S	关
8	[电源异常]	WI[	6]	S	关
9	[ ]	WI[	7]	U	关

I/O 焊接输出 1/11

	信号名称	形式	#	仿真	状态
1	[Voltage]	AO[	1]	S	0.0
2	[Current]	AO[	2]	S	0.0
3	[Wire inch]	AO[	2]	S	0.0
4	[起弧]	WO[	1]	S	关
5	[气体]	WO[	2]	S	关
6	[ ]	WO[	3]	U	关
7	[寸动送线(+)]	WO[	4]	S	关
8	[寸动送线(-)]	WO[	5]	S	关
9	[粘丝异常]	WO[	6]	S	关

[类型] 帮助 输入/出

图 4-3-6 模拟 I/O 示意图

4.3.7.2 专用 I/O 信号

1. 专用 I/O 的功能与种类

(1) 专用 I/O 的功能 专用 I/O 是发送和接受来自远端控制器或周边设备的信号，可以执行以下功能：

1）选择程序。

2）开始和停止程序。

3）从报警状态中恢复系统。

4）其他。

(2) 专用 I/O 的种类 外部输入 UI [*i*] 外部输出 UO [*i*]

操作面板输入 SI [*i*] 操作面板输出 SO [*i*]

机器人输入 RI [*i*] 机器人输出 RO [*i*]

2. 外部输入/输出（UI/UO）

（1）输入　外部输入如图 4-3-7 所示。

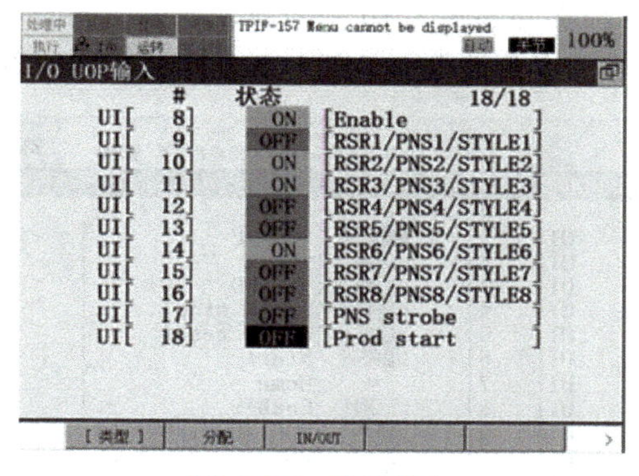

图 4-3-7　外部输入

UI［1］IMSTP：紧急停机信号（正常状态：ON）。

UI［2］Hold：暂停信号（正常状态：ON）。

UI［3］SFSPD：安全速度信号（正常状态：ON）。

UI［4］Cycle Stop：周期停止信号。

UI［5］Fault Reset：报警复位信号。

UI［6］Start：外部启动信号（信号下降沿有效）。

UI［7］Home：回 HOME 输入信号（需要设置宏程序）。

UI［8］Enable：使能信号。

UI［9-16］RSR1-RSR8：机器人服务请求信号，可选择 8 个以 RSR 方式命名的程序。

UI［9-16］PNS1-PNS8：程序选择信号，可选择 255 个以 PNS 方式运行的程序。

UI［17］PNS　Strobe：PNS 滤波信号，检测出上升沿后，以大约 15ms 为间隔读出 PNS 值 2 次以上，在确认信号已经稳定后进行程序选择处理。

UI［18］Prod　Start：自动操作开始（生产开始）信号（信号下降沿有效）。

（2）输出　外部输出如图 4-3-8 所示。

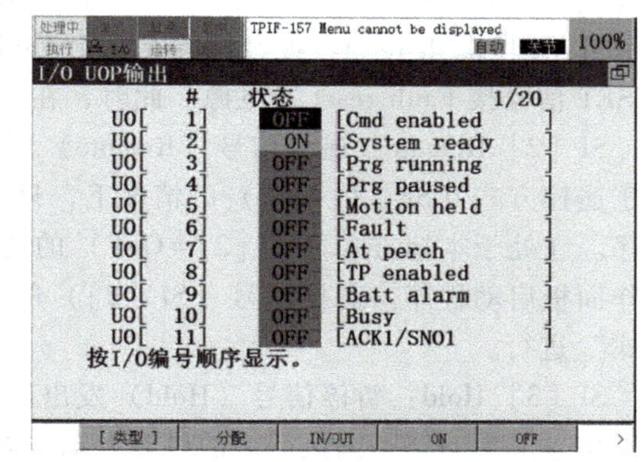

图 4-3-8　外部输出

UO［1］Cmd enabled：命令使能信号输出。

UO［2］System ready：系统准备完毕输出。

UO［3］Prg running：程序执行输出。

UO［4］Prg paused：程序暂停输出。

UO［5］Motion held：暂停输出。

UO［6］Fault：错误输出。

UO［7］At perch：机器人就位输出。

UO［8］TPENBL：示教盒使能输出。

UO［9］Batt alarm：电池报警输出（电气控制柜电池电量不足，输出制 ON）。

UO［10］Busy：处理器忙输出。

UO［11-18］SN01-SN08：该信号组以 8 位二进制码表示相应的当前选中的 PNS 程序号。

UO［11-18］ACK1-ACK8：证实信号，当 RSR 输入信号被接受时，会输出一个相应的脉冲信号。

UO［19］SNACK：信号数确认输出。

UO［20］Reserved：预留信号。

利用操作面板、触摸屏、按钮、PLC 等外围设备将信号传送给外部输入 UI，外部输出

UO 根据外部输入 UI 信号改变状态，同时可根据外部输出 UO 状态的改变，判断外部输入 UI 信号的有效性等。外部 I/O 示意图如图 4-3-9 所示。

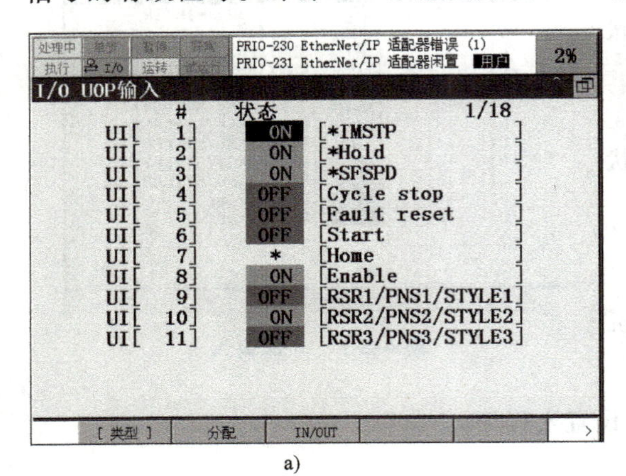

a)

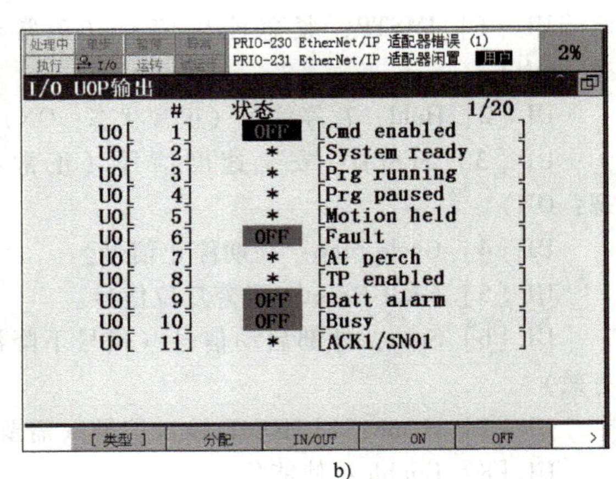

b)

图 4-3-9　外部 I/O 示意图

3. 操作面板输入/输出（SI/SO）

请注意，操作面板输入/输出 SI［*i*］/SO［*i*］和机器人输入/输出 RI［*i*］/RO［*i*］为硬件连线，不需要配置。操作面板输入/输出如图 4-3-10 所示。

SI［1］Fault reset：报警解除信号（Fault reset）解除报警。伺服电源被断开时，通过 RESET 信号接 Fault reset 通电源。此时，在伺服装置启动之前，报警不予解除。

SI［2］Remote：遥控信号（Remote）用来进行系统的遥控方式和本地方式的切换。在处于遥控方式（SI［2］=ON）的情况下，只要满足遥控条件，即可通过外围设备 I/O 启动程序。在处于本地方式（SI［2］=OFF）的情况下，只要满足操作面板有效条件，即可通过操作面板启动程序。遥控信号（SI［2］）的 ON/OFF 操作，通过系统设定菜单“设定控制方式”进行。

SI［3］Hold：暂停信号（Hold）发出使程序暂停的指令。该信号通常情况下处在 ON。若该信号成为 OFF，则执行中的机器人动作被减速停止，执行中程序被暂停。

SI［6］Cycle start：启动信号（Cycle start）通过示教器所选程序的、当前光标所在位置的行号码启动程序。或者，再启动处在暂停状态下的程序。当处在接通后又被关闭的下降沿时，该信号启用。

SO［0］Remote LED：遥控信号（Remote LED）在遥控条件成立时被输出。

SO［1］Cycle start：处理中信号（Cycle start）在程序执行中或执行文件传输等某项处理时输出。程序处在暂停中时，该信号不予输出。

SO［2］Hold：保持信号（Hold）在按下 Hold 按钮时和输入 Hold 信号时输出。

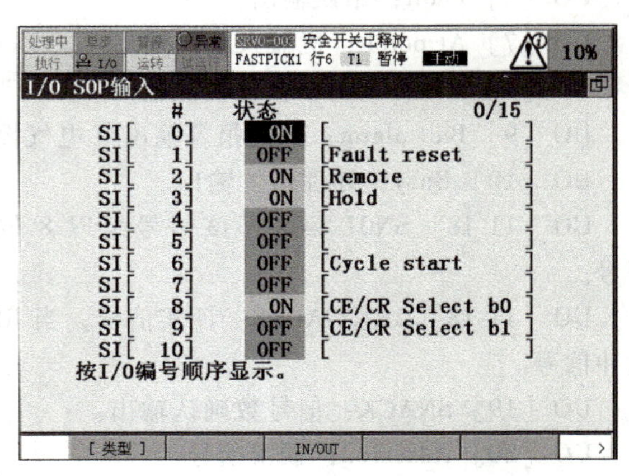

图 4-3-10　操作面板输入/输出

SO［3］Fault LED：报警（Fault LED）信号在系统中发生报警时输出。可以通过 Fault reset 输入来解除 Fault 报警。系统发出警告时（WARN 报警），该信号不予输出。

SO［4］Batt alarm：电池异常信号（Batt alarm），表示控制装置或机器人的脉冲编码器的电池电压下降报警。请（在接通控制装置电源的状态下）更换电池。

SO［7］TP enabled：示教器有效信号（TP enabled）在示教器的有效开关处在 ON 时输出。

例：当满足操作面板启动条件，选择电气控制柜自动模式，并将示教器 TP 置为 OFF，按下按操作面板循环启动按钮，即可执行选择的程序。操作面板 I/O 示意图如图 4-3-11 所示。

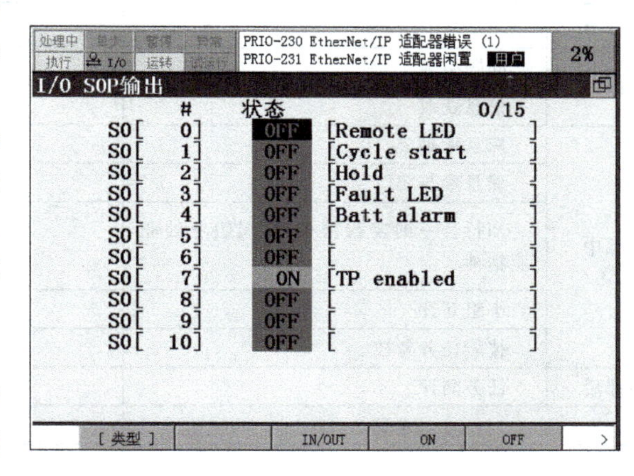

图 4-3-11　操作面板 I/O 示意图

4. 机器人 I/O（RI/RO）

机器人 I/O，是经由机器人末端执行器（夹爪、吸盘、焊枪等）I/O 被使用的机器人数字信号。末端执行器 I/O 与机器人的手腕上所附带的连接器连接后使用。末端执行器信号（RI［1~8］和 RO［1~8］）分别用输入/输出通用信号，这些信号不能再定义信号号码。机器人 I/O 示意图如图 4-3-12 所示。

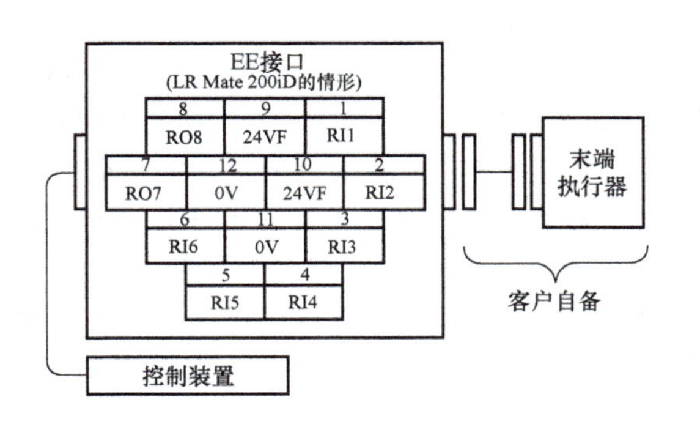

图 4-3-12　机器人 I/O 示意图

4.3.8　任务测评

1.（判断）PMC 是利用内置在 CNC 中的可编程控制器执行机床顺序控制的可编程机床控制器。(　)

2.（判断）机床的外围动作都是由 PMC 控制的，包括主轴的起停、工件的松开与夹紧。(　)

3.（判断）PMC 的信号地址包括与机床侧之间的输入/输出信号、与 CNC 之间的输入/输出信号、内部继电器、PMC 参数等。(　)

4.（判断）PMC 扫描是循环扫描，顺序执行，从上到下，从左到右。(　)

5.（判断）PMC 数据的形式有带符号的二进制和 BCD 形式。(　)

4.3.9 考核评价

任务 4.3 的考核评价表见表 4-3-8。

表 4-3-8 任务 4.3 的考核评价表

环节	项目	记录	标准	分值
课前	问题引导		10	
	信息获取		10	
课中	课堂考勤		5	
	课堂参与		10	
	知行合一的实践精神、爱岗敬业的职业精神		10	
	小组互评		5	
	技能任务考核		40	
课后	任务测评		10	
总评			100	

【素养提升拓展讲堂】助力中国内燃机迈向高端——自动化设备改造领军者王树军

2016 年，潍柴动力股份有限公司（以下简称“潍柴”）推出了一款引发行业震动的产品——WP9H/10H 型发动机。这是一款潍柴自主研发的国内领先、世界先进，国 VI 排放的大功率发动机，是中国内燃机的高端战略产品，名副其实的“中国心”。投放市场以来订单持续火爆，完全超出日产 80 台的设计预期。要想提升产能，最简单的方法就是增加新设备，但至少 18 个月的采购周期将极大影响与外国产品的竞争。“既然我们的产品已经实现了从中国制造向中国创造的突破，那么我们的设备同样可以实现自主研发制造的突破！”潍柴的首席技师王树军决定带队为 WP9H/10H 这颗“中国心”自主造血！他采用“加工精度升级、智能化程度升级”的方式，升级主轴孔、凸轮轴孔精镗床等 52 台设备，自制“树军自动上下料单元”等 33 台设备，制造改制工装 216 台套，优化刀具夹具 79 套，不仅节约设备采购费用 3000 多万元，更将日产能从 80 台提高到 120 台，缩短市场投放周期 12 个月，每年创造直接经济效益 1.44 亿元。

逆向思维，突破加工禁区。产品的高端不仅体现在前期工艺设计上，更体现在新材料的应用上。WP9H/10H 采用了蠕墨铸铁这一新型铸铁，在实现柴油机轻量化的同时，对自制件加工提出了更高的要求。发动机机体后端集成齿轮室最薄位置仅 8mm，加工过程中极易出现刀具振动现象，严重影响产品加工精度，属于机械加工的“禁区”。王树军团队最初通过调整刀片材料、修整切削参数，有效减小了刀具的振动，但单工位加工时间高达 22min，无法满足生产线 15min 的节拍要求。后来，王树军采用逆向思维，提出“反铣刀”设计概念。新的“反铣刀”刀片用正前角的设计方案代替负前角，借助正前角刀片耐冲击的特性，横向分散加工应力，同时将刀柄由分体式刀柄改为一体式刀柄。新刀具应用后单工位加工时间降至 13min，不但解决了加工难题，还提高生产效率 41%，为企业创造了巨大的经济效益。

2014年，他仅用10天时间，成功改进进口双轴精镗床，解决了产品新工艺刀具不配套的加工难题，缩短了新产品的投产周期，节约购置资金300余万元。2016年，他用50天时间，主持完成了气缸盖两气门生产线向四气门生产线换型的改造，改进设备15台套、改进工装20套，累计节省采购成本1024万元。由他设计制造的“气缸盖气门导管孔自动铰孔装置”，解决了漏铰及铰孔质量差的问题，每年创造效益500余万元，获得国家实用新型发明专利。“H1气缸盖自动下料单元”有效解决了人工搬运工件及翻转磕碰伤问题，每年创造效益850万元，获得潍柴科技创新大会特等奖。“机体框架自动合箱机”“机体主螺栓自动拧紧单元”等10多项自动化设备成功用于生产，整体效率提升25%，每年创造经济效益2530余万元。

王树军说：“对我们实体经济领域的年轻人，我最想说的就是珍惜自己的岗位，正视自己的工作，不要好高骛远。脚踏实地、持之以恒、创新工作才是王道。”

任务4.4　数控机床的初始化

4.4.1　任务引入

接到一批液压缸套筒零件的生产任务，由切削加工智能制造单元进行零件的生产：立式加工中心、数控车床进行加工，机器人进行工件的搬运、定位、装夹。

切削加工智能制造单元已经调试完成。现需要员工对数控机床进行初始化操作。

4.4.2　实训目标

■　素质目标

1. 培养学生的责任担当意识。
2. 培养学生独立思考的能力。

■　知识目标

熟悉数控机床初始化操作及流程。

■　技能目标

能够独立完成数控机床的初始化操作。

4.4.3　问题引导

1. 在自动化运行之前为什么要进行数控机床的初始化？

____

____

____

2. 数控机床的初始化设定步骤是什么？

____

____

____

____

4.4.4 设备确认

1. 观察智能制造单元，确认机械正常。
2. 智能制造单元上电后，确认工业机器人动作正常，无报警。
3. 领取工作任务单（表 4-4-1），明确本次任务的内容。
4. 领取并填写设备确认单（表 4-4-2）。

表 4-4-1 工作任务单

实训任务	数控机床初始化	
序号	工作内容	工作目标
1	数控机床初始化操作	掌握数控机床的初始化操作内容及步骤

表 4-4-2 设备确认单

序号	设备名称	实现功能	实现方式	设备及其功能要求	设备状态是否正常
1	立式加工中心	实现机械设备动作控制	通过参数的设定等	0i-MF PLUS	
2	数控车床	实现机械设备动作控制	通过参数的设定等	0i-TF PLUS	
3	I/O 单元	信号的输入与输出	地址分配	电气控制柜用 I/O 单元	
4	CF 卡	数据备份与恢复	存储与恢复	存储空间至少 128MB	
任务执行时间		年　月　日	执行人		

4.4.5 任务实施

数控机床日常维护与保养

数控机床的初始化

1. 数控车床初始化操作。

数控车床初始化操作见表 4-4-3。

表 4-4-3 数控车床初始化操作

序号	操作步骤	图示
1	车床开机后，若单段程序按钮点亮，请按【单段程序】键取消单段程序，使其为灰色	单程序段

（续）

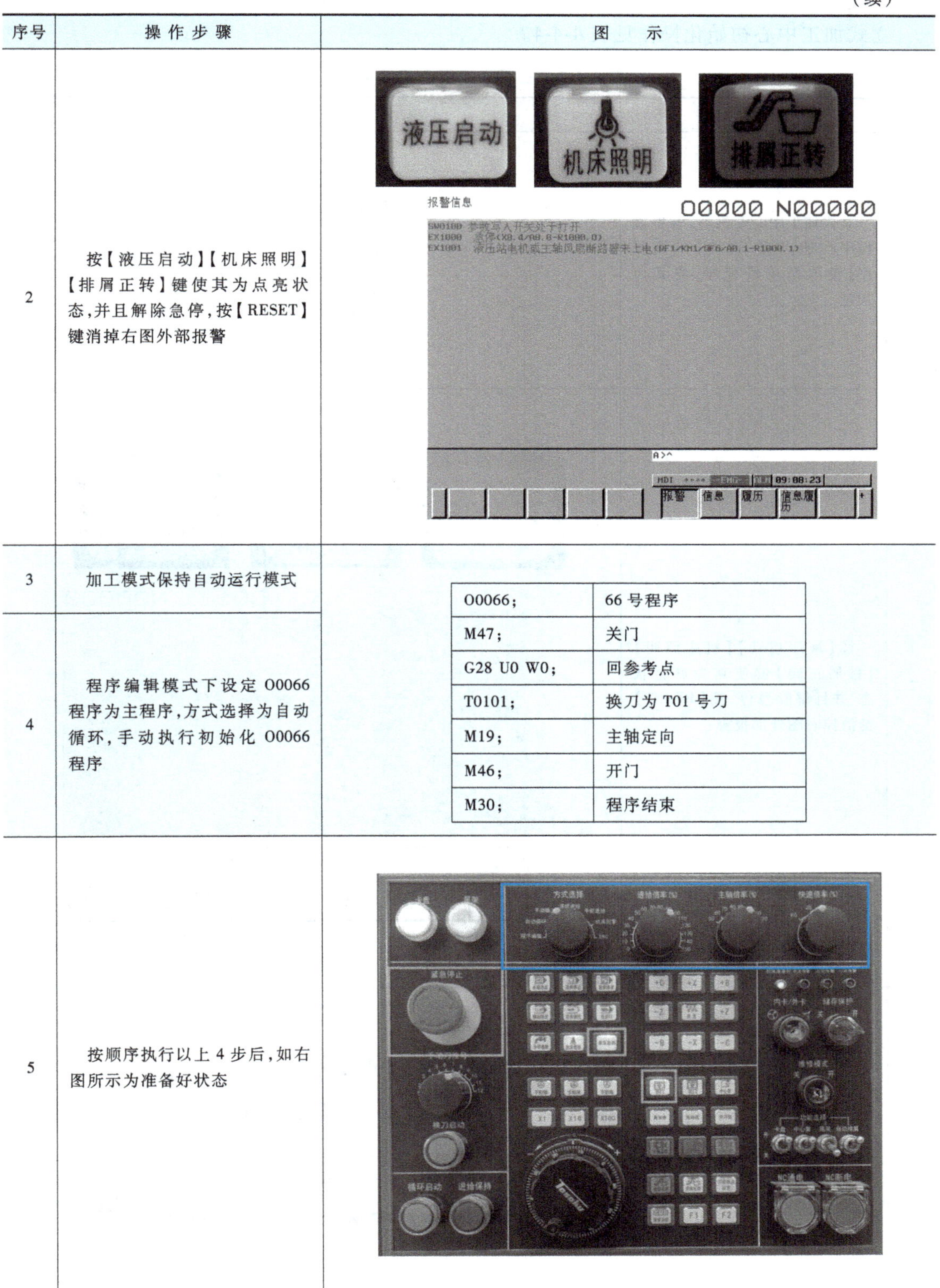

序号	操作步骤	图示
2	按【液压启动】【机床照明】【排屑正转】键使其为点亮状态，并且解除急停，按【RESET】键消掉右图外部报警	
3	加工模式保持自动运行模式	
4	程序编辑模式下设定 O0066 程序为主程序，方式选择为自动循环，手动执行初始化 O0066 程序	
5	按顺序执行以上 4 步后，如右图所示为准备好状态	

O0066；	66 号程序
M47；	关门
G28 U0 W0；	回参考点
T0101；	换刀为 T01 号刀
M19；	主轴定向
M46；	开门
M30；	程序结束

2. 立式加工中心初始化操作。

立式加工中心初始化操作见表 4-4-4。

表 4-4-4 立式加工中心初始化操作

序号	操作步骤	图示
1	立式加工中心开机后，若单段程序按钮点亮，请按【单段程序】键取消单段程序，使其为灰色	 单程序段
2	按【液压启动】【机床照明】【排屑正转】键使其为点亮状态，并且解除急停，按【RESET】键消掉右图外部报警	 液压启动 机床照明 排屑正转 报警信息 O0131 N00000 EX1000 紧急停止-X8.4/R1000.0 EX1043 油冷机故障-QF9/X5.0/R1004.3 A>^ MEM **** EMG 09:09:26 报警 信息 履历 信息履历
3	开机初始化需首先执行门开动作，按【开门】键；再按【关门】键使其为点亮状态，检查气动门是否能够正常关闭及打开	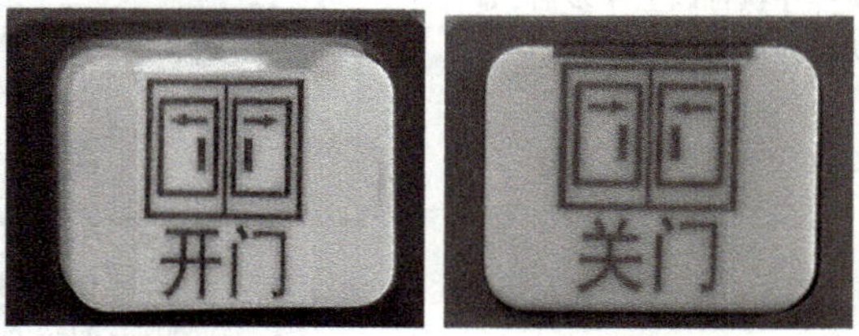 开门 关门

（续）

<table>
<tr><th>序号</th><th>操作步骤</th><th>图示</th></tr>
<tr><td>4</td><td>加工模式保持自动运行模式</td><td rowspan="2">
<table>
<tr><td>O0066;</td><td>66号初始化程序</td></tr>
<tr><td>M53;</td><td>夹具夹紧</td></tr>
<tr><td>G00 G54 G91 G28 Z0.;</td><td>取消之前模态</td></tr>
<tr><td>G0 G90 G53 X-413.0 Y-57.0;</td><td>移动到上下料位置</td></tr>
<tr><td>G54 G0 A0;</td><td>第四轴回零</td></tr>
<tr><td>M52;</td><td>夹具松开</td></tr>
<tr><td>M46;</td><td>开门</td></tr>
<tr><td>M30;</td><td>程序结束</td></tr>
</table>
</td></tr>
<tr><td>5</td><td>程序编辑模式下设定O0066程序为主程序，方式选择为自动循环，手动执行初始化O0066程序。注意观察夹具是否能够正常关闭打开</td></tr>
<tr><td>6</td><td>按顺序执行以上5步后，如右图所示为准备好状态</td><td> </td></tr>
</table>

4.4.6　实施记录

1. 根据教师引导，记录操作过程步骤。

____

____

____

____

2. 操作完成后，将待优化的问题记录到操作问题清单（表4-4-5）中。

表4-4-5　操作问题清单　　　　组别________

问　　题	改进方法

4.4.7 知识链接

4.4.7.1 数控系统参数类型

FANUC 数控系统的参数按照数据类型大致可以分为 5 类，分别为位型参数、字节型参数、字型参数、双字型参数以及实数型参数。各参数数据类型及设定范围见表 4-4-6。

表 4-4-6 参数数据类型及设定范围

<table>
<tr><th>数据类型</th><th>设 定 范 围</th><th>备 注</th></tr>
<tr><td>位型参数</td><td>0 或 1</td><td rowspan="5">部分参数数据类型为无符号数据
可以设定的数据范围决定于各参数</td></tr>
<tr><td>字节型参数</td><td>-128～127
0～255</td></tr>
<tr><td>字型参数</td><td>-32768～32767
0～65535</td></tr>
<tr><td>双字型参数</td><td>0～±99999999</td></tr>
<tr><td>实数型参数</td><td>小数点后带数据</td></tr>
</table>

位型参数就是对该参数的 0～7 这 8 位单独设置 0 或 1。位型参数格式显示画面如图 4-4-1 所示。数据号就是我们平常所讲的参数号。

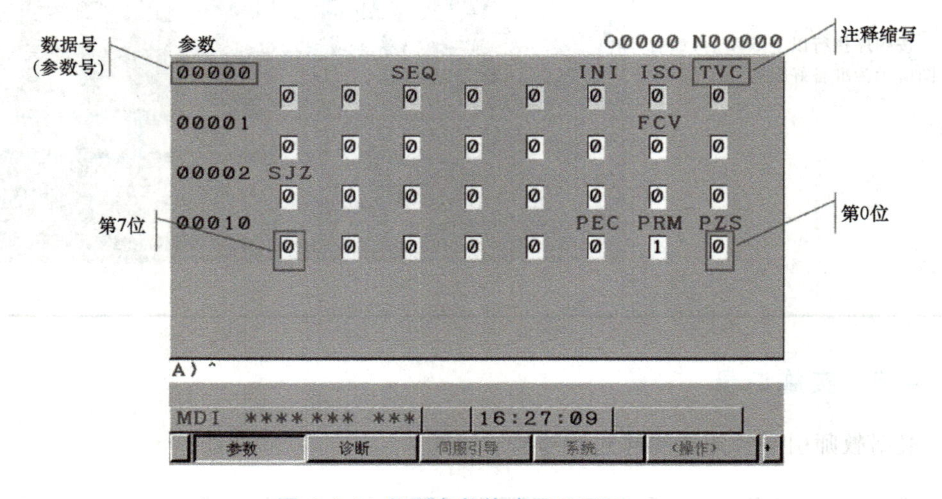

图 4-4-1 位型参数格式显示画面

4.4.7.2 参数画面的操作及参数输入方法

1. 参数画面

参数画面如图 4-4-2 所示。首先是左上角蓝色图框中圈出“参数”两字，提醒当前处于参数画面。

接下来所标注的红色图框是参数画面所主要显示的参数，每个参数多有对应的参数号，参数号下重要的参数或者参数位等都有注释缩写。位型参数是从第 7 位到第 0 位一共 8 位。

黄色图框位置是输入显示区，例如当我们用 MDI 面板输入“3003”，显示区就会出现输入的对应显示，从而可以检查每次输入是否正确，以及是否符合输入要求。

绿色图框是软件的操作显示：

“〈”代表返回上一级软键菜单栏。

“搜索号码”表示按参数号搜索参数。输入完成参数号后，按此对应软键搜索到该参数。

“ON：1”表示打开该参数对应功能。按下该软键直接输入数字1，该方法只能用于输入位型参数。

“OFF：0”表示关闭该参数对应功能。按下该软键直接输入数字0，该方法只能用于输入位型参数。

“+输入”表示对参数值进行叠加输入。首先需要输入所要增加的值，按此对应软键自动计算。该方法不适用于输入位型参数，其他参数只要不超过设定范围均可。

“输入”表示所给定输入参数值，代替了MDI面板的输入键，该方法适用于所有参数的输入。

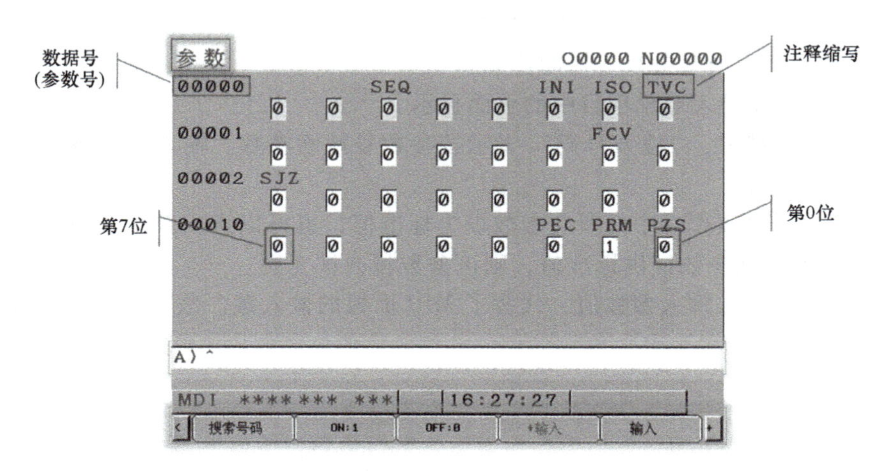

图 4-4-2　参数画面

2. 参数设定支援画面

系统基本参数设定可以通过参数设定支援画面进行操作，如图4-4-3所示。参数设定支援画面可以进行参数设定和调整。

1）通过在机床起动时汇总需要进行最低限度设定的参数并予以显示，便于机床执行起动操作。

2）通过简单显示伺服调整页面、主轴调整画面等，便于进行机床的调整。

3）各项参数概要见表4-4-7。

4）参数支援画面中参数初始化。

①按【选择】键，黄色光标所标记位置进入该项设定画面，如图4-4-4所示。

②按【初始化】键，可以在对象项目内所有参数中设定标注值。初始化只可以执

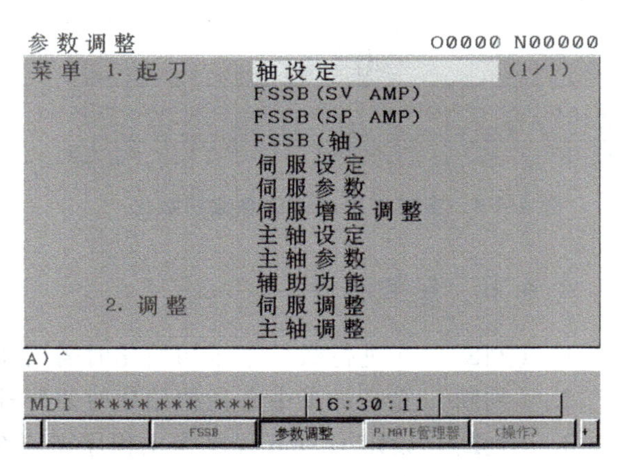

图 4-4-3　参数设定支援画面

表 4-4-7　各项参数概要

名称	内　容
轴设定	设定轴、主轴、坐标、进给速度、加/减速参数等 CNC 参数
FSSB(AMP)	显示 FSSB 放大器设定画面
FSSB(轴)	显示 FSSB 轴设定画面
伺服设定	显示伺服设定画面
伺服参数	设定伺服电流控制、速度控制、位置控制、反间隙加速等参数
伺服增益调整	自动调整速度环增益
主轴设定	显示主轴设定画面
辅助功能	设定 DI/DO、串行主轴等 CNC 参数
伺服调整	显示伺服调整画面
主轴调整	显示主轴调整画面

行如下项目：轴设定、伺服参数、辅助功能。

5）参数支援画面进入对象项目中的页面显示。

在图 4-4-5 的软键中，“搜索号码”表示按参数号搜索参数。输入完成参数号后，按此对应软键搜索到该参数。

“初始化”表示将该项目中的所有参数设为标准值，也可以进入某个项目中针对个别参数进行初始化。如果该参数提供标准值，则该参数将会被变更。

“输入”表示所给定输入参数值，代替了 MDI 面板的输入键。该方法适用于所有参数的输入。

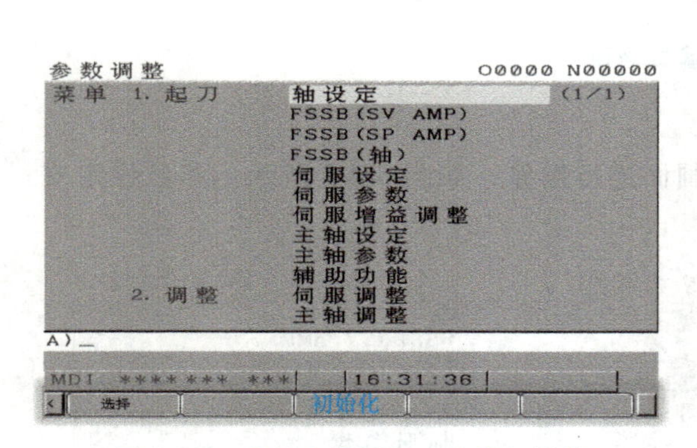

图 4-4-4　参数支援画面中参数初始化

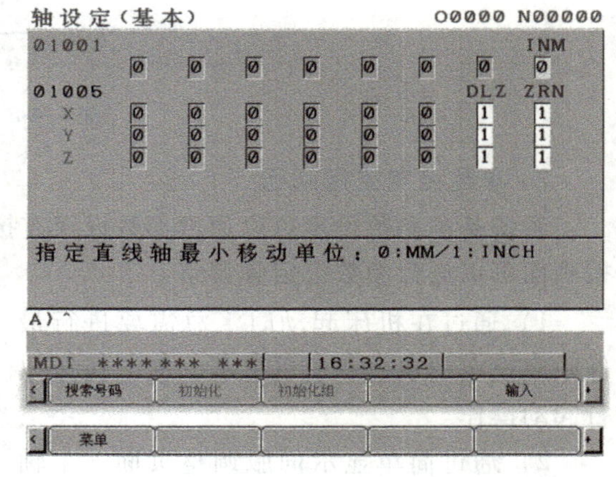

图 4-4-5　轴设定项目的显示画面

4.4.8　任务测评

1.（判断）在进行数控车床初始化时需要将单段程序按钮点亮。(　)

2.（判断）立式加工中心在初始化时需要检查气动门能够正常关闭及打开。(　)

3.（判断）设定 O0066 程序为主程序需要在程序编辑模式下。(　)

4.（判断）在进行自动化运行之前，需要清空车床、立式加工中心、翻转台、机器人

手爪上的工件。（　）

5.（判断）在机床初始化时，首先需要消除机床报警。（　）

4.4.9　考核评价

任务 4.4 的考核评价表见表 4-4-8。

表 4-4-8　任务 4.4 的考核评价表

环节	项　　目	记　　录	标准	分值
课前	问题引导		10	
	信息获取		10	
课中	课堂考勤		5	
	课堂参与		10	
	责任担当意识、独立思考的能力		10	
	小组互评		5	
	技能任务考核		40	
课后	任务测评		10	
总评			100	

【素养提升拓展讲堂】从零开始绝不放弃——跨界研制口罩机的吴科龙

2020 年初，来势汹汹的新冠肺炎疫情让整个中国都经历了一场前所未有的历史大考，防疫物资难以跟上消耗速度，口罩成了最紧缺的“战略”物品。

位于广州的国机集团国机智能科技有限公司（以下简称“国机智能”临危受命，承担起平面口罩机和 N95 口罩机的跨界研制任务。“从智能制造领域跨界研制口罩机，我们缺技术储备、缺原料配件、缺熟练的工人，一切从零开始，难度可想而知。最大的困难是时间太紧，压力像群山压顶而致，所有人心里都没底，但我们没有放弃。”32 岁的机械工程师吴科龙说。在公司党委的号召下，吴科龙和 150 多名“战友”从各地赶到生产现场。他们吃住在厂房，在临时改造的车间 24 小时连轴运转。技术攻坚、遭遇瓶颈、反复试验……与时间赛跑，仅用 10 天，首台平面口罩机通过压力测试。为了让机器尽快投产，疫情下，吴科龙还只身前往北京、安徽、山东等地为客户调试设备。工作高峰时，他就住在现场工具间，几块纸板垫在身下当“床”，“心里眼里就只有设备，就只想着快些，再快些。”截至当年 5 月 31 日，国机智能累计生产 751 台套口罩机，产量居央企第一位，实际交付数量占央企一半以上，研制的口罩机在 70 多家口罩生产企业广泛应用，为国家防疫工作提供了有力支撑。

“危急关头在自己岗位默默奉献，人人都是祖国的战士；大局面前勇于挺身而出，人人都是时代的英雄！”吴科龙如是说。

项目5

切削加工智能制造单元的网络通信与自动运行

任务 5.1 切削加工单元设备间的网络通信

5.1.1 任务引入

切削加工智能制造单元使用 PROFINET 通信功能，该功能相关硬件已经安装完成。

现需要进行 PROFINET 通信调试，其中工业机器人作为 I/O 控制器，数控车床及立式加工中心作为 I/O 设备。

5.1.2 实训目标

■ **素质目标**

1. 培养学生开拓的国际视野。
2. 培养良好的沟通能力。

■ **知识目标**

1. 了解 PROFINET 通信基本概念。
2. 了解 PROFINET 通信技术特点及规格选型。

PROFINET 选项卡安装位置如图 5-1-1 所示。

■ **技能目标**

1. 掌握 PROFINET 通信硬件连接。
2. 掌握 GSDML 文件设定及加载。
3. 能够对数控机床、机器人进行设定以及通过设定软件完成设备间通信。

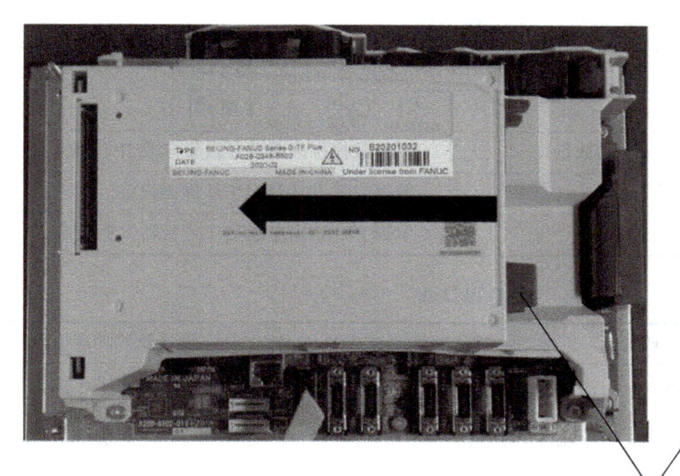
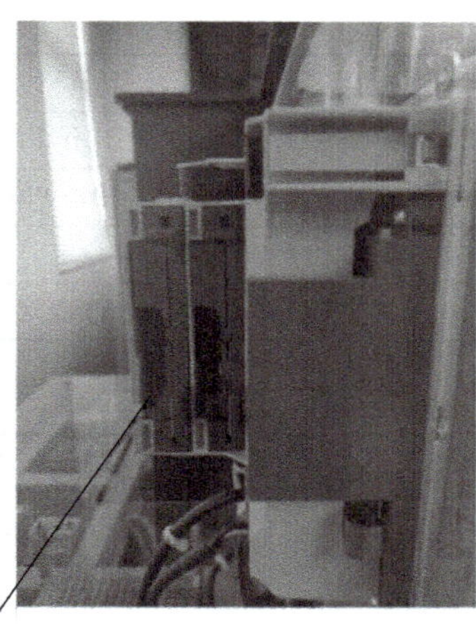

图 5-1-1　PROFINET 选项卡安装位置

5.1.3　问题引导

1. PROFINET 通信是什么？

2. PROFINET 通信系统的构成及其特点是什么？

3. PROFINET 通信的设备可以分为几类？分别是什么？

5.1.4　设备确认

1. 观察切削加工智能制造单元，确认机械正常。
2. 切削加工智能制造单元上电后，确认系统无急停，无报警。
3. 领取工作任务单（表 5-1-1），明确本次任务的内容。
4. 领取并填写设备确认单（表 5-1-2）。

表 5-1-1 工作任务单

实训任务	设备 PROFINET 通信调试	
序号	工 作 内 容	工 作 目 标
1	数控车床、立式加工中心 PROFINET 参数设定	掌握数控机床系统参数设定及 IP 参数设定
2	PROFINET 配置工具设定	能够完成 PROFINET 软件侧设定
3	工业机器人 PROFINET 设定	掌握 PROFINET 通信工业机器人侧设定

表 5-1-2 设备确认单

序号	设备名称	实现功能	实现方式	设备及其功能要求
1	立式加工中心	实现机械设备动作控制	通过参数的设定等	0i-MF PLUS
2	数控车床	实现机械设备动作控制	通过参数的设定等	0i-TF PLUS
3	工业机器人	实现工件上下料动作控制	通过机器人程序等	M-20iD25
4	I/O 单元	信号的输入与输出	地址分配	电气控制柜用 I/O 单元
5	计算机	PROFINET 配置工具设定	配置工具参数设置	
任务执行时间		年 月 日	执行人	

5.1.5 任务实施

设备间现场总线通讯设定

PROFINET 通信设定操作见表 5-1-3。

表 5-1-3 PROFINET 通信设定操作

序号	操 作 步 骤	图 示
1	参数设定（参数 970 到参数 976），要根据实际设备最初设计，并通过诊断号确认 IO 控制器、IO 设备，以及快速以太网板安装位置 出现报警 PW0050，需要断电重启	数控车床参数设定： 参数 / 设定值 970 / -1 971 / -1 972 / -1 973 / 4 974 / -1 975 / -1 976 / -1 根据实际快速以太网板安装在 CNC 位置设定参数如上。立式加工中心也作为 IO 设备，快速以太网板也安装在板 SLOT2 上，因此参数设定与数控车床一致

（续）

序号	操作步骤	图　示
2	进入“PROFINET CNTRLR”画面中[公共]设定 IP 地址，断电重启。CNC、PC 端，以及其他设备的 IP 地址要设定在同一网段上	数控车床： 立式加工中心： 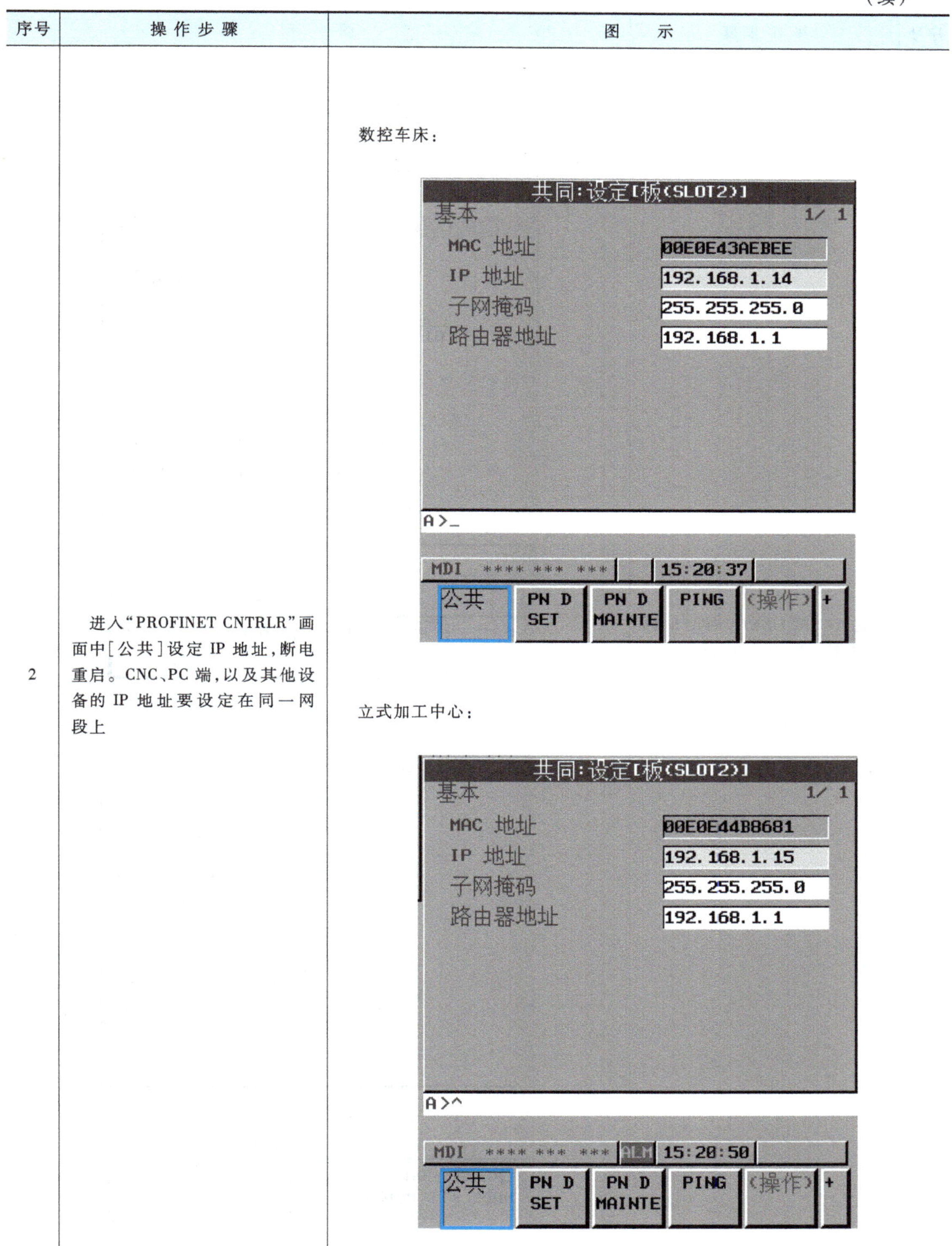

（续）

序号	操 作 步 骤	图 示
3	进入“PROFINET CNTRLR”画面中，按［PN D SET］软键后设定设备名称及地址 设定完成步骤 2、3 需断电重启。CNC 出现关断电源报警	数控车床：

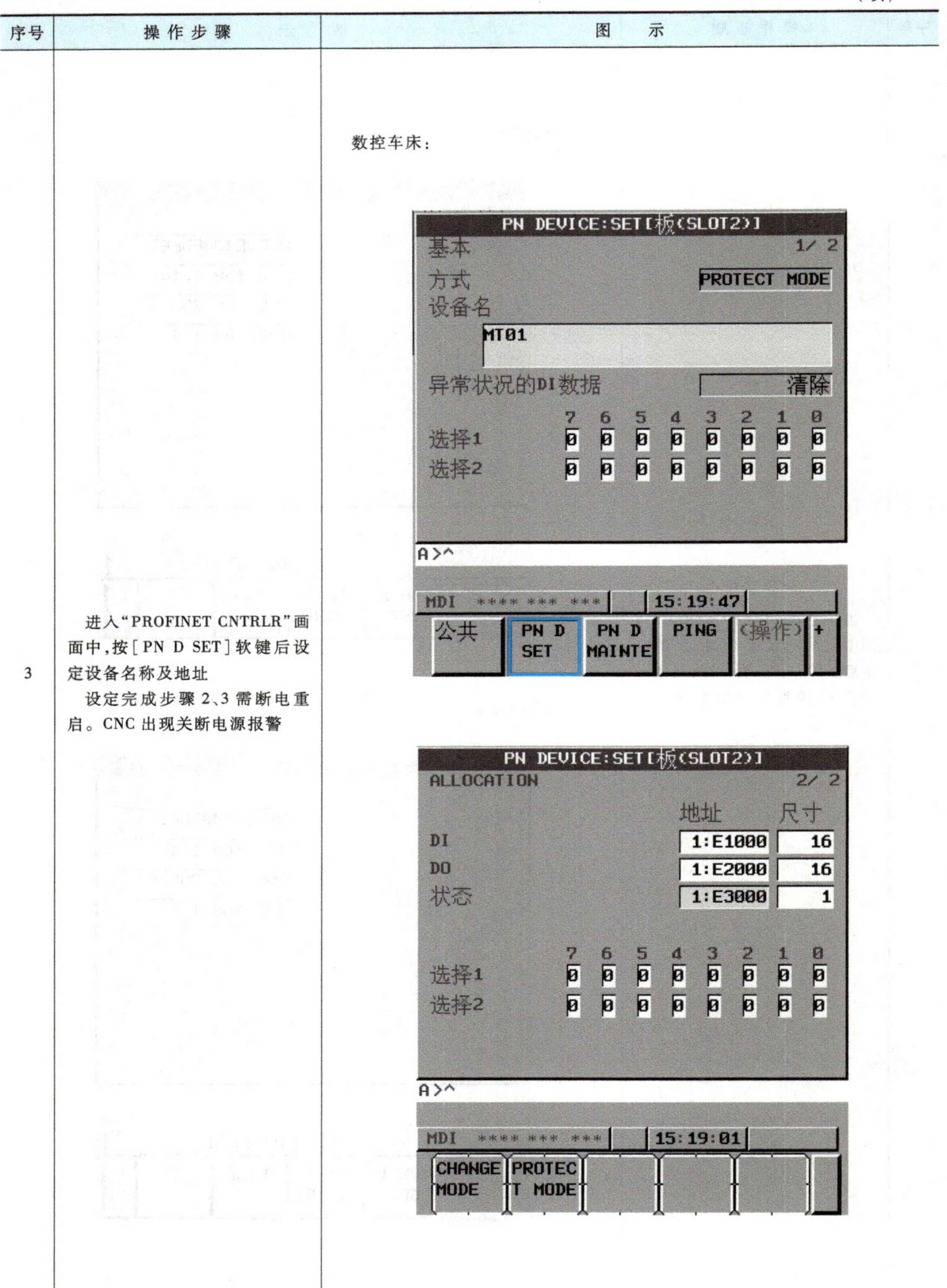

（续）

序号	操作步骤	图示
3	进入“PROFINET CNTRLR”画面中，按［PN D SET］软键后设定设备名称及地址 设定完成步骤 2、3 需断电重启。CNC 出现关断电源报警	立式加工中心：
4	安装 PROFINET 配置工具。按步骤安装，输入产品序列号以及在安装时选定 PROFINET 通信功能	安装完成画面

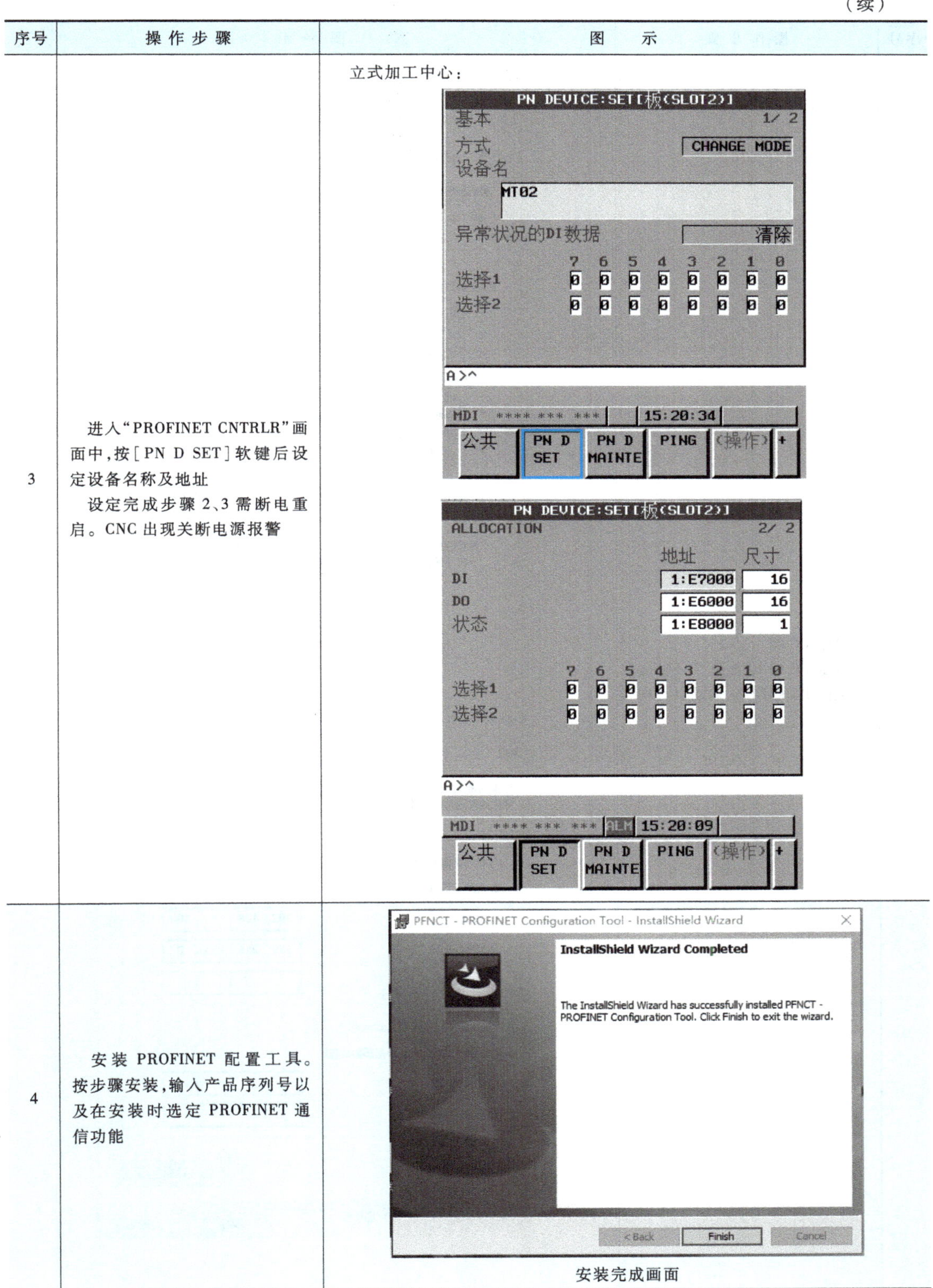

（续）

序号	操 作 步 骤	图　　示
5	设定 PC 端 设定 PC 端 IP 地址、子网掩码 关断 PC 端网络，启动以太网	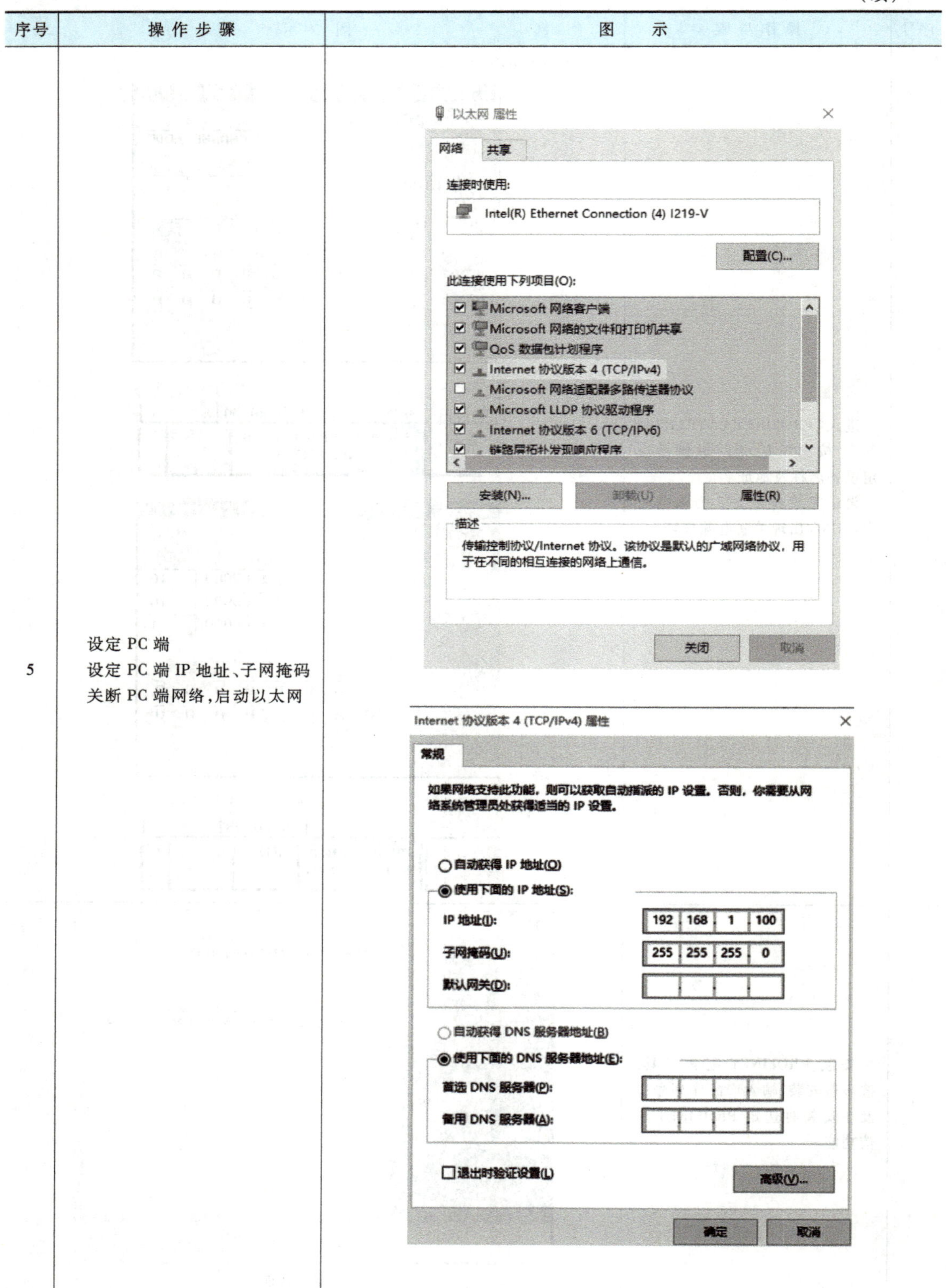

（续）

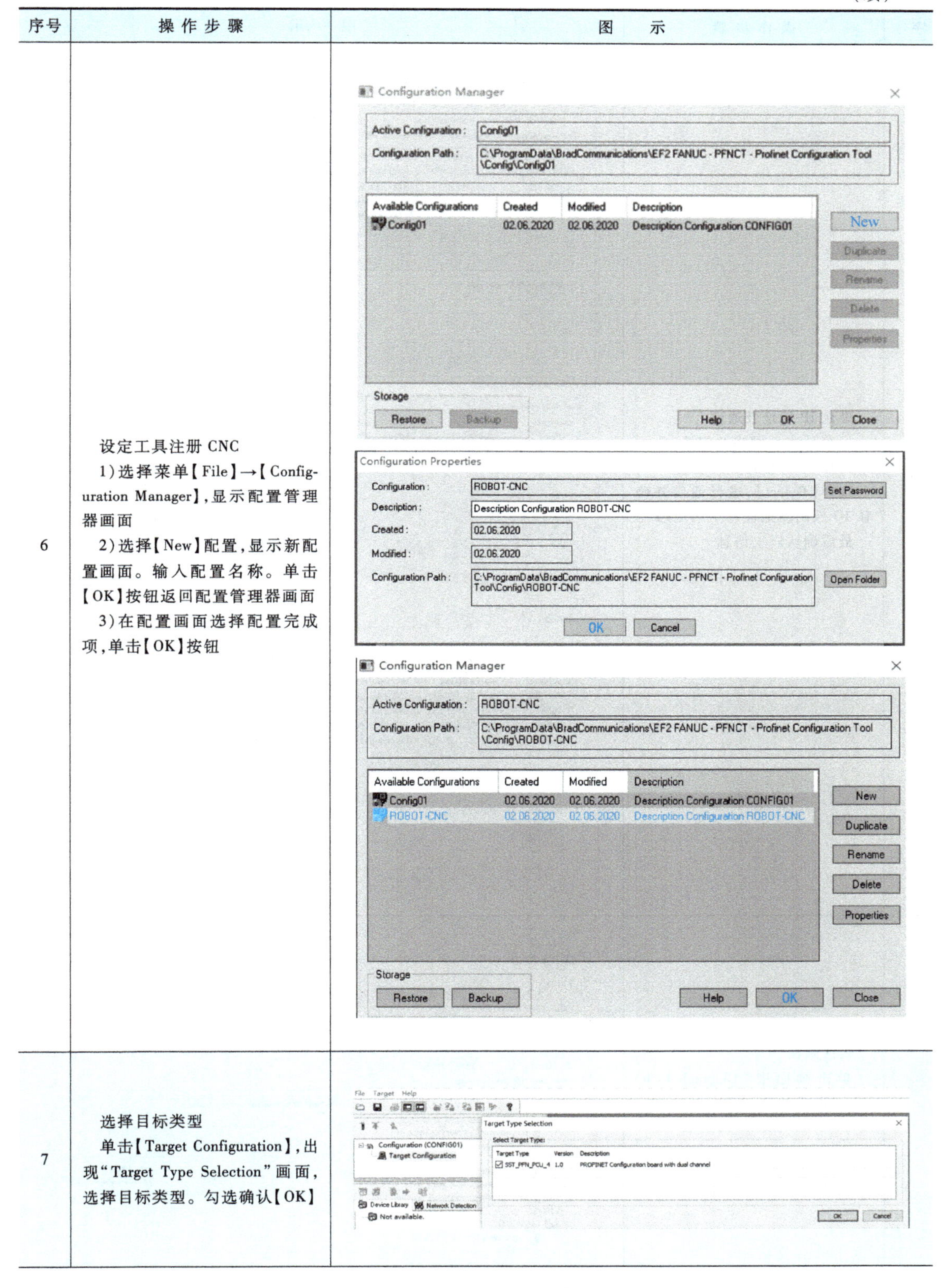

序号	操作步骤	图示
6	设定工具注册 CNC 1)选择菜单【File】→【Configuration Manager】,显示配置管理器画面 2)选择【New】配置,显示新配置画面。输入配置名称。单击【OK】按钮返回配置管理器画面 3)在配置画面选择配置完成项,单击【OK】按钮	
7	选择目标类型 单击【Target Configuration】,出现“Target Type Selection”画面,选择目标类型。勾选确认【OK】	

（续）

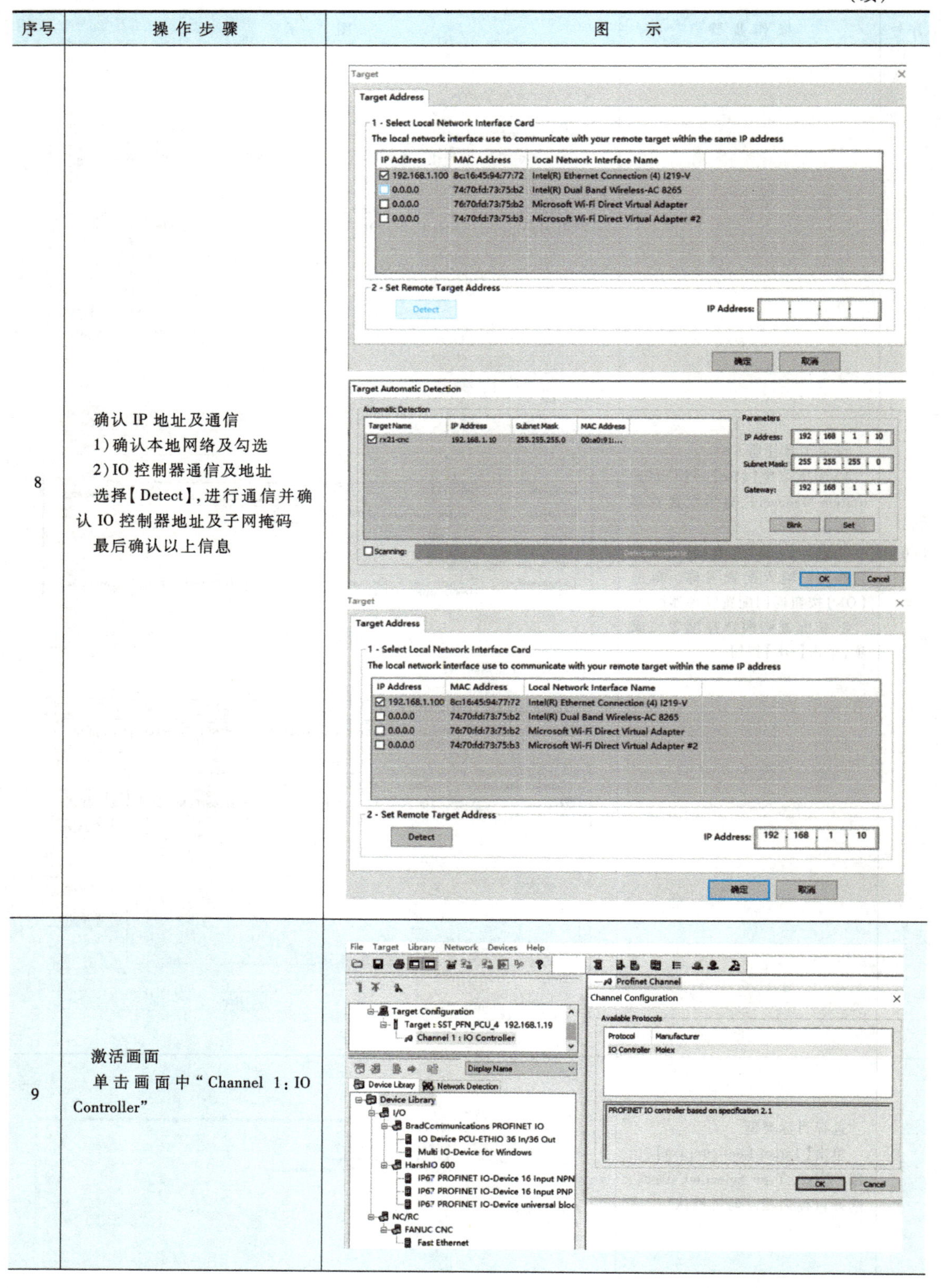

序号	操作步骤	图示
8	确认 IP 地址及通信 1）确认本地网络及勾选 2）IO 控制器通信及地址 选择【Detect】，进行通信并确认 IO 控制器地址及子网掩码 最后确认以上信息	
9	激活画面 单击画面中“Channel 1：IO Controller”	

（续）

序号	操作步骤	图示
10	追加 GSDML 文件 1）选择菜单【Library】→【Add】，显示 GSDML 管理画面。单击【下一步>】按钮，根据画面上的说明安装 GSDML 文件 2）确认已安装的 IO 设备已被添加到选项卡设备库中	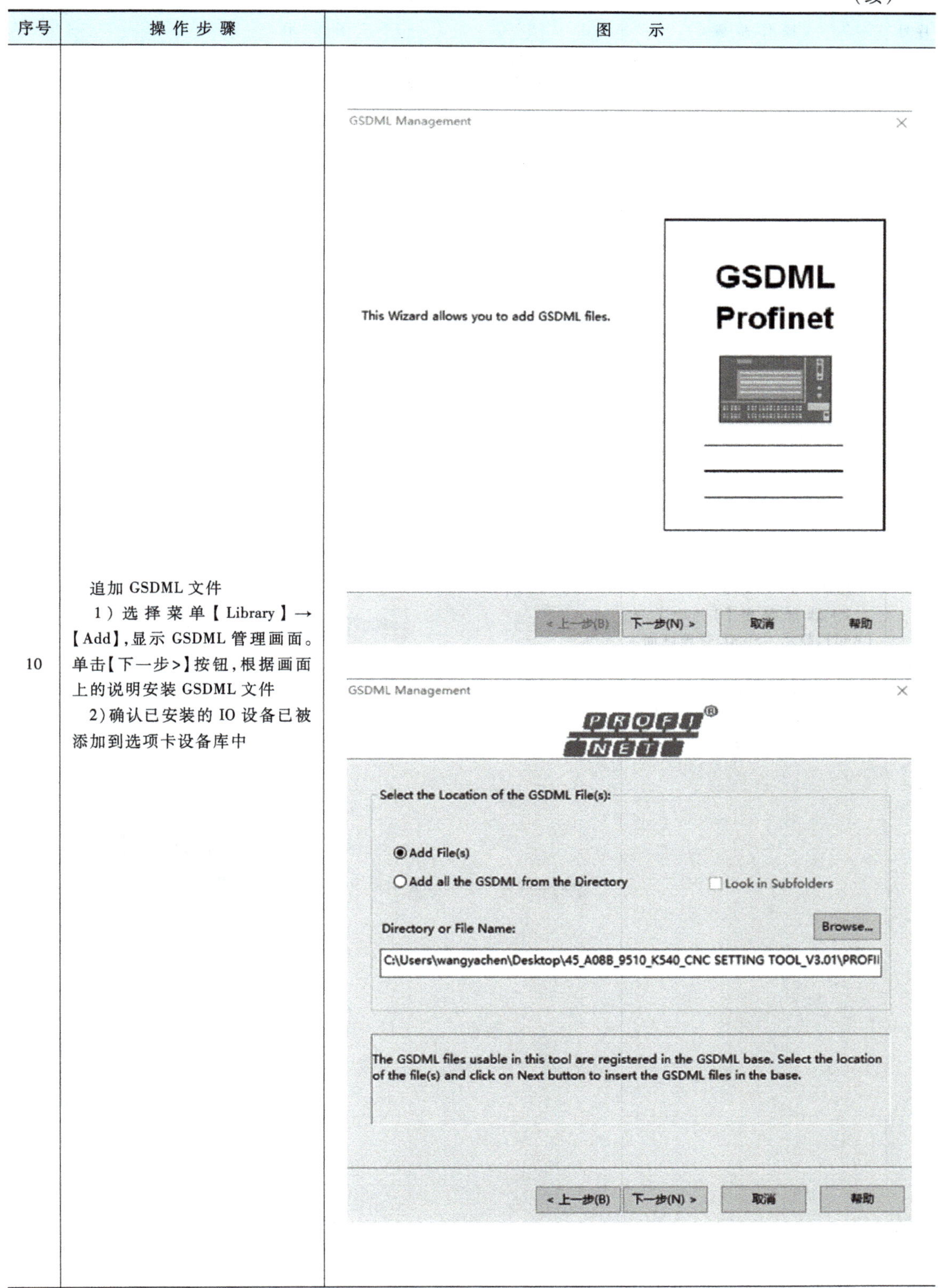

（续）

序号	操作步骤	图示
10	追加 GSDML 文件 1）选择菜单【Library】→【Add】，显示 GSDML 管理画面。单击【下一步>】按钮，根据画面上的说明安装 GSDML 文件 2）确认已安装的 IO 设备已被添加到选项卡设备库中	见下图

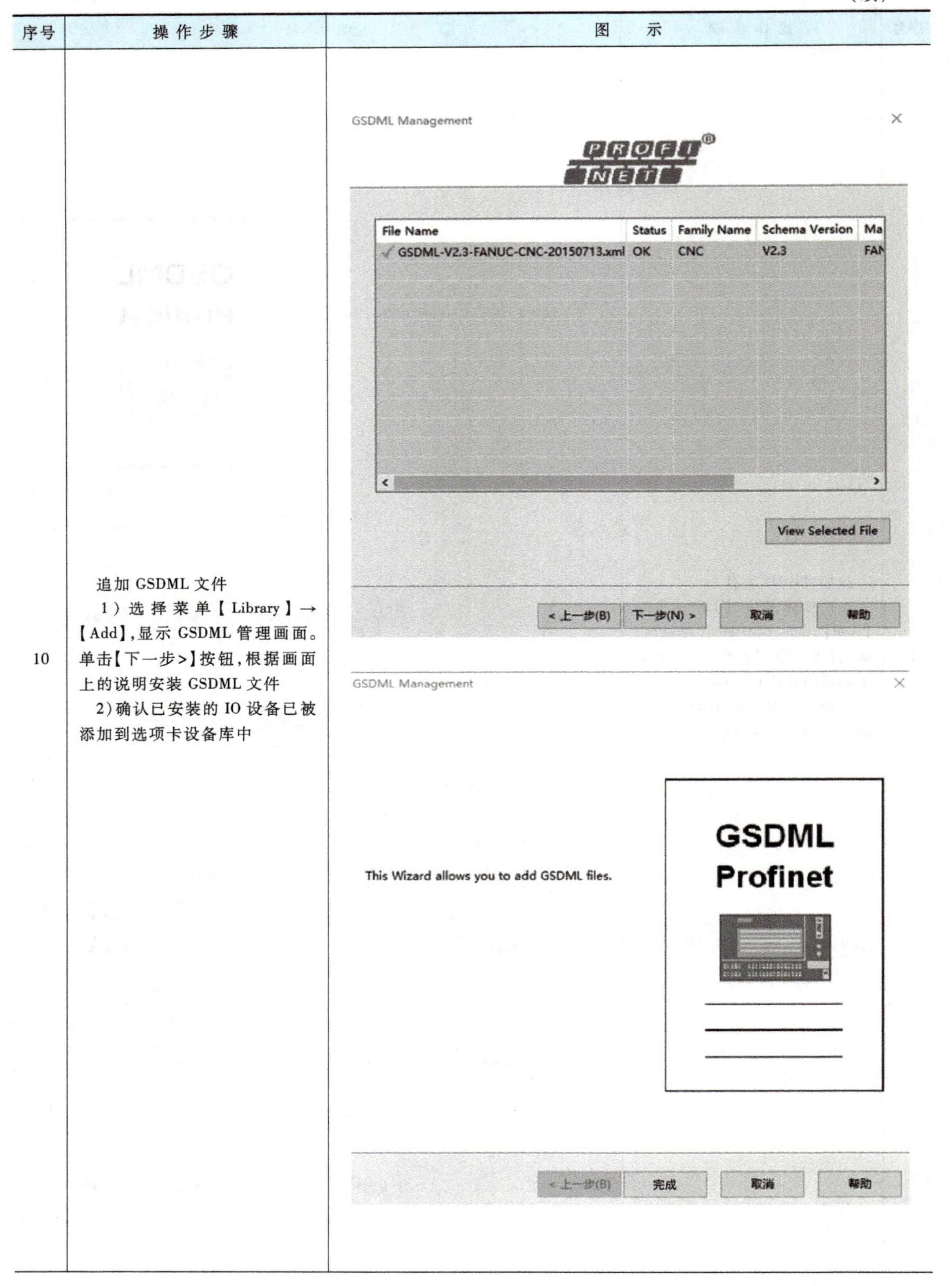

（续）

序号	操作步骤	图示
11	IO设备的设定 1）从设备库中选择IO设备，并将其拖放到右边的Profinet通道画面上 2）在IO设备属性画面上选择模块配置选项卡。从可用模块中选择需要的模块，单击【→】按钮将其添加到已配置的模块中 3）拖放过程中会显示“Module Configuration”画面，分别给DO、DI分配16bytes的模块。选中后单击⊡即可分配到右边的空地址中	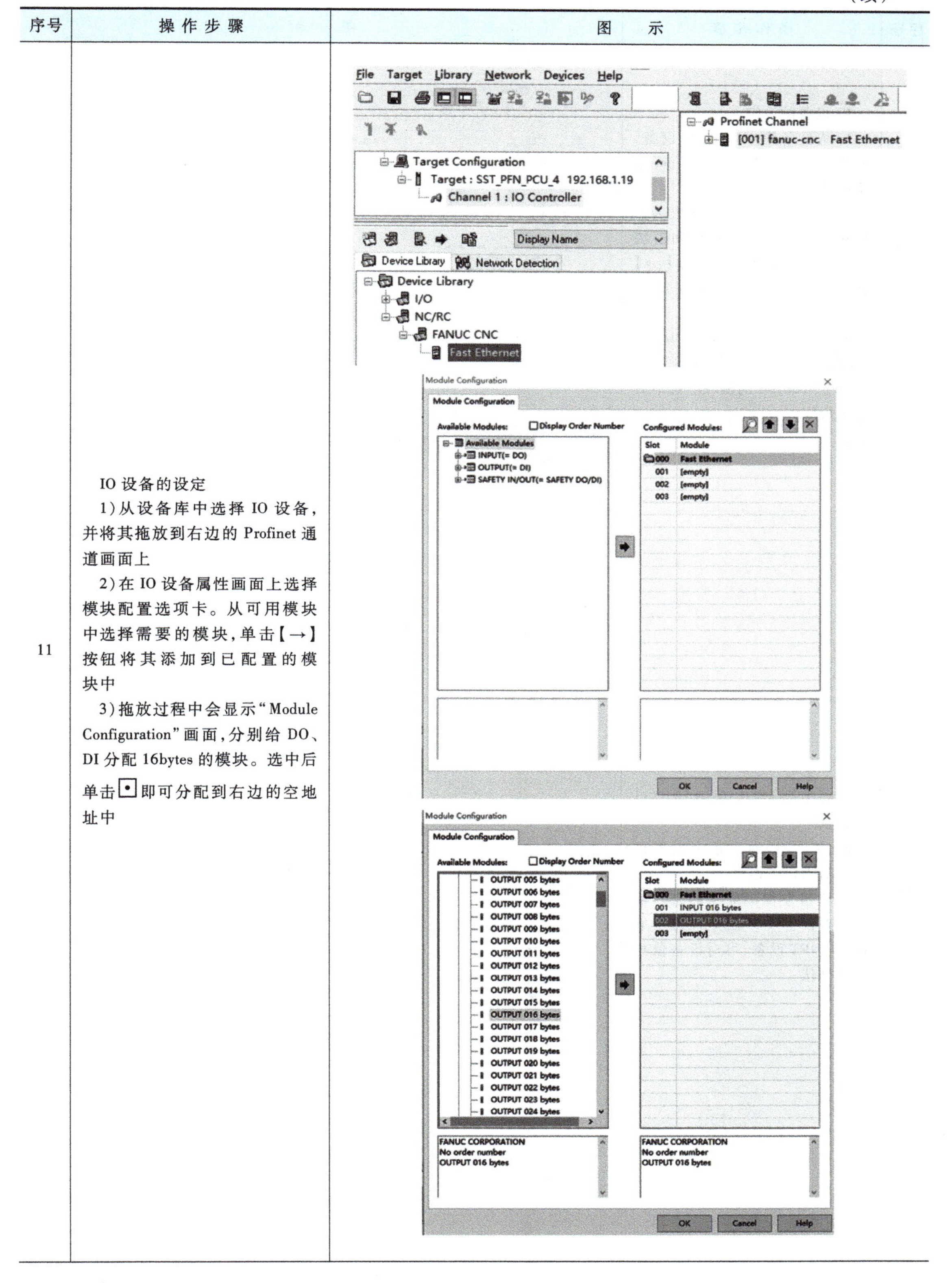

（续）

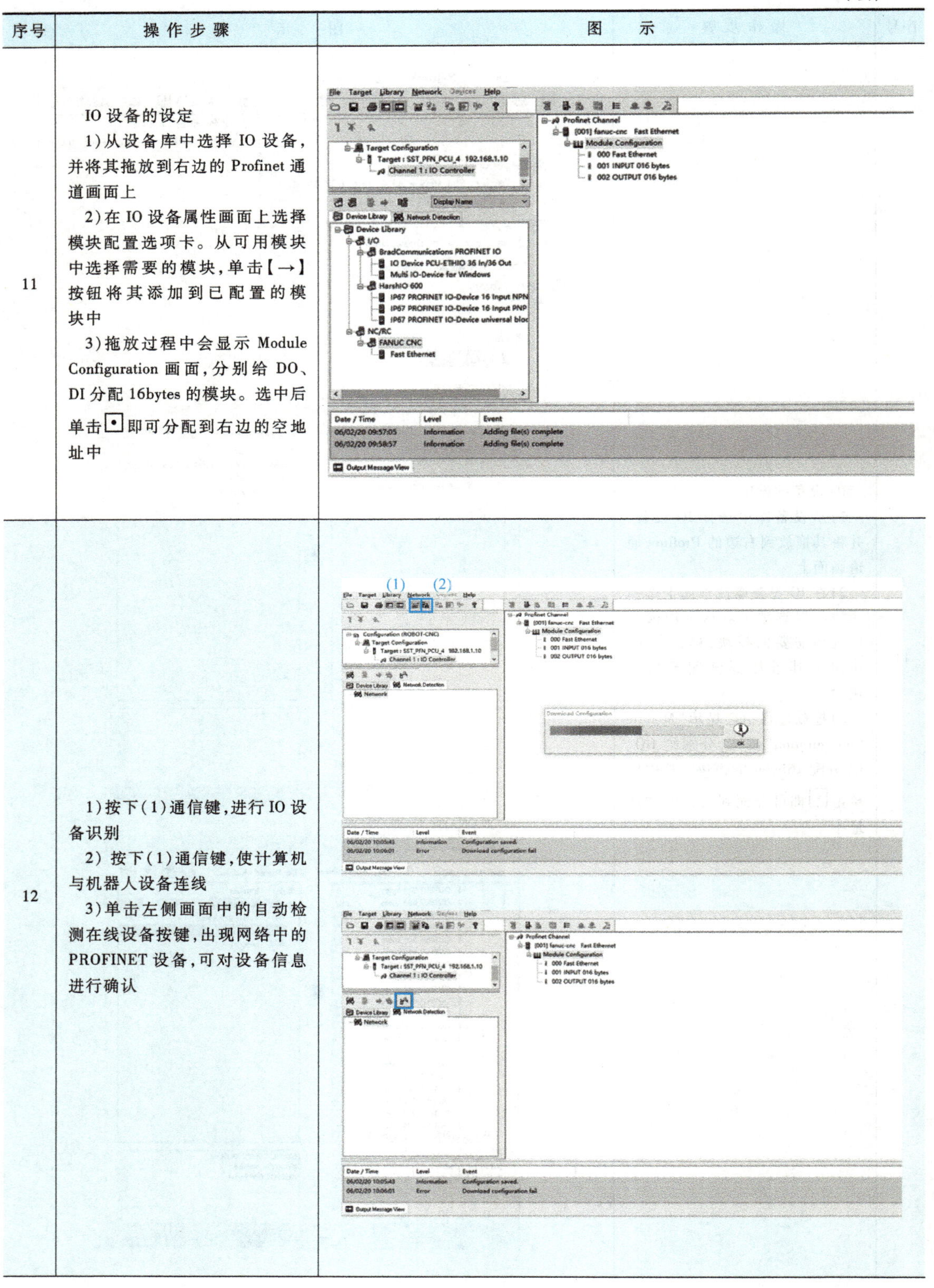

序号	操 作 步 骤	图　　示
11	IO 设备的设定 1)从设备库中选择 IO 设备，并将其拖放到右边的 Profinet 通道画面上 2)在 IO 设备属性画面上选择模块配置选项卡。从可用模块中选择需要的模块，单击【→】按钮将其添加到已配置的模块中 3)拖放过程中会显示 Module Configuration 画面，分别给 DO、DI 分配 16bytes 的模块。选中后单击⊡即可分配到右边的空地址中	
12	1)按下(1)通信键，进行 IO 设备识别 2) 按下(1)通信键，使计算机与机器人设备连线 3)单击左侧画面中的自动检测在线设备按键，出现网络中的 PROFINET 设备，可对设备信息进行确认	(1)　(2)

（续）

序号	操作步骤	图　　示
12	1）按下（1）通信键，进行IO设备识别 2）按下（1）通信键，使计算机与机器人设备连线 3）单击左侧画面中的自动检测在线设备按键，出现网络中的PROFINET设备，可对设备信息进行确认	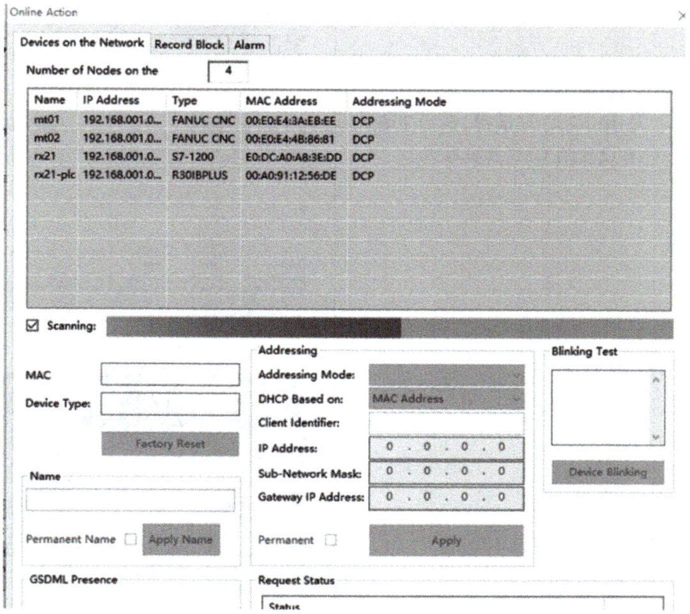 Online Action Devices on the Network　Record Block　Alarm Number of Nodes on the　4 Name　IP Address　Type　MAC Address　Addressing Mode mt01　192.168.001.0...　FANUC CNC　00:E0:E4:3A:EB:EE　DCP mt02　192.168.001.0...　FANUC CNC　00:E0:E4:4B:86:81　DCP rx21　192.168.001.0...　S7-1200　E0:DC:A0:A8:3E:DD　DCP rx21-plc　192.168.001.0...　R30IBPLUS　00:A0:91:12:56:DE　DCP Scanning: MAC Device Type: Factory Reset Name Permanent Name　Apply Name GSDML Presence Addressing Addressing Mode: DHCP Based on:　MAC Address Client Identifier: IP Address:　0 . 0 . 0 . 0 Sub-Network Mask:　0 . 0 . 0 . 0 Gateway IP Address:　0 . 0 . 0 . 0 Permanent　Apply Request Status Status Blinking Test Device Blinking Online Action Devices on the Network　Record Block　Alarm Number of Nodes on the　4 Name　IP Address　Type　MAC Address　Addressing Mode mt01　192.168.001.0...　FANUC CNC　00:E0:E4:3A:EB:EE　DCP mt02　192.168.001.0...　FANUC CNC　00:E0:E4:4B:86:81　DCP rx21　192.168.001.0...　S7-1200　E0:DC:A0:A8:3E:DD　DCP rx21-plc　192.168.001.0...　R30IBPLUS　00:A0:91:12:56:DE　DCP Scanning:　Scanning stopped MAC　00:E0:E4:3A:EB:EE Device Type:　FANUC CNC Factory Reset Name　mt01 Permanent Name　Apply Name GSDML Presence The GSDML file corresponding to the Addressing Addressing Mode:　DCP DHCP Based on:　MAC Address Client Identifier: IP Address:　192 . 168 . 1 . 14 Sub-Network Mask:　255 . 255 . 255 . 0 Gateway IP Address:　192 . 168 . 1 . 1 Permanent　Apply Request Status Status Setting the name mt01 for the device mt01 successful. Blinking Test Device Blinking

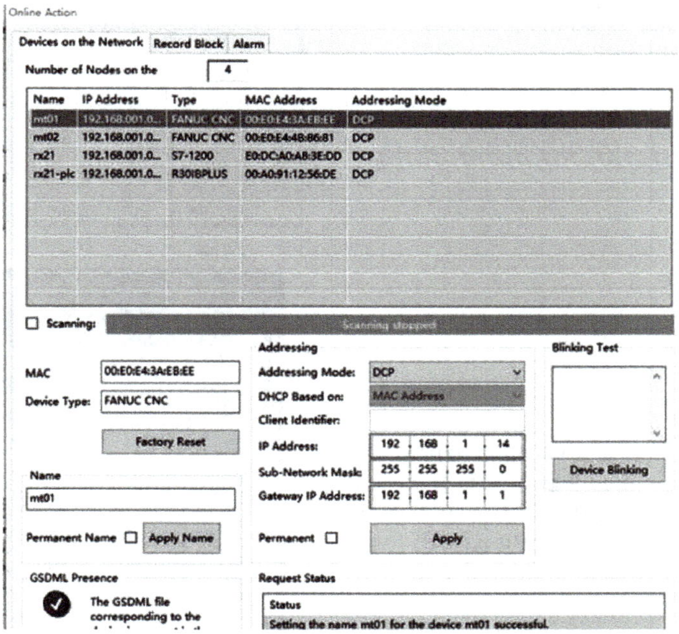

（续）

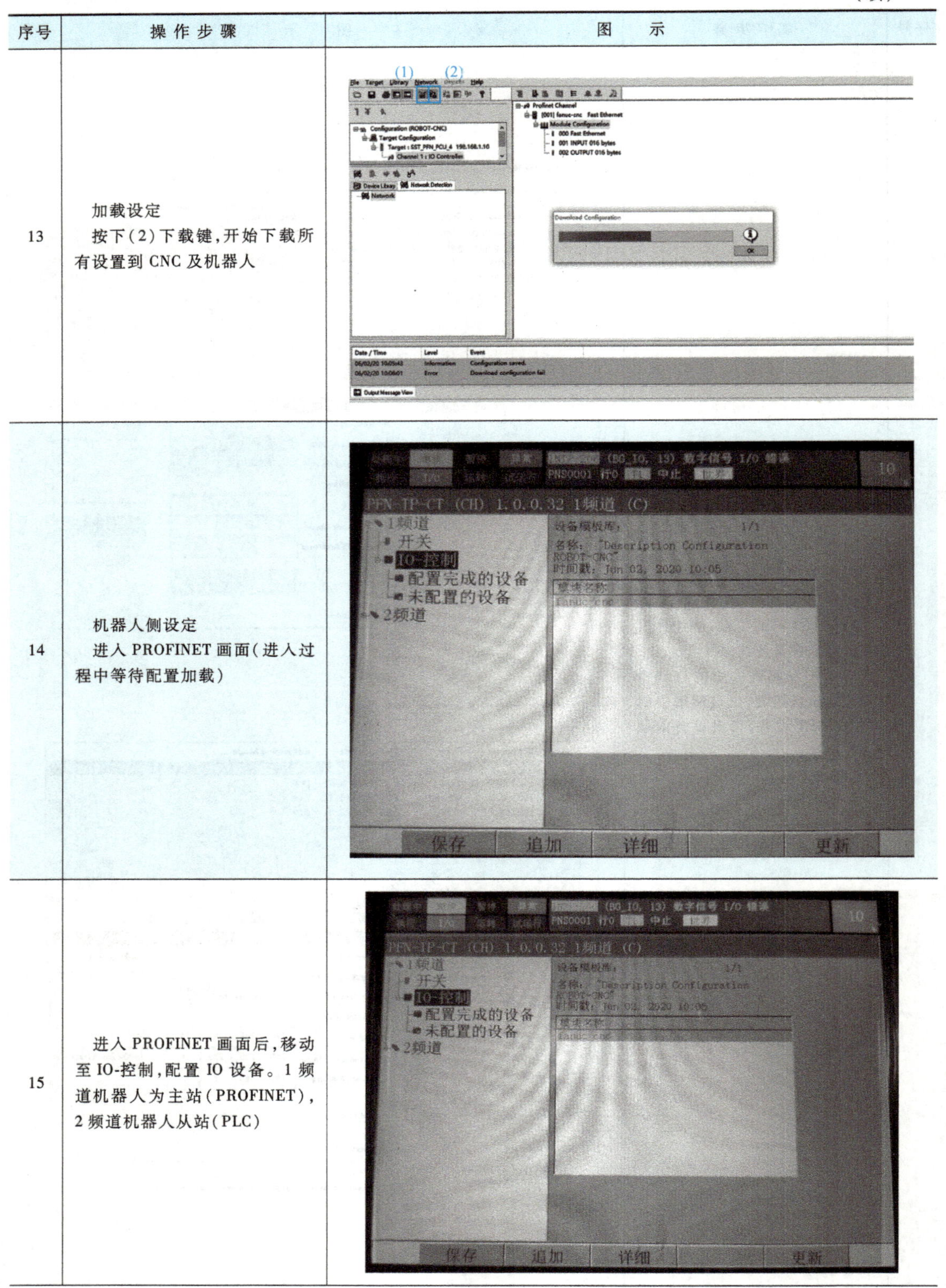

序号	操作步骤	图　　示
13	加载设定 按下（2）下载键，开始下载所有设置到 CNC 及机器人	
14	机器人侧设定 进入 PROFINET 画面（进入过程中等待配置加载）	
15	进入 PROFINET 画面后，移动至 IO-控制，配置 IO 设备。1 频道机器人为主站（PROFINET），2 频道机器人从站（PLC）	

（续）

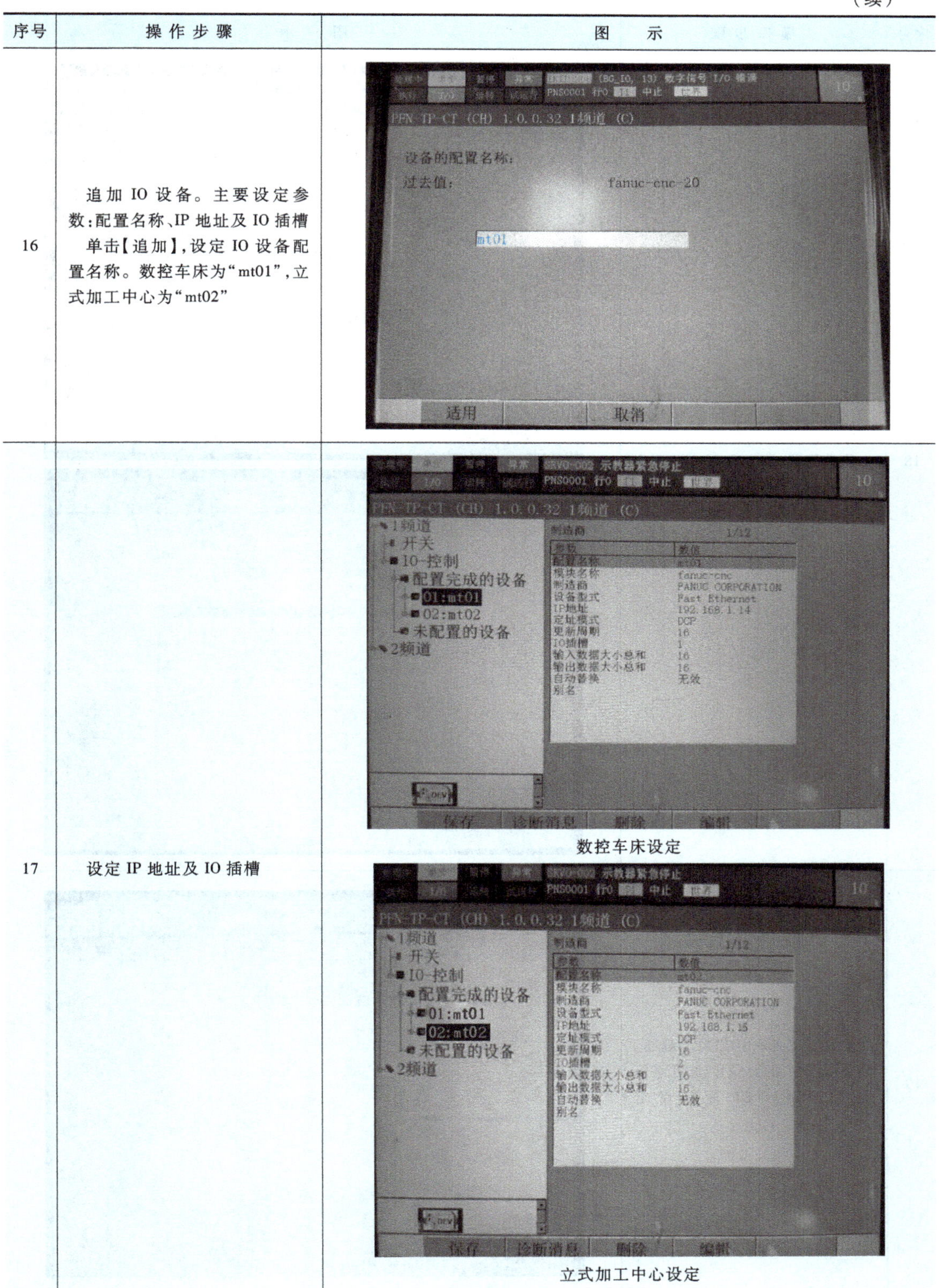

序号	操作步骤	图　示
16	追加IO设备。主要设定参数：配置名称、IP地址及IO插槽 单击【追加】，设定IO设备配置名称。数控车床为“mt01”，立式加工中心为“mt02”	
17	设定IP地址及IO插槽	数控车床设定 立式加工中心设定

（续）

序号	操作步骤	图示
18	保存配置，断电重启	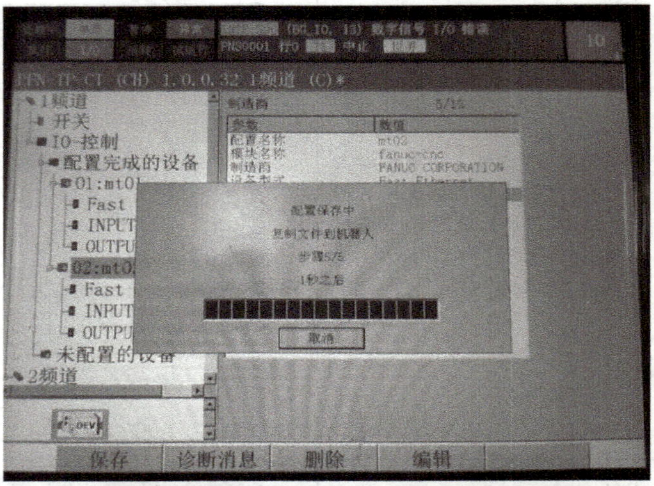 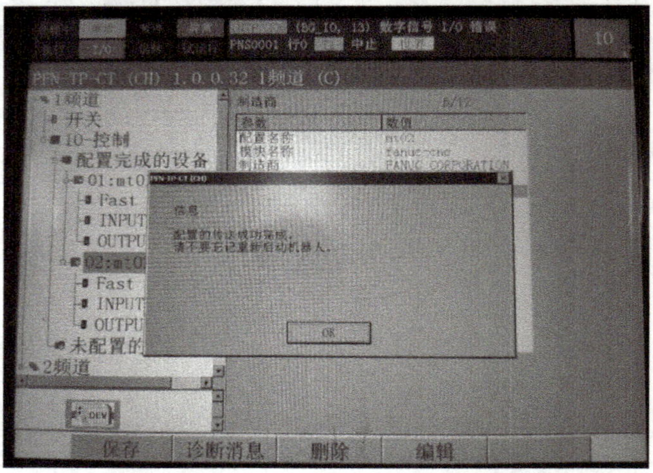 (BO_IO, 13) 数字信号 I/O 错误 PNS0001 行0 中止 10 PFN-TP-CT (CH) 1.0.0.32 1频道 (C)* 1频道 开关 IO-控制 配置完成的设备 01:mt01 Fast INPUT OUTPU 02:mt02 Fast INPUT OUTPU 未配置的设备 2频道 制造商 5/12 参数 数值 配置名称 mt02 模块名称 fanuccnc 制造商 FANUC CORPORATION 配置保存中 复制文件到机器人 步骤5/5 1秒之后 取消 保存 诊断消息 删除 编辑 (BO_IO, 13) 数字信号 I/O 错误 PNS0001 行0 中止 10 PFN-TP-CT (CH) 1.0.0.32 1频道 (C) 1频道 开关 IO-控制 配置完成的设备 01:mt01 Fast INPUT OUTPU 02:mt02 Fast INPUT OUTPU 未配置的 2频道 制造商 5/12 参数 数值 配置名称 mt02 模块名称 fanuccnc 制造商 FANUC CORPORATION 信息 配置的传送成功完成。 请不要忘记重新启动机器人。 OK 保存 诊断消息 删除 编辑
19	上电后进入 PROFINET 画面。设备指示灯变为绿色证明通信成功。PROFINET 通信设定完成	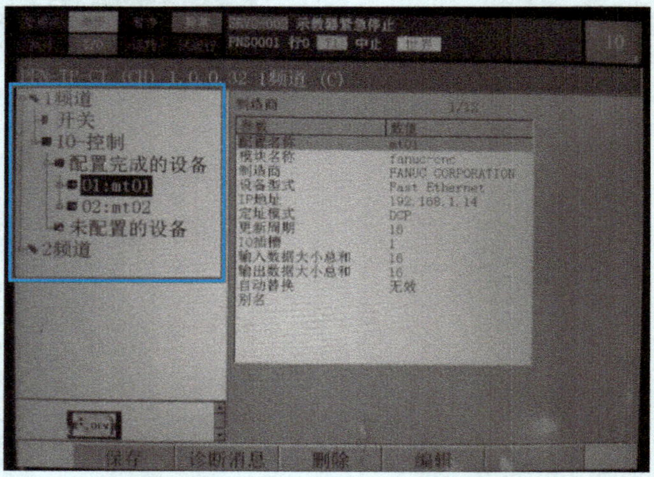 示教器紧急停止 PNS0001 行0 中止 10 PFN-TP-CT (CH) 1.0.0.32 1频道 (C) 1频道 开关 IO-控制 配置完成的设备 01:mt01 02:mt02 未配置的设备 2频道 制造商 1/12 参数 数值 配置名称 mt01 模块名称 fanuccnc 制造商 FANUC CORPORATION 设备型式 Fast Ethernet IP地址 192.168.1.14 定址模式 DCP 更新周期 16 IO插槽 1 输入数据大小总和 16 输出数据大小总和 16 自动替换 无效 别名 保存 诊断消息 删除 编辑

5.1.6　实施记录

1. 根据教师引导，记录操作过程步骤。

____

____

____

2. 操作完成后，将待优化的问题记录到操作问题清单（表 5-1-4）中。

表 5-1-4　操作问题清单　　　　组别________

问　　题	改 进 方 法

5.1.7　知识链接

PROFINET 通信基本概念

5.1.7.1　PROFINET 通信原理

PROFINET 是 PROFIBUS 国际组织 PI（PROFIBUS International）推出的新一代基于工业以太网技术的自动化总线标准。PROFINET 为自动化通信领域提供了一个完整的网络解决方案；作为跨供应商的技术，PROFINET 可以完全兼容工业以太网和现有的现场总线（如 PROFIBUS）技术。

PROFINET 是适用于不同需求的完整解决方案，其功能包括 8 个主要的模块：实时通信、分布式现场设备、运动控制、分布式自动化、网络安装、IT 标准和信息安全、故障安全和过程自动化。

PROFINET 的传输最大带宽为 100Mb/s。传输方式为全双工。数据最大长度为 254B。用户数据最大长度为 1400B。总线最大长度为 100m。该通信功能在硬件上可使用标准的以太网板，不需要终端电阻。网通诊断可以通过 IT 相关工具即可。如果配备多个控制器不会影响 IO 响应时间。站点类型可以既做 IO 控制器又做 IO 设备。

PROFINET 是一个使用以太网的工业网络。它支持 IO 控制器和 IO 设备之间的通信。通信标准由 PI（PROFIBUS International）管理。

如图 5-1-2 所示，PROFINET 可以实现 IO 控制器和 IO 设备之间的通信。

IO 控制器：发起 IO 通信的设备，在 PROFIBUS 中，等同于 1 级主站的功能（class 1 master）。

IO 设备：与 IO 控制器进行通信的设备，在 PROFIBUS 中，等同于从站的功能（slave）。

IO 监视器：类似 PC 或 HMI 的设备，用于对 PROFINET 系统设定和诊断，等同于 2 级主站的功能（class 2 master）。FANUC 系统指定的 IO 监视器叫作 PROFINET Configuration Tool，简称 PFN-CT。

GSDML：包含 IO 设备信息的 XML 格式的文件，IO 监视器进行设定时使用。

I&M data：用于 IO 设备的识别和维修，IO 监视器和 IO 控制器通过通信方式从 IO 设备获取相关数据。

IP 参数：IP 地址、子网掩码和路由器 IP 地址。

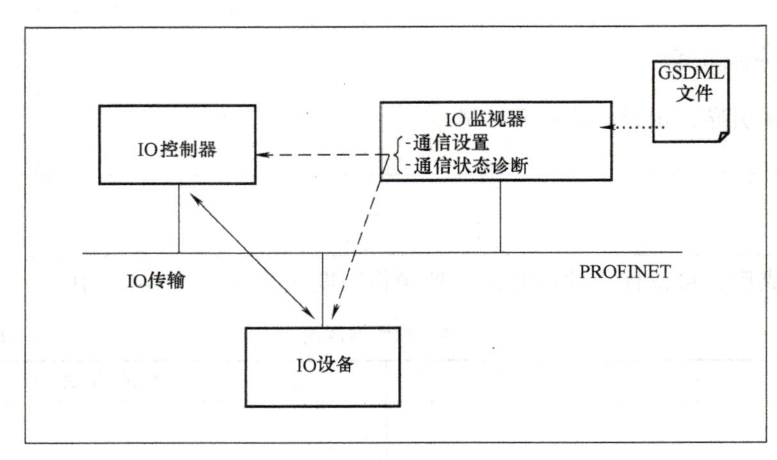

图 5-1-2　PROFINET 数据传输示意图

CHANGE MODE（更改模式）：此方式下，可以改变 CNC 的 PROFINET 参数。

PROTECT MODE（保护模式）：此方式下，不可改变 CNC 的 PROFINET 参数。

PROFINET 作为一种标准的、实时的工业以太网协议，满足了自动化控制的实时性通信要求，可应用于运动控制。

PROFINET 具有 PROFIBUS 和 IT 标准的开放透明性，支持从现场层到工厂管理层通信的连续性，同时也适用于以太网和任何其他现场总线系统之间的通信。PROFINET 技术特点如图 5-1-3 所示。

数据通信实时、稳定，满足现场设备的不同实时通信要求。

多元化的网络拓扑架构，更好地适应系统现场的要求。

全面兼容TCP/IP标准，容易实现各种信息技术，给自动化系统提供更好、更快的解决方案。

图 5-1-3　PROFINET 技术特点

5.1.7.2　PROFINET 规格选型

PROFINET 为选项功能，需要硬件板卡与软件功能的支持，具体需求见表 5-1-5。

表 5-1-5　PROFINET 选项功能规格表

项　目	IO Controller(IO 控制器)	IO Device(IO 设备)
需要的软件功能	PROFINET function software： 1)Series 30i/31i/32i/35i-B 2)PowerMotion i-A：658R series 3)Series 0i-F：648U series	—
需要的软件选项	PROFINET IO Controller function option(R971)	PROFINET IO Device function option(R972)

（续）

项　　目	IO Controller（IO 控制器）	IO Device（IO 设备）
可同时使用的功能	在不同的硬件上： 1）Ethernet function（S707） 2）Modbus/TCP Server function（R968） 3）Data Server function（S737） 4）FL-net function（J692） 5）EtherNet/IP Scanner function（R966） 6）EtherNet/IP Adapter function（R967） 7）PROFINET IO Device function（R972）	在不同的硬件或相同硬件上： 1）Ethernet function（S707） 2）Modbus/TCP Server function（R968） 在不同的硬件上： 1）Data Server function（S737） 2）FL-net function（J692） 3）EtherNet/IP Scanner function（R966） 4）EtherNet/IP Adapter function（R967） 5）PROFINET IO Device function（R972）
PMC 地址使用范围	DI：R、E、D 和 X 地址 DO：R、E、D 和 Y 地址 Status：R 和 E 地址	DI：R、E、D 和 X 地址 DO：R、E、D 和 Y 地址 Status：R 和 E 地址
IO 设备最大连接数量	48	—
DI/DO 数据容量	1024 bytes/1024 bytes（每个 IO 设备）	256 bytes/256 bytes
所有 IO 设备 DI/DO 数据容量	12288 bytes/12288 bytes	—
DI/DO 响应时间	2ms 及以上	4ms 及以上
UDP 口数量	34962～34964	34962～34964

5.1.7.3　PROFINET 参数设定

PROFINET IO 控制器及设备功能见表 5-1-6。

表 5-1-6　PROFINET IO 控制器及设备功能

功　　能	参　　数	功　　能	参　　数
PROFINET IO 控制器	NO. 970 = -1 NO. 971 = -1 NO. 972 = -1 NO. 973 = -1 NO. 974 = 1 NO. 975 = -1 NO. 976 = -1	PROFINET IO 设备	NO. 970 = -1 NO. 971 = -1 NO. 972 = -1 NO. 973 = 1 NO. 974 = -1 NO. 975 = -1 NO. 976 = -1

参数 970 到参数 976 是与以太网/工业以太网相关的参数，因此设定时要注意所选择的现场总线功能。FANUC 系统支持多种现场总线功能同时使用，使用时要注意参数的设定，参考说明书 Industrial Ethernet CONNECTION MANUAL（工业以太网连接说明书）（B-64013EN）。

PROFINET IO 控制器功能参数 974、PROFINET IO 设备功能参数 973 根据表 5-1-7、表 5-1-8 进行设定，特别要注意的是，这两个参数需要根据硬件快速以太网板安装的位置进行设定。

表 5-1-7　PROFINET IO 控制器功能参数 974 和 PROFINET IO 设备功能参数 973

参数	973	使得 PROFINETIO 设备功能动作的硬件选项的选择
参数	974	使得 PROFINETIO 控制器功能动作的快速以太网板的选择

表 5-1-8　参数 974 和参数 973 以太网板安装的位置设定表

设定值	硬　件
-1	不使用
0	未设定
1	预留
2	预留
3	安装在板 slot1 上的快速以太网板
4	安装在板 slot2 上的快速以太网板

5.1.7.4　PROFINET 画面设定

1. PROFINET IO 控制器功能设定画面

进入 PROFINET 设定画面，设定机床 IP 地址。接下来设定 PROFINET 中的 PN C SET 对应 DI/DO 点的存储空间，分别设定起始地址及存储空间大小。

(1) 公共画面　公共画面如图 5-1-4 所示。公共画面的项目及内容见表 5-1-9。

表 5-1-9　公共画面的项目及内容

项　　目	内　　容
MAC 地址	PROFINET 的 MAC 地址
IP 地址	本地站的 IP 地址
子网掩码	网络掩码
路由器地址	路由器用网络地址

(2) PN C SET 画面（基本设定画面）　PN C SET 画面如图 5-1-5 所示。PN C SET 画面的项目、内容及含义见表 5-1-10。

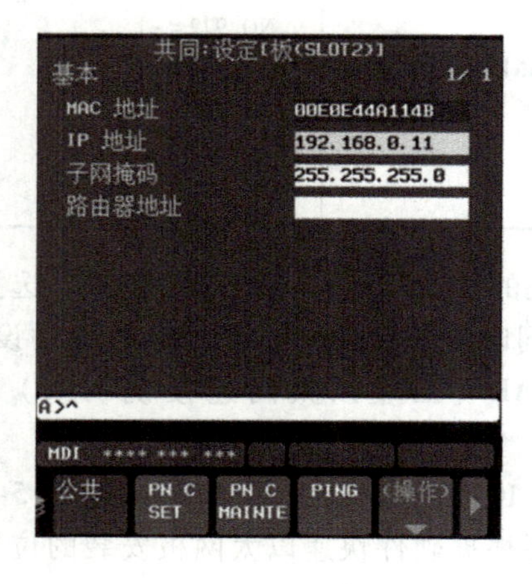

图 5-1-4　公共画面

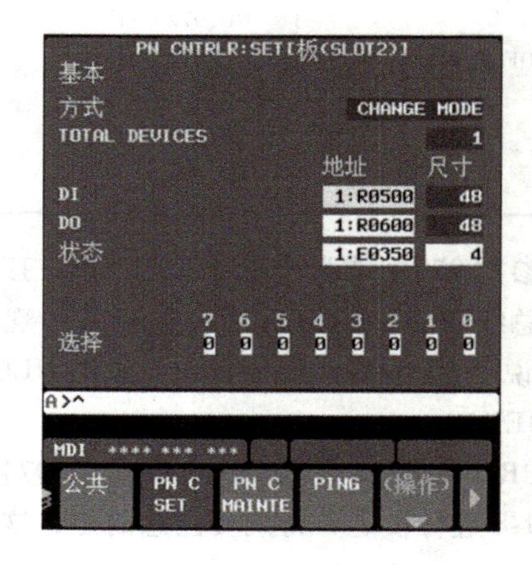

图 5-1-5　PN C SET 画面

表 5-1-10　PN C SET 画面的项目、内容及含义

<table>
<tr><th>项目</th><th>内容</th><th>含　义</th></tr>
<tr><td rowspan="2">方式(模式)</td><td>CHANGE MODE</td><td>更改模式。在该模式下,可以更改设定工具及设定画面</td></tr>
<tr><td>PROTECT MODE</td><td>保护模式。在该模式下,无法更改设定工具及设定画面</td></tr>
<tr><td>DI</td><td>地址及尺寸</td><td>DI 起始地址,地址区域大小</td></tr>
<tr><td>DO</td><td>地址及尺寸</td><td>DO 起始地址,地址区域大小</td></tr>
<tr><td>状态</td><td>地址及尺寸</td><td>状态起始地址,地址区域大小</td></tr>
<tr><td rowspan="2">选择</td><td rowspan="2">信号状态</td><td>#0:下次开启电源时,PROFINET IO 控制器可设定为 0 或 1,0 表示没有进行初始化;1 表示进行初始化</td></tr>
<tr><td>#1:在通信断开时,对 IO 设备 DI 区域中数据可设定为 0 或 1,0 表示将 DI 区域清除为 0;设定为 1 表示将数据保存在 DI 区域内
将 DI 区域清除为 0 时,采取操作的信号变化如下:
<table>
<tr><th>信号</th><th>变化</th><th>描述</th></tr>
<tr><td>SF</td><td>0→1</td><td>所有 IO 设备的 DI 区域被清除为 0</td></tr>
<tr><td>CONxx</td><td>1→0</td><td rowspan="3">只有 IO 设备 xx 的 DI 区域被清除为 0</td></tr>
<tr><td>RAPxx</td><td>1→0</td></tr>
<tr><td>IOxx</td><td>1→0</td></tr>
</table>
#2～#7:预留(必须为 0)</td></tr>
</table>

注意:

1. 在分配 PMC 区域之前,DI/DO 数据和状态数据一定要根据说明书进行设定。

2. 当通信断开时,DI 区域取决于“OPTION”的第 1 位的设定,此时通信再次连接。从 IO 设备发送的数据反映在 IO 设备的 DI 区域。如果在再次连接通信之后,IO 设备立即发送零数据,IO 设备的 DI 区域被清除为零。

1）DI/DO 分配　分配规则是使用设定工具配置给每个模块分配 DI/DO 数据,数据项按 IO 设备号的升序向前移动,以填充空区。不管数据类型或数据大小,每个模块的起始地址总是一个 2 字节。

表 5-1-11 是一个 DI 区域示例,其中使用了两个 IO 设备,并设定了各种数据类型的输入模块。

表 5-1-11　输入模块配置与设定工具

<table>
<tr><th colspan="2">IO 设备</th><th rowspan="2">模块名称</th><th rowspan="2">数据类型</th><th rowspan="2">数据大小</th></tr>
<tr><th>序号</th><th>IO 设备号</th></tr>
<tr><td rowspan="4">001</td><td rowspan="4">0</td><td>输入模块 1</td><td>Byte</td><td>1 byte</td></tr>
<tr><td>输入模块 2</td><td>Word</td><td>2 bytes</td></tr>
<tr><td>输入模块 3</td><td>Long</td><td>4 bytes</td></tr>
<tr><td>输入模块 4</td><td>Byte</td><td>1 byte</td></tr>
<tr><td>010</td><td>1</td><td>输入模块 5</td><td>Byte</td><td>3 bytes</td></tr>
</table>

"DI 地址"在 PROFINET IO 控制器功能的设定画面上。分配结果如图 5-1-6 所示。

PMC DI area

地址	PMC DI area	
1:R0100	Input module 1	IO设备number 0
1:R0101	(space)	
1:R0102	Input module 2	
1:R0104	Input module 3	
1:R0108	Input module 4	
1:R0109	(space)	
1:R0110	Input module 5	IO设备number 1
1:R0113	(space)	
1:R0114		

图 5-1-6 "DI 地址"在 PROFINET IO 控制器功能设定画面上的分配结果

配置输出模块的 DO 区域的分配与上面显示的相同。

使用设定工具计算每个模块的 DI/DO 地址（PFN-CT）。下面介绍如何计算每个模块的 DI/DO 地址，以及如何使用设定工具（PFN-CT）。

每个模块的 DI 或 DO 地址 = X+(Y×2)

X：在 CNC 里，在 PROFINET IO 控制器功能的设定画面上显示"DI/DO 地址"。

Y：在设定工具中，各模块"Profinet 通道"画面设定在共享内存位置中字的值。

图 5-1-7 所示是一个计算 IO 设备 FANUC CNC 槽 001 中实现的输入模块"INPUT 003 bytes"的 DI 地址的例子，FANUC CNC（"序号" =010，IO 设备编号 = 1）有两个 IO 设备。

2）状态地址　状态地址分为两种，Status（+0）以及 Status（+1 to +48）。Status（+0）

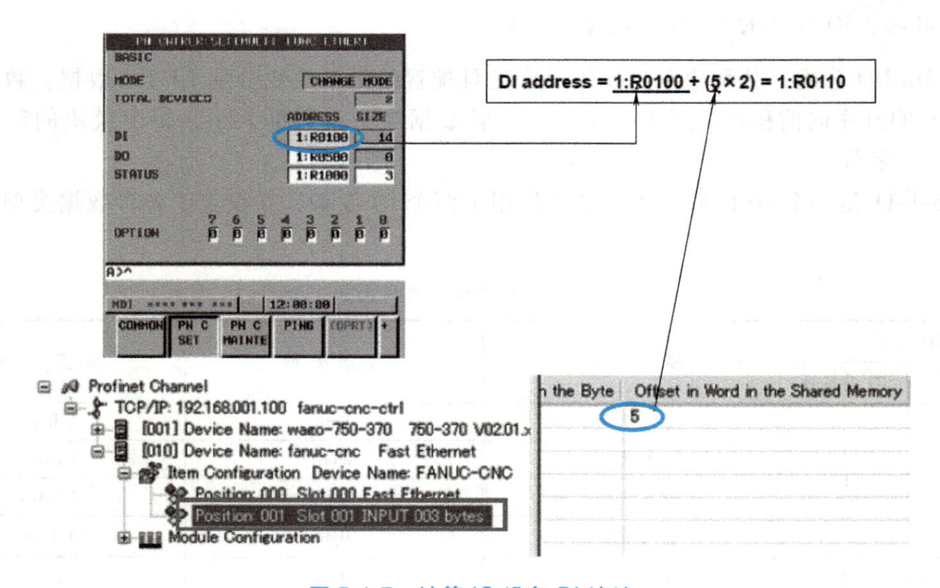

图 5-1-7 计算 IO 设备 DI 地址

为 PROFINET IO 控制器的状态。Status（+1 to +48）为每个 IO 设备的状态。通过状态地址确认 PROFINET 通信状态，了解运行中会出现哪些问题，或是确认当前设备的状态情况。表 5-1-12 所示为状态地址的两种形式。

表 5-1-12 状态地址的两种形式

Status

	#7	#6	#5	#4	#3	#2	#1	#0
+0	SW		—	—	—	—	BF	SF
+1	—	—	—	—	—	IO00	RAP00	CON00
…				…				
+48	—	—	—	—	—	IO47	RAP47	CON47

详细状态地址含义请参考说明书 Industrial Ethernet CONNECTION MANUAL（工业以太网连接说明书）（B-64013EN）4.3.3.2，这里就不再赘述。

(3) PN C MAINTE 画面

PROFINET IO 控制器功能的 PN C MAINTE 画面可以检查 PROFINET IO 控制器功能的维护信息，见表 5-1-13。

表 5-1-13 PN C MAINTE 画面的项目及内容

项目	内　　容
状态	IO 控制器功能状态（status（+0）相同）
DI/DO 刷新时间	表示刷新分配给所有 IO 设备 PMC 区域的 DI/DO 数据的间隔时间，单位是毫秒
（细节）	通过执行信息获取操作来显示详细信息（设备名称、供应商等信息）

PN C MAINTE 画面由控制信息画面（1 页）和设备信息画面（2 页）组成，可以使用 MDI 面板上的翻页键进行切换。

1）PN C MAINTE 画面——控制信息画面　PN C MAINTE 的控制信息画面如图 5-1-8 所示。

2）PN C MAINTE 画面——设备信息画面　图 5-1-9 所示为设备信息画面。图 5-1-10 所示为设备信息的详情画面。PN C MAINTE 画面的项目及内容见表 5-1-14。

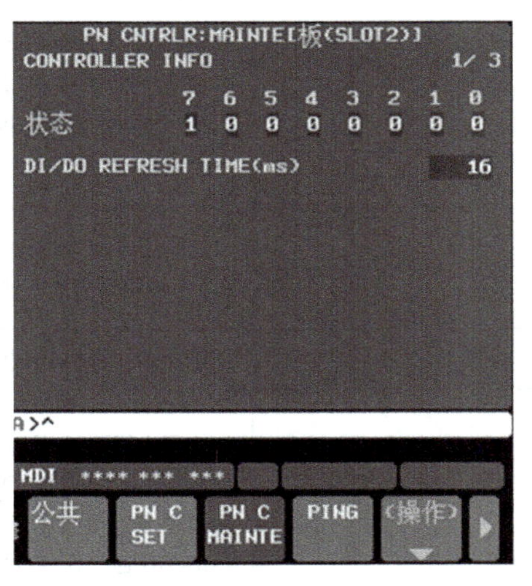

图 5-1-8 PN C MAINTE 的控制信息画面

2. PROFINET IO 设备功能设定画面

(1) 公共画面　通过图 5-1-11 中公共画面对 MAC 地址、IP 地址、子网掩码、路由器地址进行设定。

公共画面具体设定内容见表 5-1-15。

(2) PN D SET 画面　PN D SET 画面如图 5-1-12、图 5-1-13 所示，其项目及其描述见表 5-1-16、表 5-1-17。

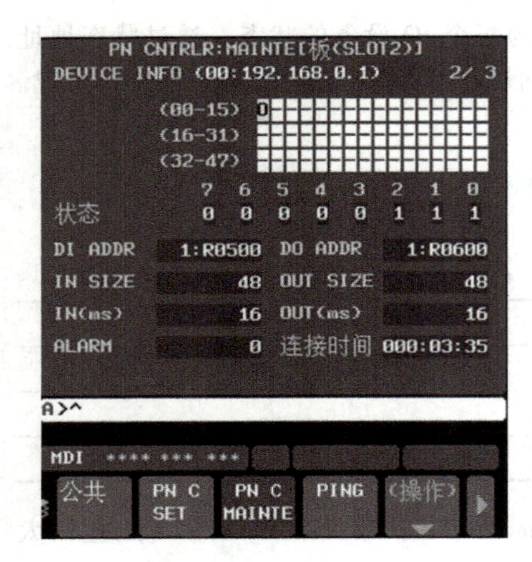

图 5-1-9 PN C MAINTE 设备信息画面

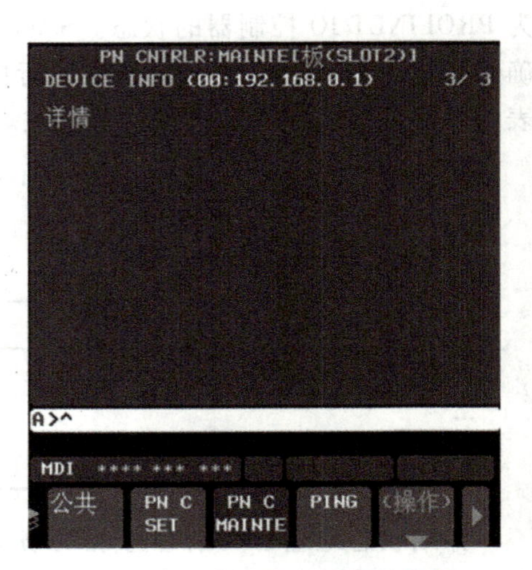

图 5-1-10 PN C MAINTE 设备信息详情画面

表 5-1-14 PN C MAINTE 画面的项目及内容

项目	内 容
表(00-47)	当用光标选择 IO 设备时,IO 设备的 IO 设备号和 IP 地址显示在表的上半。部分通信状态如下所示 0:沟通正在进行中 1:发生了一个通信错误
状态	状态(+1~+48)相同
DI 地址/DO 地址	这是 PMC 区域的起始地址,是指光标选择 IO 设备的 DI/DO 数据地方
输入大小/输出大小	用光标选择的 IO 设备的输入/输出大小,单位是字节 这些大小不包括在使用奇数大小的模块时设定的任何空区 输入/输出数据的方向如下 输入:IO 设备→IO 控制器(DI) 输出:IO 控制器→IO 设备(DO) 如果 IO 设备被断开,“-”将被“IN SIZE”和“OUT SIZE”替换
输入(ms)/输出(ms)	这是用光标选择的 IO 设备在 IO 传输过程中,输出（DO 数据)的传输间隔和输入(DI 数据)的接收间隔的实测值,单位是毫秒
报警	用光标选择的 IO 设备接收到的报警的总数。即使通信中断,此值不会被清除
时间	使用光标选择的 IO 设备执行 DI/DO 通信的连续时间以 HHH:MM:SS 的格式显示。最大可输出值为 999:59:59 如果 DI/DO 通信断开,该值返回到 000:00:00 DI/DO 通信执行的时间是状态 IO 为 1 的时间
细节	通过执行信息获取操作,将显示关于用光标所选择的 IO 设备的详细信息

表 5-1-15　公共画面的项目及内容

项　　目	内　　容
MAC 地址	PROFINET 的 MAC 地址
IP 地址	本地站的 IP 地址
子网掩码	网络掩码
路由器地址	路由器用网络地址

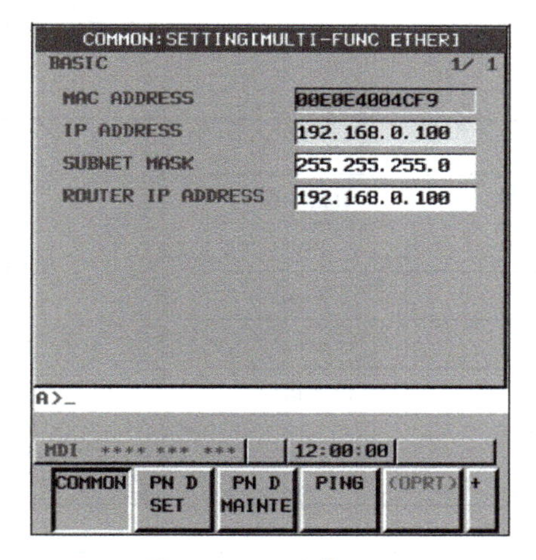

图 5-1-11　公共画面

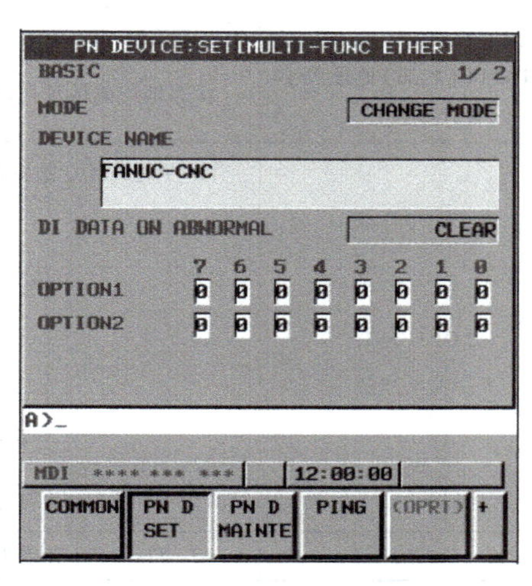

图 5-1-12　PN D SET 画面（1）

表 5-1-16　PN D SET 画面的项目及其描述（1）

项目	描　　述	
模式	CHANGE MODE	更改模式。在该模式下，可以更改通信参数
	PROTECT MODE	保护模式。在该模式下，无法更改通信参数
设备名称	设备名称根据数控画面上的 PROFINET 标注，最多可设定 63 个字符的名称。确保设备名称与 IO 控制器上设定的名称匹配。在 IO 控制器上，最多可以设定 240 个字符的名称，但是最多可以在这个画面上显示 64 个字符	
DI 数据异常	如果检测到异常状态，将对 DI 区域的数据采取的操作设定为 HOLD：将数据保存在 DI 区域 CLEAR：将 DI 区域清除为 0	
OPTION1	#0：当下次打开电源时，PROFINET IO 设备功能的基本设定和分配设定为 0 或 1，0 表示没有初始化；1 表示初始化 #1～#7：预留（必须为 0）	
OPTION2	#2～#7：预留（必须为 0）	

表 5-1-17　PN D SET 画面的项目及其描述（2）

项目	描　　述
DI/DO 地址（ADDRESS）	描述存储 DI/DO 数据的区域的地址 在 IO 控制器上，DI/DO 路径指定 PMC 路径号。为 DI/DO 区域指定 PMC 区域号，为 DI/DO 地址指定 PMC 地址号 设定范围取决于 PMC 的 R、E、D、X（DI）或 Y（DO）区域的有效范围 如果要分配 PMC 的 XY 地址，还需要设定参数 11937 到 11939

（续）

<table>
<tr><th>项目</th><th>描　述</th></tr>
<tr><td>DI/DO 地址大小
(SIZE)</td><td>要存储 DI/DO 数据的区域的大小
[输入×××字节](×××为 0~256)在 IO 控制器上选择的是 DI 大小。类似地,[OUTPUT ×××bytes](×××为 0~256)是 DO 大小,设定范围为 0 to 256(bytes)</td></tr>
<tr><td>STATDS(状态)地址
(ADDRESS)</td><td>要存储状态的 PMC 的 R 或 E 区域的起始地址
在 IO 控制器上,状态路径指定一个 PMC 路径号,状态区域指定一个 PMC 区域,状态地址指定一个 PMC 地址。设定范围取决于 PMC 的 R 或 E 区域的有效范围</td></tr>
<tr><td>STATUS(状态)地址大小
(SIZE)</td><td>状态地址的地址区域大小</td></tr>
<tr><td>OPTION1</td><td>#0~#1:DI/DO 数据的数据单位
<table><tr><th>#0</th><th>#1</th><th>数据单位</th></tr><tr><td>0</td><td>0</td><td>Byte</td></tr><tr><td>0</td><td>1</td><td>Word</td></tr><tr><td>1</td><td>0</td><td>Long</td></tr><tr><td>1</td><td>1</td><td>设定错误</td></tr></table>#2:字节序转换,0 表示未执行;1 表示执行
#3~#7:预留(必须为 0)</td></tr>
<tr><td>OPTION2</td><td>#0~#7:预留(必须为 0)</td></tr>
</table>

(3) PN D MAINTE 画面　PN D MAINTE 画面如图 5-1-14 所示。其项目及其描述见表 5-1-18。

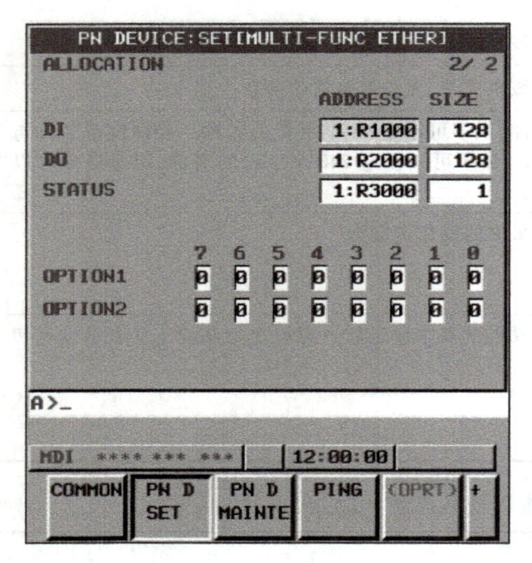

图 5-1-13　PN D SET 画面（2）

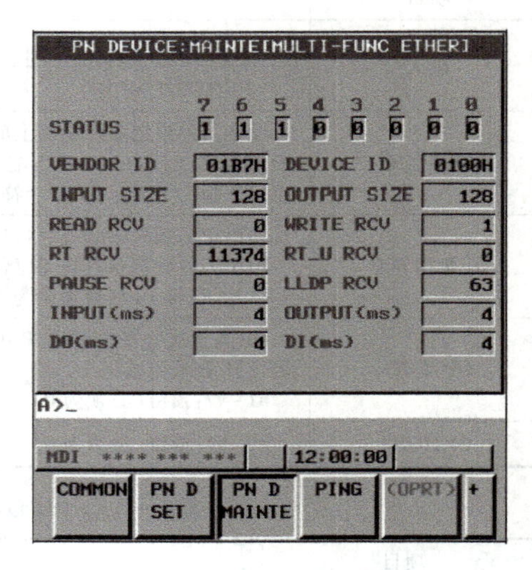

图 5-1-14　PN D MAINTE 画面

表 5-1-18　PN D MAINTE 画面的项目及其描述

项　目	描　述
STATUS(状态)	显示状态的信息(8 位)。与设定画面含义一致

（续）

项　　目	描　　述
VENDOR ID(供应商 ID)	供应商 ID 这是唯一标识制造者的标识信息(16 位)。01B7h 代表发那科公司
DEVICE ID(设备 ID)	由制造商定义的标识信息(16 位)。0100H 代表发那科 CNO 的 PROFINET IO 设备
INPUT SIZE/OUTPUT SIZE(输入/输出大小)	从 IO 控制器请求的输入/输出大小,单位为 Byte
READ RCV	计算数据读取的接收次数
WRITE RCV	计算数据写入的接收次数
RT_RCV	计算 IO 传输的输出帧(DI 数据)的接收次数
RT_U RCV	将来用于 PROFINET 的交换帧
PAUSE RCV	统计暂停帧的接收次数
LLDP RCV	计算链路层发现协议帧的接收次数
INPUT(ms)/OUTPUT(ms)	IO 传输的输入帧(DO 数据)被传输及输出帧(DI 数据)被接收的时间间隔,单位为 ms
DO(ms)/DI(ms)	将 DI/DO 数据更新到 PMC 区域的时间,单位为 ms

5.1.7.5　PROFINET 配置操作（PFN-CT）

PROFINET 配置操作见表 5-1-19。

表 5-1-19　PROFINET 配置操作

序号	操作步骤	图　　示
1	安装 PROFINET 配置工具: 1)单击安装文件“setup. exe”,进入画面如右图所示,单击【Next>】按钮	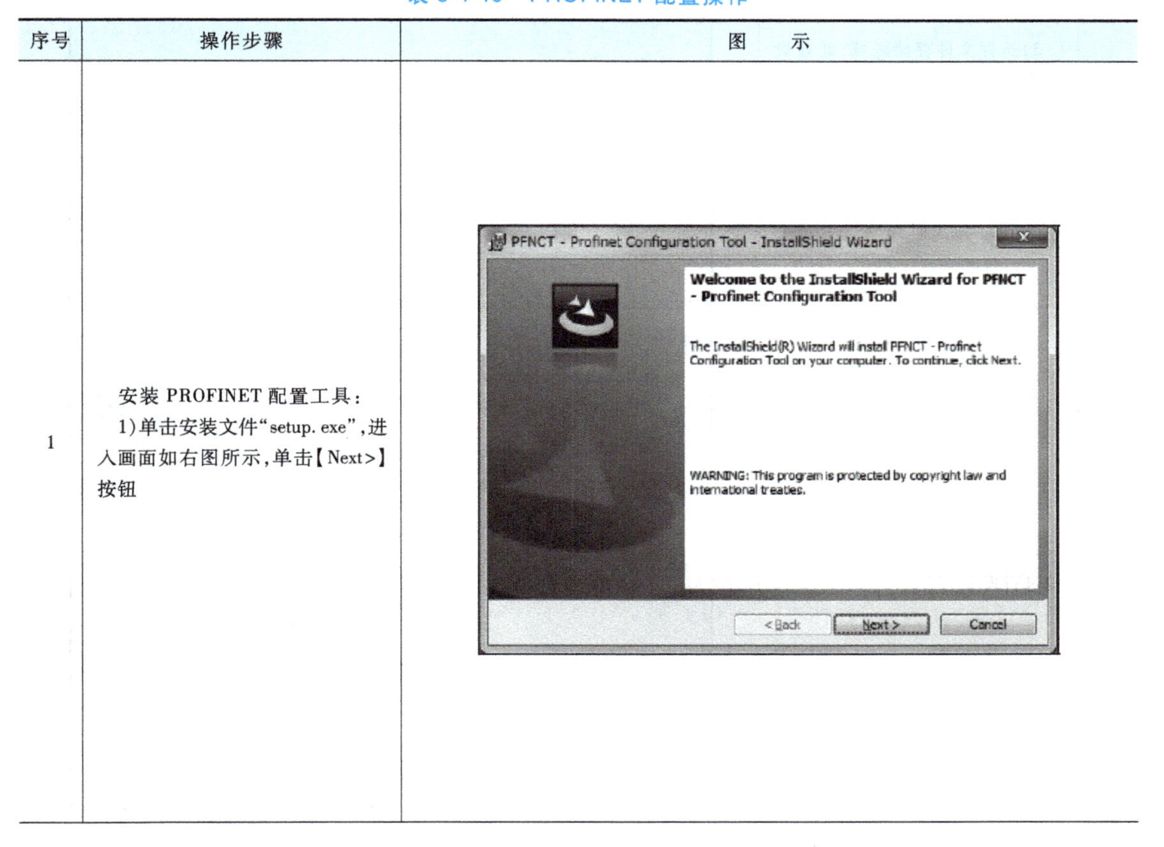

（续）

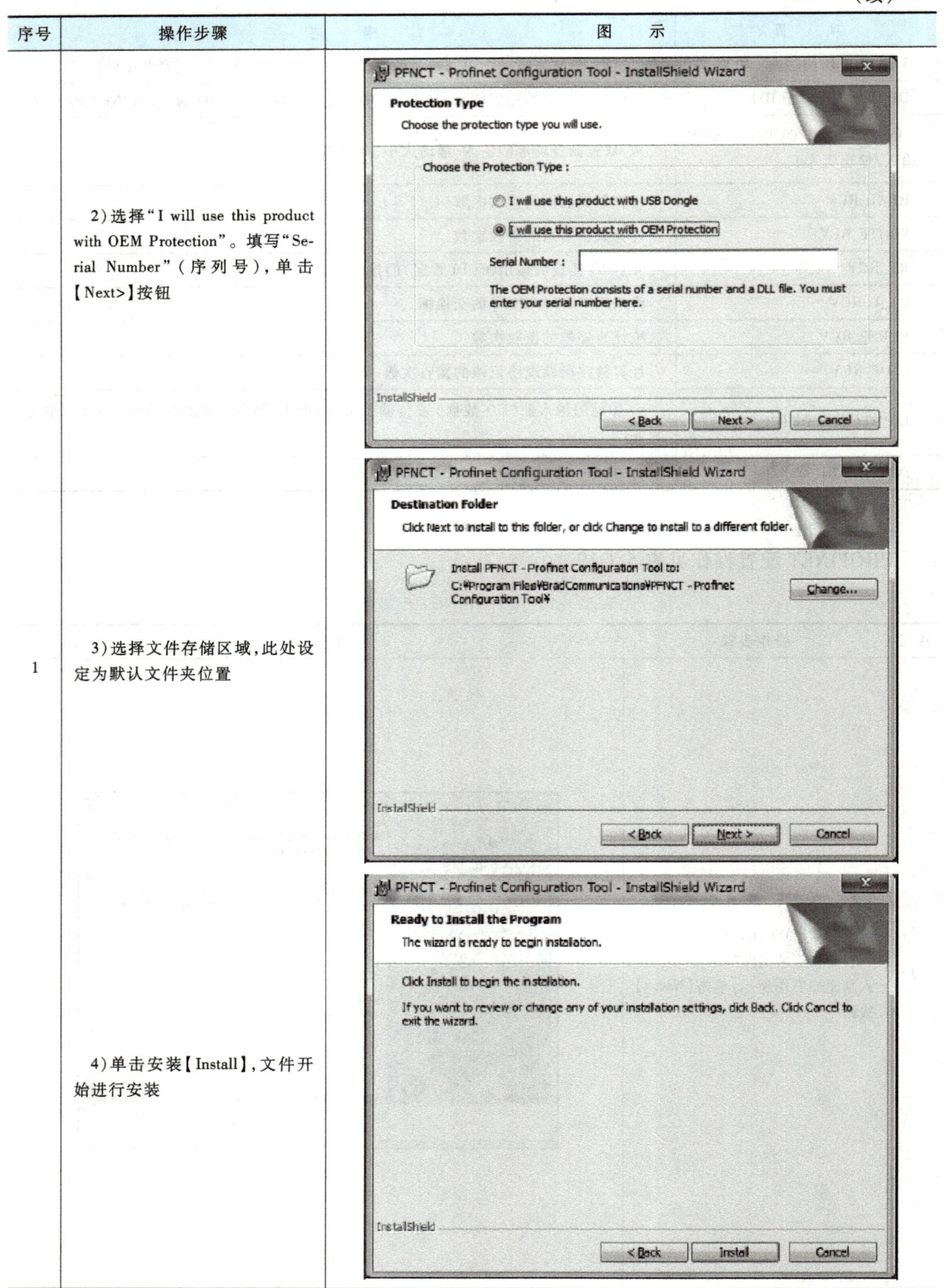

序号	操作步骤	图　示
1	2）选择“I will use this product with OEM Protection”。填写“Serial Number”（序列号），单击【Next>】按钮	
	3）选择文件存储区域，此处设定为默认文件夹位置	
	4）单击安装【Install】，文件开始进行安装	

（续）

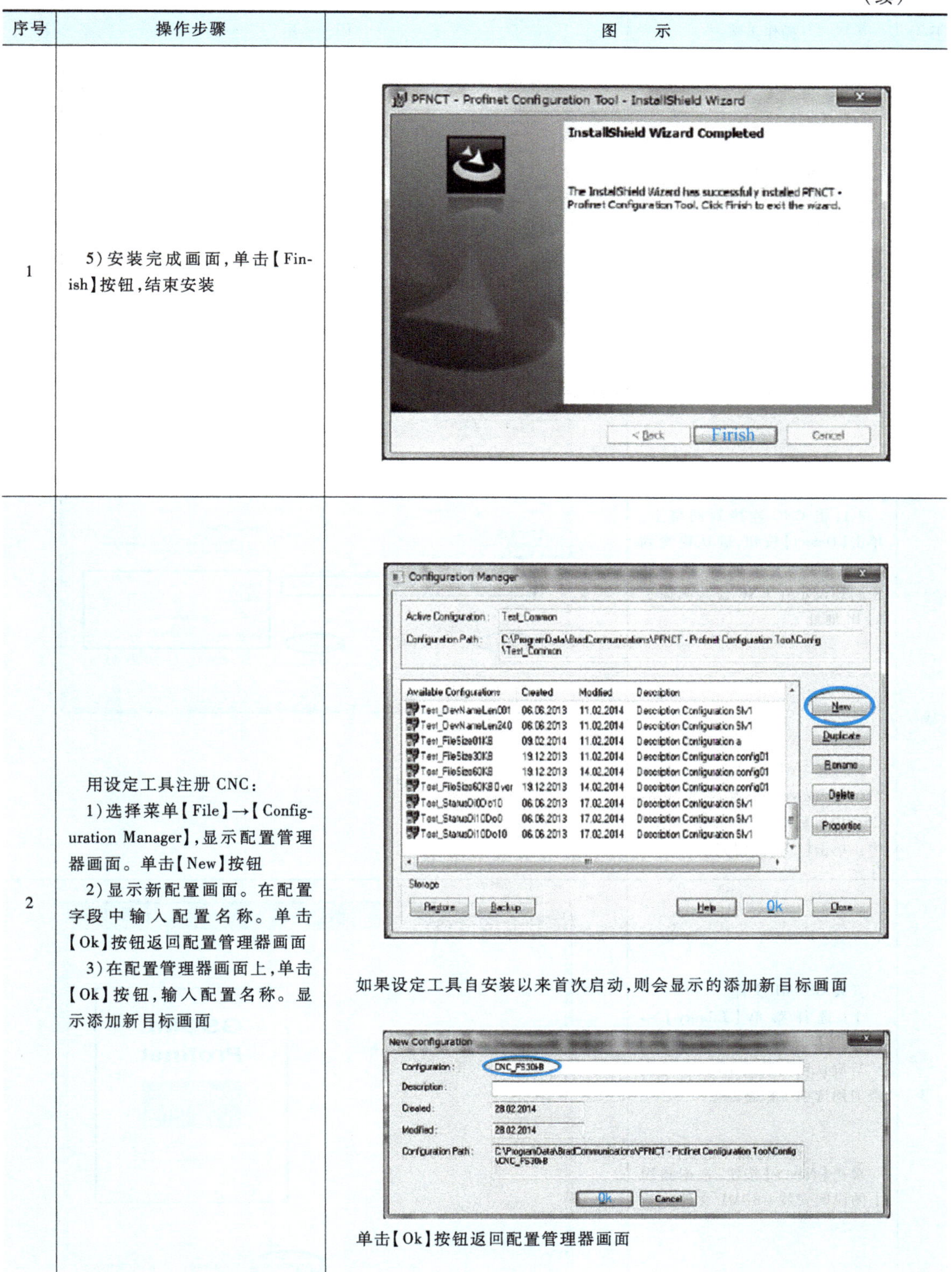

序号	操作步骤	图 示
1	5)安装完成画面，单击【Finish】按钮，结束安装	
2	用设定工具注册CNC： 1)选择菜单【File】→【Configuration Manager】，显示配置管理器画面。单击【New】按钮 2)显示新配置画面。在配置字段中输入配置名称。单击【Ok】按钮返回配置管理器画面 3)在配置管理器画面上，单击【Ok】按钮，输入配置名称。显示添加新目标画面	如果设定工具自安装以来首次启动，则会显示的添加新目标画面 单击【Ok】按钮返回配置管理器画面

（续）

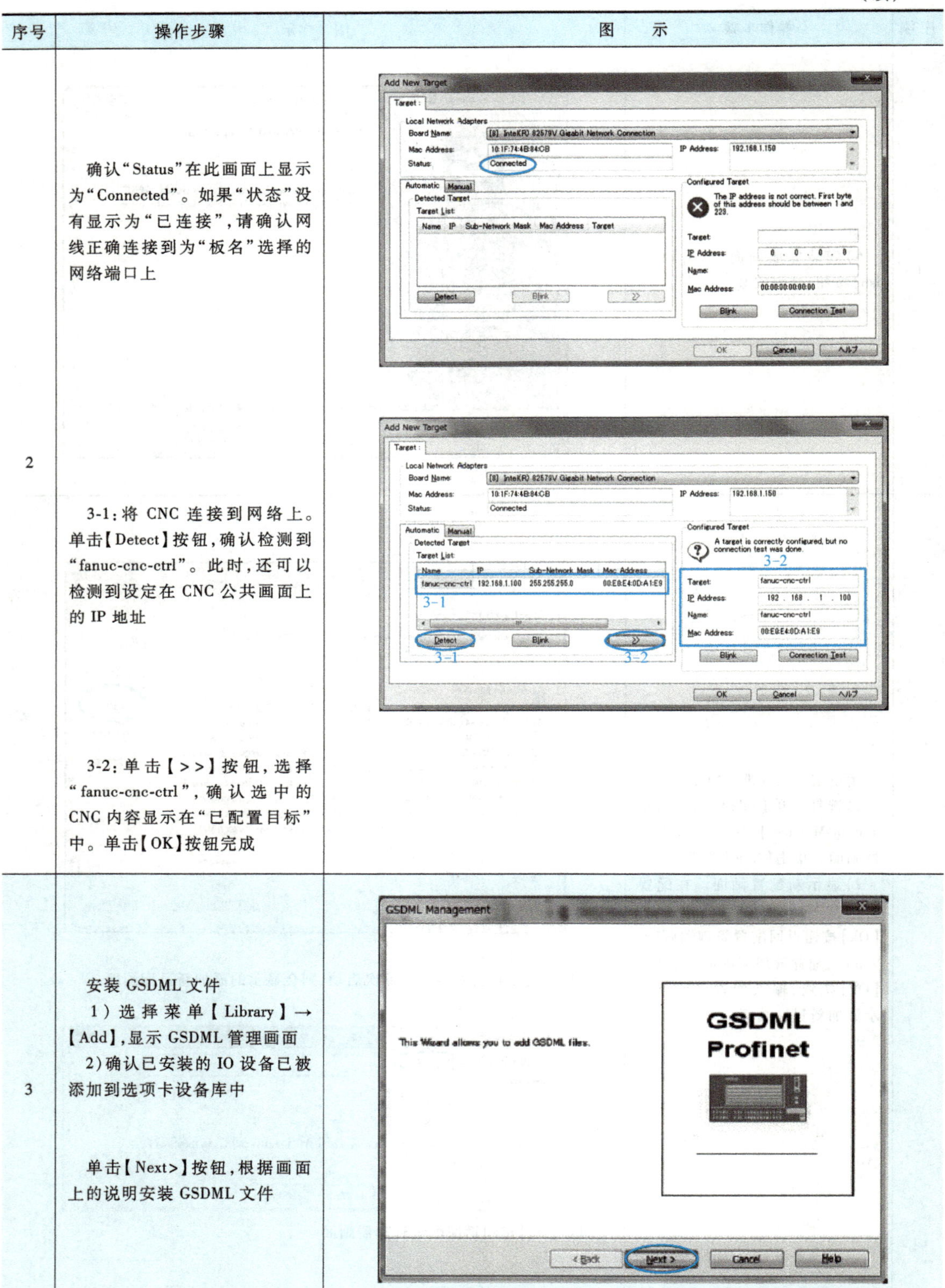

序号	操作步骤	图　示
2	确认“Status”在此画面上显示为“Connected”。如果“状态”没有显示为“已连接”，请确认网线正确连接到为“板名”选择的网络端口上 3-1：将 CNC 连接到网络上。单击【Detect】按钮，确认检测到“fanuc-cnc-ctrl”。此时，还可以检测到设定在 CNC 公共画面上的 IP 地址 3-2：单击【>>】按钮，选择“fanuc-cnc-ctrl”，确认选中的 CNC 内容显示在“已配置目标”中。单击【OK】按钮完成	
3	安装 GSDML 文件 1）选择菜单【Library】→【Add】，显示 GSDML 管理画面 2）确认已安装的 IO 设备已被添加到选项卡设备库中 单击【Next>】按钮，根据画面上的说明安装 GSDML 文件	

（续）

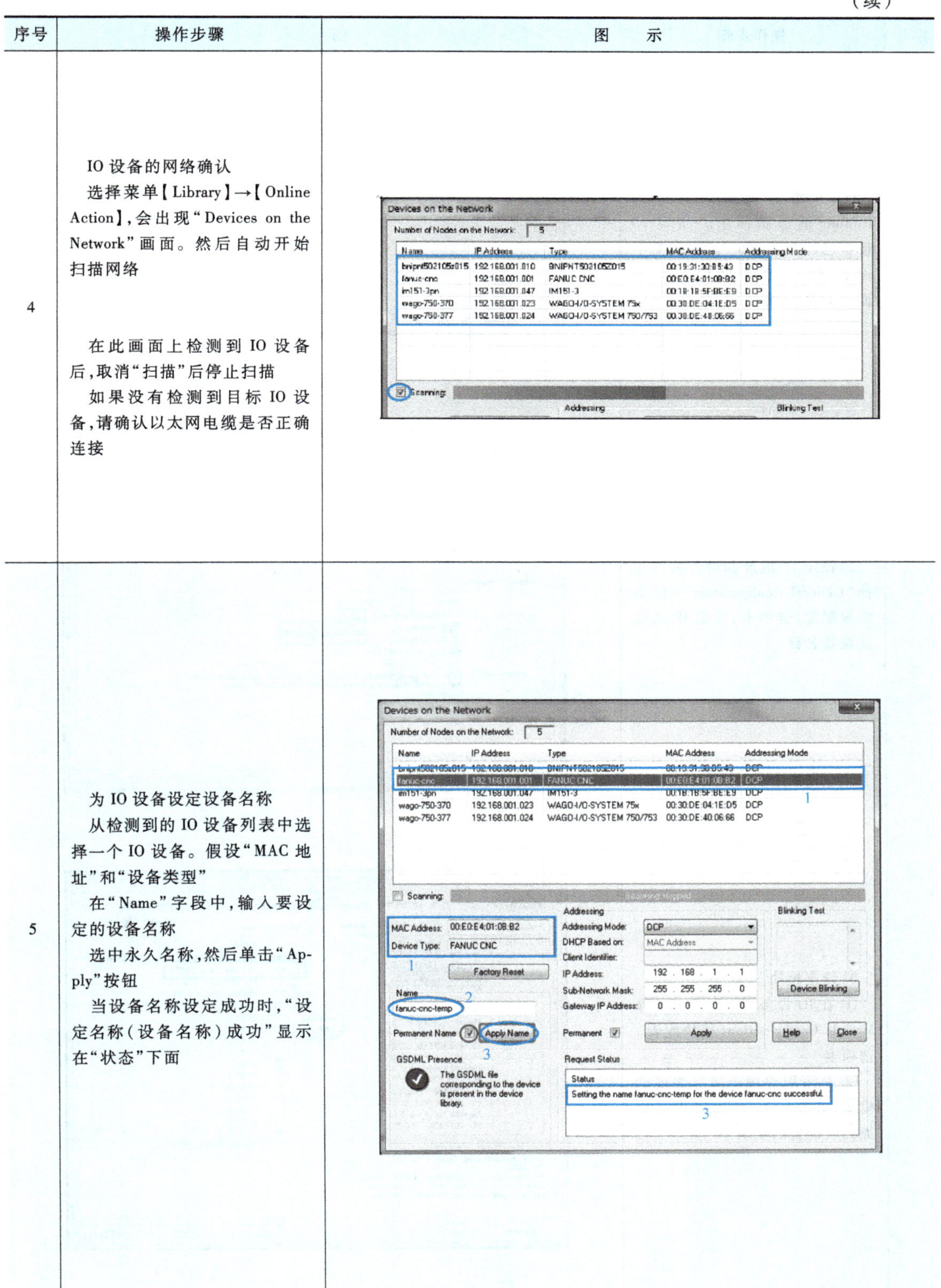

序号	操作步骤	图　示
4	IO设备的网络确认 选择菜单【Library】→【Online Action】，会出现“Devices on the Network”画面。然后自动开始扫描网络 在此画面上检测到IO设备后，取消“扫描”后停止扫描 如果没有检测到目标IO设备，请确认以太网电缆是否正确连接	
5	为IO设备设定设备名称 从检测到的IO设备列表中选择一个IO设备。假设“MAC地址”和“设备类型” 在“Name”字段中，输入要设定的设备名称 选中永久名称，然后单击“Apply”按钮 当设备名称设定成功时，“设定名称（设备名称）成功”显示在“状态”下面	

（续）

序号	操作步骤	图示
6	IO 设备的设定 1）从设备库中选择 IO 设备的 DAP，并将其拖放到右边的 Profinet 通道画面上。如果 IO 设备已经在 Profinet 通道画面中设定，双击“Profinet Chanel”画面上的 IO 设备	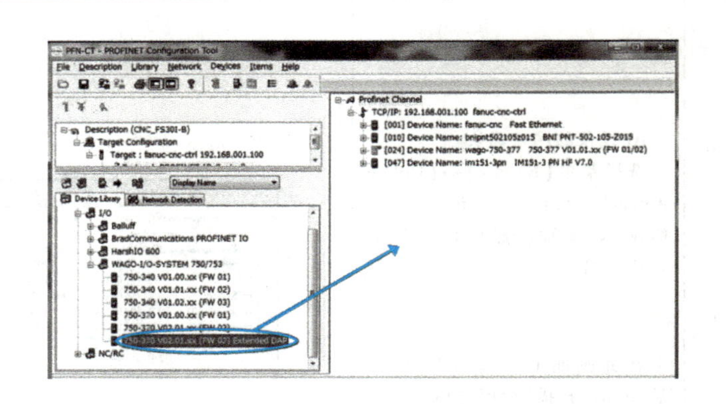
	2）设定 IP 地址和设备名称选择“General Configuration”（设备常规配置）选项卡，设定 IP 地址及设备名称	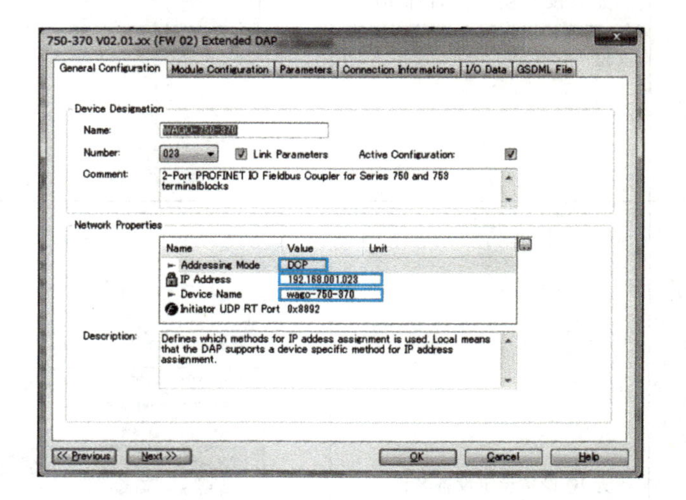
	3）设定模块 ① 在 IO 设备属性画面上选择 Module Configuration（模块配置）选项卡 ② 从可用模块中选择需要的模块，单击［→←］按钮将其添加到已配置的模块中	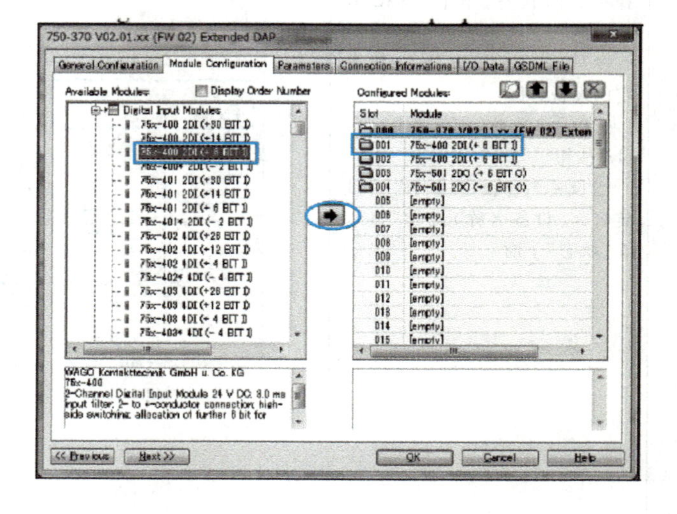

（续）

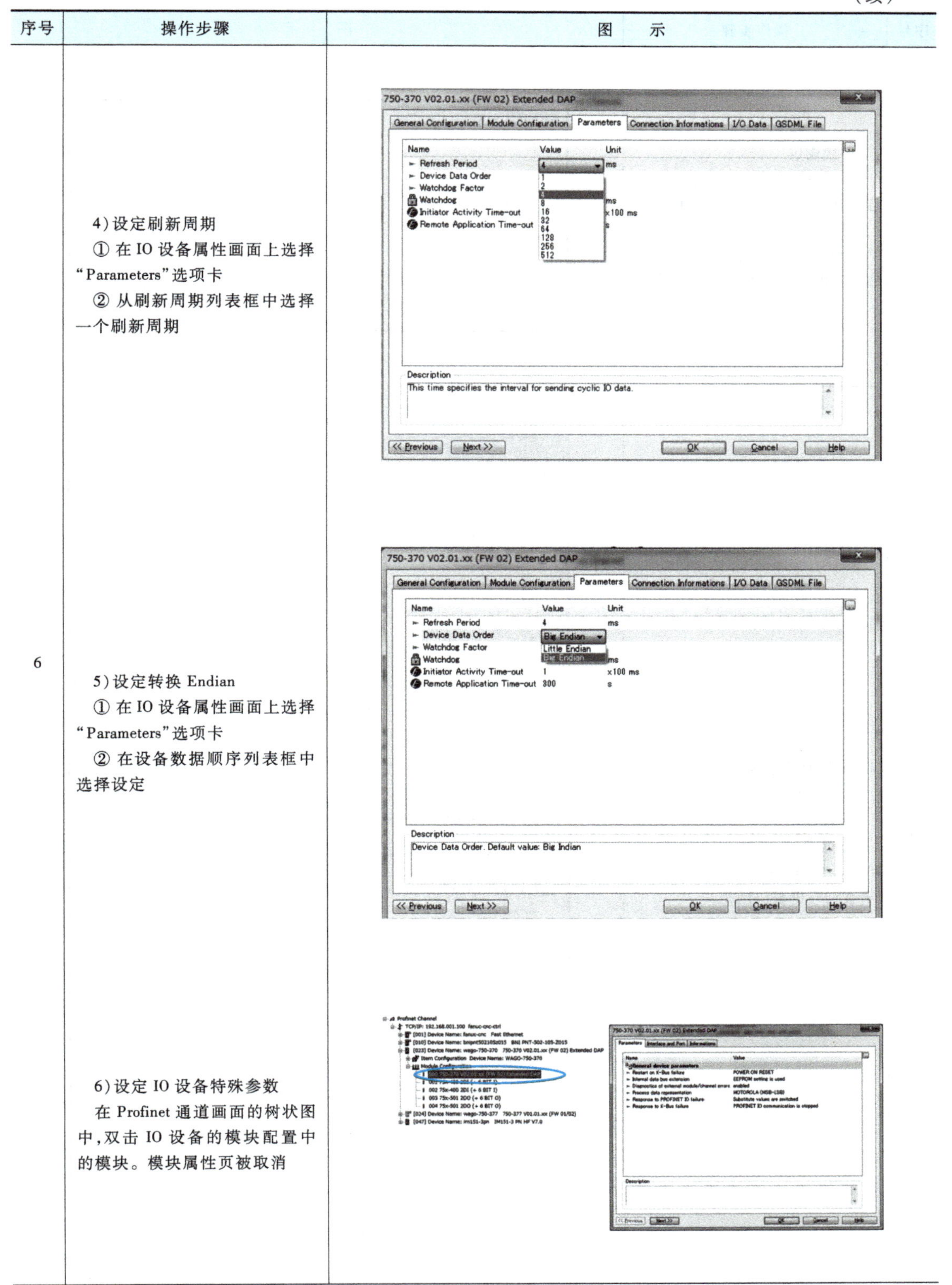

序号	操作步骤	图　示
6	4）设定刷新周期 ① 在IO设备属性画面上选择“Parameters”选项卡 ② 从刷新周期列表框中选择一个刷新周期	
	5）设定转换 Endian ① 在IO设备属性画面上选择“Parameters”选项卡 ② 在设备数据顺序列表框中选择设定	
	6）设定IO设备特殊参数 在 Profinet 通道画面的树状图中，双击IO设备的模块配置中的模块。模块属性页被取消	

（续）

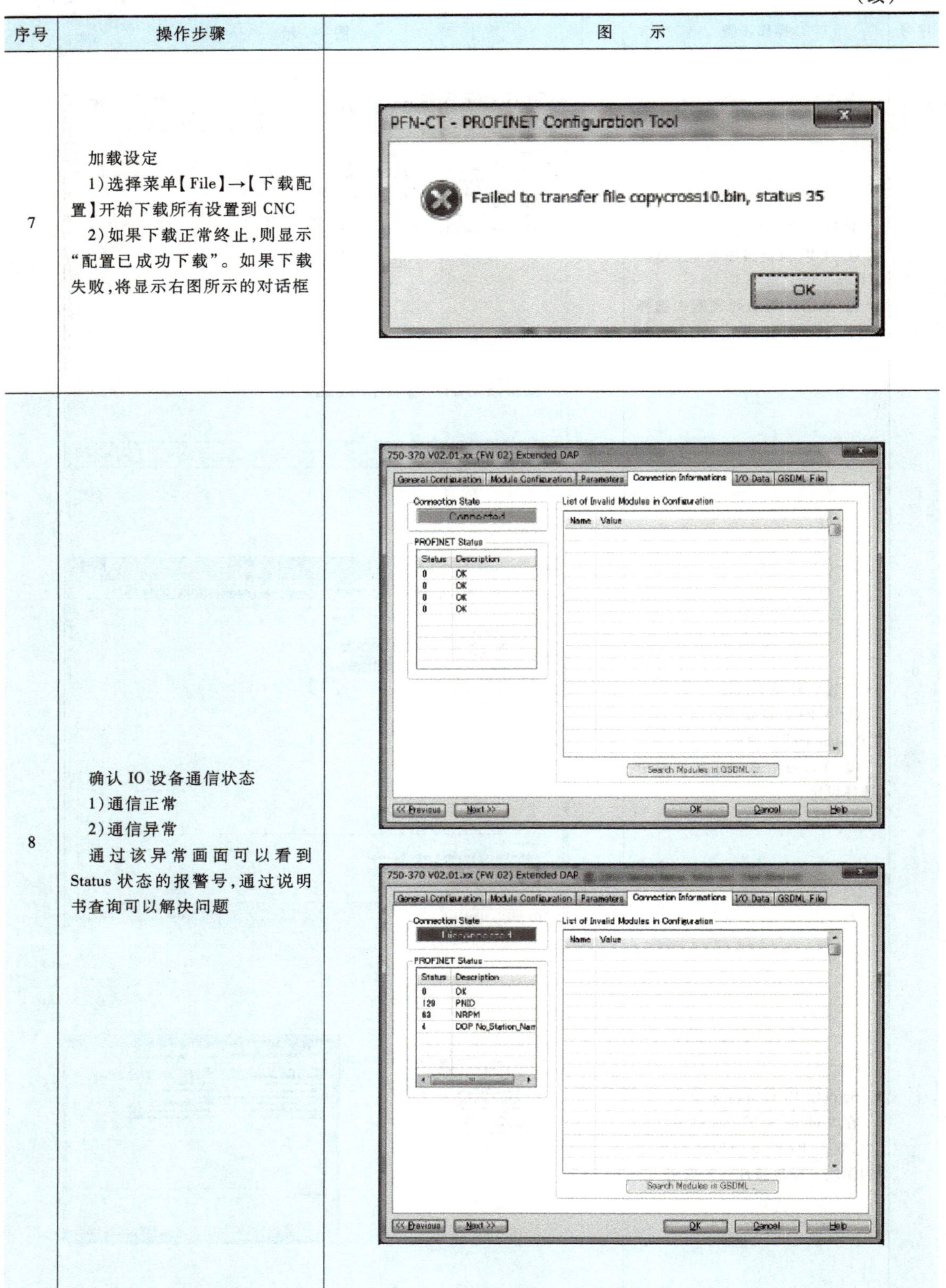

序号	操作步骤	图示
7	加载设定 1）选择菜单【File】→【下载配置】开始下载所有设置到 CNC 2）如果下载正常终止，则显示“配置已成功下载”。如果下载失败，将显示右图所示的对话框	
8	确认 IO 设备通信状态 1）通信正常 2）通信异常 通过该异常画面可以看到 Status 状态的报警号，通过说明书查询可以解决问题	

5.1.8 任务测评

1. （判断）PROFINET 是一个使用以太网的工业网络，实现了 IO 控制器和 IO 设备之间的通信。(　)

2. （判断）PN C SET（基本设定画面）中“PROTECT MODE”（更改模式）模式下无法更改设定工具及设定画面。(　)

3. （判断）DI/DO 分配规则是不管数据类型或数据大小，每个模块的起始地址总是一个 2 字节。(　)

4. （多选）PROFINET I/O 分为（　）3 种设备类型。

A. I/O 控制器　　B. I/O 设备　　C. I/O 监视器　　D. I/O 系统

5. （多选）PROFINET 技术特点包括（　）。

A. 数据通信实时，稳定　　B. 多元化的网络拓扑架构

C. 全面兼容 TCP/IP 标　　D. 兼容 PROFIBUS、INTERBUS 等现场总线

5.1.9 考核评价

任务 5.1 的考核评价表见表 5-1-20。

表 5-1-20　任务 5.1 的考核评价表

环节	项　目	记　录	标准	分值
课前	问题引导		10	
	信息获取		10	
课中	课堂考勤		5	
	课堂参与		10	
	开拓的国际视野、良好的沟通能力		10	
	小组互评		5	
	技能任务考核		40	
课后	任务测评		10	
总评			100	

【素养提升拓展讲堂】雁阵效应——增强团结协作精神

大雁群在迁徙时，一般都是排成人字阵或一字斜阵，并定时交换左右位置。生物专家们经过研究后得出结论：雁群这一飞行阵势是它们飞得最快最省力的方式。因为它们在飞行中后一只大雁的羽翼，能够借助于前一只大雁的羽翼所产生的空气动力，使飞行省力；一段时间后，它们交换左右位置，目的是使另一侧的羽翼也能借助于空气动力缓解疲劳。管理学专家们将这种有趣的雁群飞翔阵势原理运用于管理学的研究，形象地称之为“雁阵效应”(Wild Goose Queue effect)。

“雁阵效应”带给人们这样的启示：靠着团结协作精神，才使得候鸟凌空翱翔，完成长

途迁徙。雁群如此，任何工作亦如此。

任务5.2 切削加工智能制造单元的自动化运行

5.2.1 任务引入

接到一批液压缸套筒零件的生产任务，由切削加工智能制造单元进行零件的生产：立式加工中心、数控车床进行加工，机器人进行工件的搬运、定位、装夹。

切削加工智能制造单元已经调试完成。现需要求员工对切削加工智能制造单元进行自动化运行操作。

5.2.2 实训目标

■ 素质目标

1. 培养学生的环保意识。
2. 培养学生认真负责的工作态度。

■ 知识目标

熟悉切削加工智能制造单元初始化操作及流程。

■ 技能目标

能够独立完成切削加工智能制造单元自动化操作运行。

5.2.3 问题引导

1. 本切削加工单元中，演示模式和加工模式有什么区别。

2. 单元自动化运行过程中需要注意哪些事项？

3. 什么是MES？它在切削加工智能制造单元中有什么作用？

5.2.4　设备确认

1. 观察智能制造单元，确认机械正常。
2. 智能制造单元上电后，确认工业机器人动作正常，无报警。
3. 领取工作任务单（表 5-2-1），明确本次任务的内容。
4. 领取并填写设备确认单（表 5-2-2）。

表 5-2-1　工作任务单

实训任务	切削加工智能制造单元自动化运行	
序号	工 作 内 容	工 作 目 标
1	切削加工智能制造单元自动化运行	掌握切削加工单元整体运行的操作步骤

表 5-2-2　设备确认单

序号	设备名称	实现功能	实现方式	设备及其功能要求	设备状态是否正常
1	立式加工中心	实现机械设备动作控制	通过参数的设定等	0i-MF PLUS	
2	数控车床	实现机械设备动作控制	通过参数的设定等	0i-TF PLUS	
3	工业机器人	实现零件上下料动作控制	通过机器人程序等	M-20iD25	
4	I/O 单元	信号的输入与输出	地址分配	电气控制柜用 I/O 单元	
任务执行时间		年　月　日	执行人		

5.2.5　任务实施

本地模式下派发订单

在切削加工智能制造单元自动化运行前，需要确保工业机器人初始化及数控机床的初始化均已经完成。

1. 通过工业机器人操作整体运行切削加工智能制造单元。

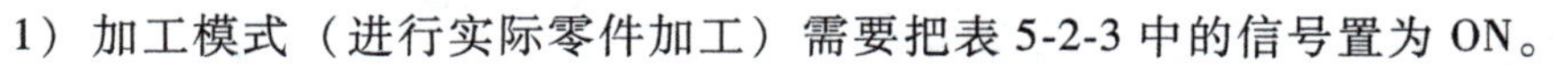

1）加工模式（进行实际零件加工）需要把表 5-2-3 中的信号置为 ON。

表 5-2-3　加工模式需要置为 ON 的 DI 信号

信　　号	含　　义
DI[215]	加工模式
DI[233]	上料台请求抓料
DI[234]	下料台请求下料

2）演示模式（不进行实际零件加工，使用翻转台演示整体运行流程）需要把表 5-2-4 中的信号置为 ON。

表 5-2-4 演示模式需要置为 ON 的 DI 信号

信　号	含　义
DI[214]	演示模式
DI[233]	上料台请求抓料
DI[234]	下料台请求下料

3）运行 PS0001 号机器人程序，执行切削加工智能制造单元整体运行。

在实际运行前需要将数控车床、立式加工中心、翻转台、机器人按照以下要求做好准备：清空数控车床、立式加工中心、翻转台、机器人手爪上的工件；检测状态是否与 PLC 显示状态对应；检查周围是否存在危险源。当准备工作就绪后，方可自动运行。

2. 用 MES 系统下发生产任务的操作。

智能制造单元安全操作警示-动画 2

1）在 PC 端下发生产任务如图 5-2-1 所示。

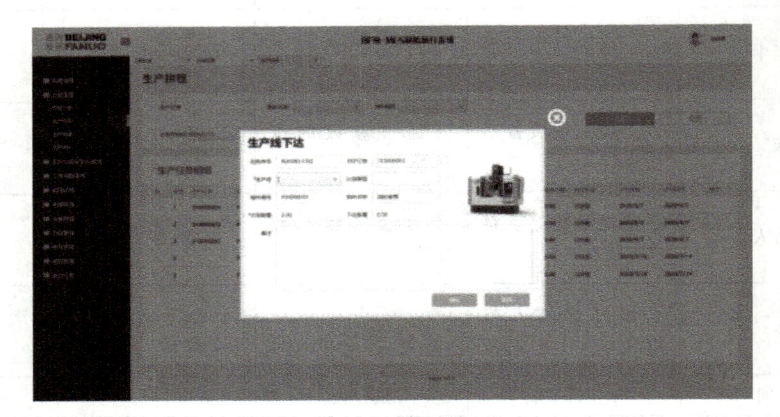

图 5-2-1 利用 MES 在 PC 端下发生产任务

2）用主控装置下发生产任务如图 5-2-2 所示。

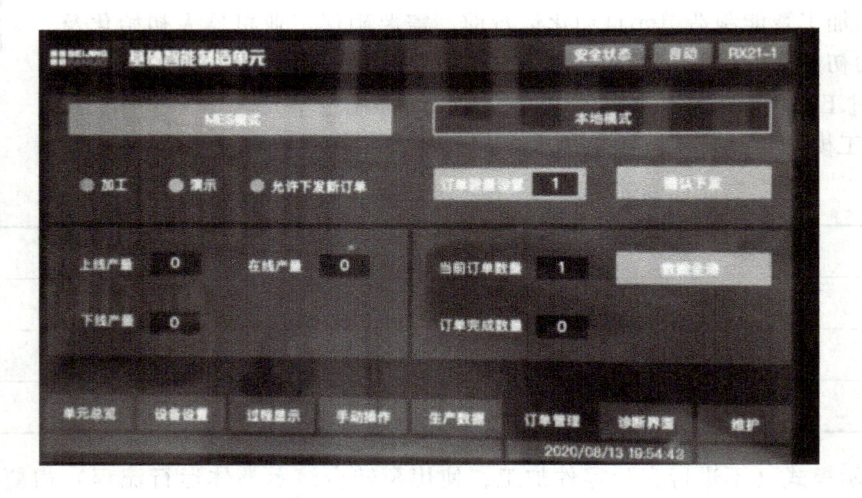

图 5-2-2 利用主控装置下发生产任务

5.2.6　实施记录

1. 根据教师引导，记录操作过程步骤。

____

____

____

2. 操作完成后，将待优化的问题记录到操作问题清单（表 5-2-5）中。

表 5-2-5　操作问题清单　　　　组别________

问　题	改进方法

5.2.7　知识链接

机床行业 MES 系统

机床行业是我国的基础性行业，经过多年的发展，已取得很大成就。但我国机床行业信息化程度还不是很高，主要停留在财务管理、库存管理、计算机辅助设计（CAD）、计算机辅助制造（CAM）、计算机辅助工艺过程设计（CAPP）等方面数字化软件应用上，涉及生产计划管理、成本管理、车间作业反馈、过程质量控制、物料追踪、统计分析等作业管理的信息化程度不高。随着行业结构向由大变强，由硬实力提升向软实力提升的转变，在工厂设计方面也由片面追求厂房外观、装备能力等硬件设施转向工艺系统整体提升、工厂内资源的优化配置等软实力转变，工厂信息化设计也由注重个别系统的信息提升向全面的系统优化转变。

我国机床制造企业总体上属于多品种小批量离散生产类型，产品工艺复杂，零件种类众多，生产作业一般采用订单生产方式。营销中心接受订单后，通过 EPR 系统形成产品物料清单，相关部门根据公司现状制订自制件计划、外协件计划和采购件计划，生产车间综合生产现状结合生产任务进行排产。

车间生产流程比较复杂，在生产计划执行过程中，由于会出现订单需求调整、原材料供应不足、紧急任务插入、上级半成品交付延迟、工件返工或报废、生产设备故障、计划执行不力等众多不确定因素，可能会打乱原有计划，若这些信息不能及时反馈给上一层的任务和管理工序，适时统一调整原生产计划、物料需求计划、成本计划、质量计划、设备需求计划等，将导致工作效率低下、生产成本增加、产品质量降低。

因此，需要将各种变更信息及时有效地传递至生产现场，同时将生产现场工序进度、设备状态、物料状态、质检信息等及时有效地传递给上层管理系统，以实现车间设备的集成化运行并为工人提供信息采集、处理的应用平台，推进信息化向车间层的深入发展。

制造执行系统（MES）是一种全新的管理理念，是一个面向车间生产管理的实时信息系统。MES 系统汇集了车间中用以管理和优化从订单到产成品的生产活动的全过程，实时、动态地反应车间现场状况。

MES 的基本概念

根据机床企业特点，MES 系统主要功能模块如下。

(1) 资源分配及状态管理 管理设备、工具、人员、材料、外购外协件的情况和使用状态，提供全厂资源实时状态信息。

物料分配与跟踪

(2) 详细生产排产 根据主生产计划、生产优先权和多目标优化等方法，合理安排生产操作顺序。当车间发生意外事件（如优先权改变、机器故障停机等）时，可根据最新信息和生产状态，重新生成操作序列。

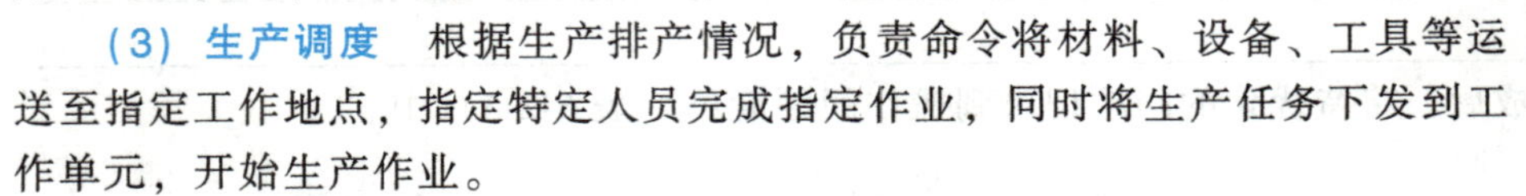

生产计划管理概述

(3) 生产调度 根据生产排产情况，负责命令将材料、设备、工具等运送至指定工作地点，指定特定人员完成指定作业，同时将生产任务下发到工作单元，开始生产作业。

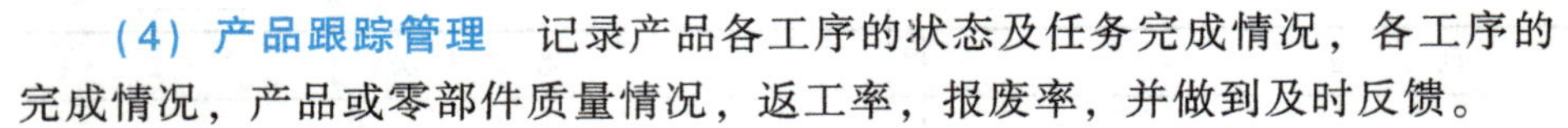

(4) 产品跟踪管理 记录产品各工序的状态及任务完成情况，各工序的完成情况，产品或零部件质量情况，返工率，报废率，并做到及时反馈。

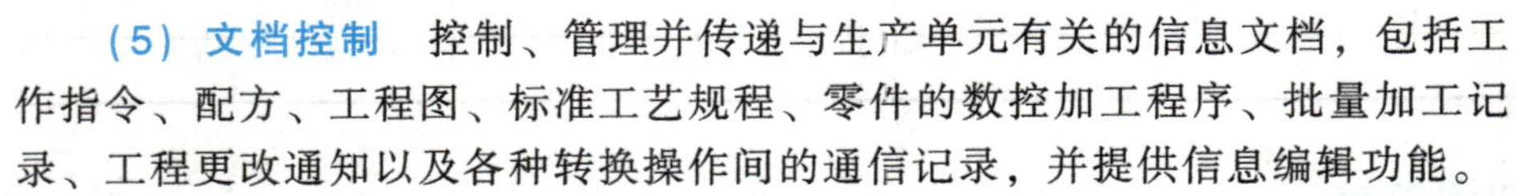

生产任务派发与执行

(5) 文档控制 控制、管理并传递与生产单元有关的信息文档，包括工作指令、配方、工程图、标准工艺规程、零件的数控加工程序、批量加工记录、工程更改通知以及各种转换操作间的通信记录，并提供信息编辑功能。

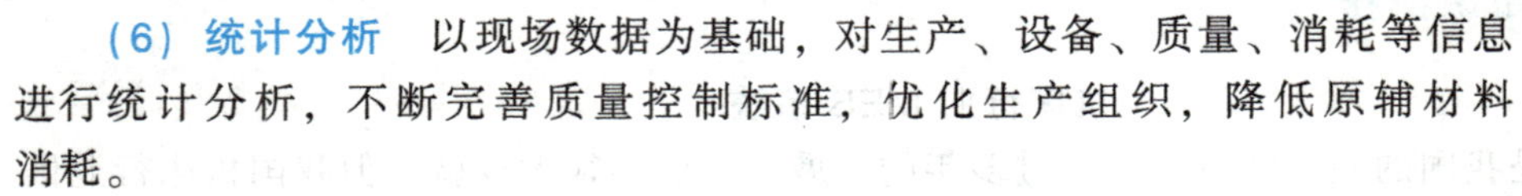

(6) 统计分析 以现场数据为基础，对生产、设备、质量、消耗等信息进行统计分析，不断完善质量控制标准，优化生产组织，降低原辅材料消耗。

质量数据统计分析

5.2.8 任务测评

1. （判断）在进行切削加工单元自动化运行前，需要完成工业机器人、数控机床的初始化。（ ）

2. （判断）进行下单时，电气控制柜应处于自动模式。（ ）

3. （判断）制造执行系统（MES 系统）是一种全新的管理理念，是一个人、财、物一体化的企业管理系统。（ ）

4. （单选）零件实际加工时，不需要把（ ）数字信号置为 ON。

A. DI［215］　B. DI［233］　C. DI［234］　D. DI［214］

5. （判断）在进行下单时，应先按【数据全清】按钮，确保当前无订单运行。（ ）

5.2.9 考核评价

任务 5.2 的考核评价表见表 5-2-6。

表 5-2-6　任务 5.2 的考核评价表

环节	项　目	记　录	标准	分值
课前	问题引导		10	
	信息获取		10	
课中	课堂考勤		5	
	课堂参与		10	
	环保意识、认真负责的工作态度		10	
	小组互评		5	
	技能任务考核		40	
课后	任务测评		10	
总评			100	

【素养提升拓展讲堂】黑灯工厂——感知制造业的闪亮未来

黑灯工厂是Dark Factory的直译，即智慧工厂。从原材料到最终成品，所有的加工、运输、检测过程均在空无一人的“黑灯工厂”内完成，每一台设备的监控、检测都是由机器人和编码程序来替代，把工厂交给机器，所以可以关灯运行，故得名。打开灯，我们就能清晰地看到，从原料到成品，每一道工序都在设备自身的监测下有条不紊地运行着。

黑灯工厂是“机器换人”的全面升级。从未来发展趋势来讲，它会使整个工业生产出现一个革命性的变化。今后一线的流水线作业，特别是大量重复劳动的岗位，一定是机器人替代人。换句话说，要提高劳动生产率，一定会在自动化流水线作业、智能化生产流程再造过程当中来实现，这就是未来必然的发展趋势，它会彻底改变传统工业企业，会重新定义生产制造过程。

我们需要热爱自己所学专业，用自己的汗水、勤奋、创造力，实现我们梦想中的智能化工厂尽自己的力量。

附录

切削加工智能制造单元操作考核评价表

切削加工智能制造单元应用				
项　　目	任务	权重	分值	得分
项目 1 10%	—	10%	10	
项目 2 35%	任务 2. 1	5%	5	
	任务 2. 2	10%	10	
	任务 2. 3	5%	5	
	任务 2. 4	10%	10	
	任务 2. 5	5%	5	
项目 3 15%	任务 3. 1	10%	10	
	任务 3. 2	5%	5	
项目 4 30%	任务 4. 1	5%	5	
	任务 4. 2	10%	10	
	任务 4. 3	10%	10	
	任务 4. 4	5%	5	
项目 5 10%	任务 5. 1	5%	5	
	任务 5. 2	5%	5	
总评成绩				

参考文献

[1] 工业和信息化部，国家标准化管理委员会．国家智能制造标准体系建设指南（2018 年版）[R/OL]．(2018-08-14) [2018-10-22]．http：//www.sohu.com/a/270552855_416839.

[2] 北京赛育达科教有限责任公司，亚龙智能装备集团股份有限公司．工业机器人应用编程（FANUC）初级 [M]．北京：机械工业出版社，2021.

[3] 胡金华，孟庆波，程文峰．FANUC 工业机器人系统集成与应用 [M]．北京：机械工业出版社，2021.

[4] 龚仲华．数控机床 PMC 设计典例 [M]．北京：机械工业出版社，2020.

[5] 张中明，吴晓苏．数控机床 PMC 程序编制与调试 [M]．北京：机械工业出版社，2020.

[6] 梁亮，梁玉文，宋宇．自动化生产线安装与调试项目化教程 [M]．北京：北京理工大学出版社，2016.

[7] 彭振云，高毅，唐昭琳．MES 基础与应用 [M]．北京：机械工业出版社，2019.

[8] 江苏汇博机器人技术股份有限公司．智能制造生产管理与控制职业技能等级标准（2021 年 1.0 版）[S]．苏州：江苏汇博机器人技术股份有限公司.

[9] 中华人民共和国人力资源和社会保障部，中华人民共和国工业和信息化部．国家职业技术技能标准　智能制造工程技术人员（2021 年版）[S]．北京：人力资源和社会保障部，工业和信息化部，2021.